Dreamweaver
CC+ASP

动态网站建设与典型实例

李睦芳　苏　婵　编著

U0337458

清华大学出版社

北　京

内 容 简 介

本书以 Dreamweaver CC 为平台，重点介绍 ASP 动态网站开发技术以及 Access 网站数据库管理技术，使读者能够通过 Dreamweaver、ASP 和 Access 的完美组合来创建一个动态网站。

本书讲述的主要技术包括个人网站、留言板网站、新闻发布网站、投票网站、论坛网站、博客网站、邮件收发系统以及购物类型网站的设计与开发。每一类型的网站都按照总体构思、页面设计、数据库连接与其后台管理的方式来组织篇幅，使读者能全面掌握动态网站开发的技术。

本书既可作为网页设计人员、网站建设与开发人员、大中专院校相关专业师生的参考用书，也可作为 Dreamweaver 的培训教材，同时也适合网站推广人员阅读参考。

图书在版编目（CIP）数据

Dreamweaver CC+ASP 动态网站建设与典型实例/李睦芳，苏婵编著. —北京：清华大学出版社，2016

ISBN 978-7-302-44806-8

Ⅰ. ①D… Ⅱ. ①李… ②苏… Ⅲ. ①网页制作工具 Ⅳ. ①TP393.092.2

中国版本图书馆 CIP 数据核字（2016）第 189700 号

责任编辑：夏毓彦
封面设计：王　翔
责任校对：闫秀华
责任印制：何　芊

出版发行：清华大学出版社
　　　　网　　　址：http://www.tup.com.cn，http://www.wqbook.com
　　　　地　　　址：北京清华大学学研大厦 A 座　　　　邮　　编：100084
　　　　社 总 机：010-62770175　　　　　　　　　　　邮　　购：010-62786544
　　　　投稿与读者服务：010-62776969，c-service@tup.tsinghua.edu.cn
　　　　质 量 反 馈：010-62772015，zhiliang@tup.tsinghua.edu.cn
印 刷 者：清华大学印刷厂
装 订 者：三河市溧源装订厂
经　　销：全国新华书店
开　　本：190mm×260mm　　　印　　张：25.5　　　字　　数：653 千字
版　　次：2016 年 9 月第 1 版　　　　　　　　　　　印　　次：2016 年 9 月第 1 次印刷
印　　数：1～3000
定　　价：59.00 元

产品编号：062927-01

前　言

Dreamweaver以其方便的可视化编辑功能、强大的站点管理功能，让用户可以快速创建网页而无须编写任何代码，同时还可以方便地从其他软件（如Fireworks、Flash等）导入对象，大大优化了开发工作的流程，无疑是目前网页设计领域的最佳软件。

而ASP环境，因为语法简单而且功能强大，同时能与Windows的操作系统无缝结合，所以一经推出，就得到广大用户的欢迎，并迅速成为各类网站制作的主流开发环境。网络上大大小小的网站，大多都采用ASP技术制作。目前，各种类型的ASP网站源代码在网络上随处可见，这样大大降低网站制作的门槛。为了方便用户快速学会Dreamweaver+ASP动态网站开发，笔者特编写了本书。

本书以Dreamweaver CC网页制作与ASP动态功能模块开发为学习主线，并从网站设计师最基本但必须掌握的设计知识讲起，让读者了解什么是网页和网站设计、设计的原则和流程等；然后再详细、系统地剖析了使用Dreamweaver CC这个流行的网页制作软件来设计网页和ASP动态网站系统的知识，使读者能够通过Dreamweaver、ASP、Access的完美组合来创建一个动态网站并在搜索引擎中将网站进行优化。

本书讲述的主要技术包括Dreamweaver CC的新增功能、个人网站、留言板网站、新闻发布网站、投票网站、论坛网站、博客网站、邮件收发系统、购物类型网站的设计与开发及搜索引擎的优化。每一个类型的网站都按照总体构思、页面设计、数据库连接与其后台管理的方式来组织篇幅，使读者能够全面掌握动态网站建设的技术。

本书语言通俗易懂，结构从易到难，从网站开发到网站优化，并将知识点以图文的形式融入到每一个案例中，使读者在学习理论知识的同时，动手能力也得到同步提高。另外，随书下载资源（网址为http://pan.baidu.com/s/1qYq02MK，注意区分字母的大小写以及数字和字母）还提供了书中所有实例的网站源代码和相关文件。

本书既可作为网页设计人员、网站建设与开发人员的参考用书，也可作为 Dreamweaver和ASP动态网站开发的培训教材，同时还可供网站搜索引擎优化和网站推广人员阅读参考。

本书在短时间内得以出版，是大家努力的结果，在此，感谢在写作过程中给予我们帮助的朋友们，参与本书编写的除了署名作者外还有王进、徐淑芳、高淑青、许勇、王娟娟、王康明等。由于笔者水平有限，疏漏之处在所难免，希望广大读者批评指正。

衷心希望读者通过阅读本书，能够自行制订出满足企业或个人需求的网站设计方案、网站优化方案以及网络营销方案，从而使企业或个人产品能够在网络实践中有所收益。

编者

2016 年 7 月

目　录

第 1 章 动态网站开发基础

随着互联网的迅速推广，越来越多的企业和个人得益于网络的发展和壮大，越来越多的网站如雨后春笋般纷纷涌现，但是人们越来越不满足于文字图片等静止不动的页面效果，所以动态网站开发越来越占据网站开发的主流。

动态网站开发其实并不难，只要掌握网站开发工具的用法，了解网站开发的流程和技术，加上自己的想象力，一切都可以实现。本章首先介绍网站的规划、域名的申请等网站开发必备基础和准备工作，然后介绍最流行的中小型动态网站开发平台 Dreamweaver CC+ASP+IIS+Access 的搭建方法，为动态网站开发做好准备。

本章重要知识点 >>>>>>>>>>

- 了解网站建设的工作流程
- 掌握网站建设的规划方法
- 掌握域名的申请与使用
- 熟练掌握 ASP 动态网站平台的搭建
- 了解使用 Dreamweaver CC 进行网站建设的基本步骤

1.1 网站建设工作流程

在建设网站之前，首先需要明确网站的建设目的、访问用户定位、实现的功能、发布时间、成本预算、网站风格等。网站建成后，需要维护和推广，网站的基本工作流程如图 1-1 所示。

1.1.1 定位网站的主题

确定网站的主题名称，尽量使其好听、好记、有意义，还要有新意。因为网站的名称直接关系到浏览者是否容易接受所访问的网站，所以确定网站名称要注意以下几点。

- 名称要合法、合理、合情。不能用反动的、色情的、迷信的、危害社会安全的名词语句。
- 网站名称要明确用户群体，如"中国旅游网"针对旅游爱好者、"交友网"针对爱交朋友的人群等。
- 名称要易记，不要太拗口、生僻。根据中文网站浏览者的特点，除非特定需要，网站名称最好用中文名称，不要使用英文或者中英文混合型名称。
- 主题要小而精。定位要小，内容要精。如果你想制作一个包罗万象的站点，把所有你认为精彩的东西都放在上面，那么往往会事与愿违，给人的感觉是没有主题，没有特色。

- 题材最好是你自己擅长或者喜爱的内容。比如，你擅长编程，就可以建立一个编程爱好者网站；对足球感兴趣，可以报道最新的战况、球星动态等。这样在制作时，才不会觉得无聊或者力不从心。兴趣是制作网站的动力，没有热情，很难设计出杰出的作品。

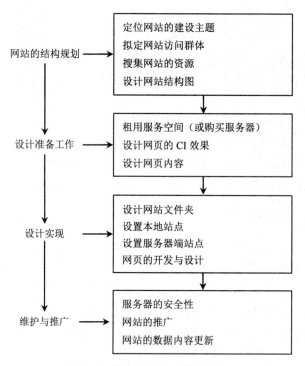

图 1-1　网站的基本工作流程

不管要建设的是一个单纯传播信息的公益网站，还是商务网站，只有在明确了网站的主题后，才可以更好地进行后续的开发工作。

1.1.2　定位网站的CI形象

所谓CI，是借用的广告术语。CI是英文Corporate Image的缩写，意思是通过视觉来统一企业的形象。

一个杰出的网站，和实体公司一样，也需要整体的形象包装和设计。准确的、有创意的CI设计，对网站的宣传推广有事半功倍的效果。在你的网站主题和名称定下来之后，需要思考的就是网站的CI形象。

1. 设计网站的标志

首先你需要设计一个网站的标志（Logo）。就如同商标一样，Logo是站点特色和内涵的集中体现，要让大家看见Logo就联想起你的站点。网站Logo的素材主要来自以下几方面。

- 网站有代表性的人物、动物、花草，可以用它们作为设计的蓝本，加以卡通化和艺术化，例如迪士尼的米老鼠、搜狐的卡通狐狸、鲨威体坛的篮球鲨鱼等。

- 专业性的网站，可以以本专业有代表性的物品作为标志。例如，中国银行的铜板标志、奔驰汽车的方向盘标志等。
- 最常用和最简单的方法是用自己网站的英文名称作为标志。采用不同的字体、字母的变形、字母的组合可以很容易地制作自己的标志。

2. 设计网站的标准色彩

网站给人的第一印象来自视觉冲击，确定网站的标准色彩是相当重要的一步。不同的色彩搭配产生不同的效果，并可能影响到访问者的情绪。

- 选择可以加强信息的颜色来了解你的网站所要传达的信息和品牌。例如，设计一个强调稳健的金融机构，就要选择冷色系、柔和的颜色，像是蓝、灰或绿。在这样的状况下，如果使用暖色系或活泼的颜色，可能会破坏该网站品牌。
- 了解你的访问群体。文化差异可能会使色彩产生非预期的反应。同时不同地区与不同年龄层对颜色的反应亦会有所不同。年轻族群一般比较喜欢饱和色，但这样的颜色却引不起高年龄层的兴趣。
- 不要使用过多的颜色。除了黑色和白色以外，选择四到五个颜色就够了。太多的颜色会导致混淆。
- 在阅读的部分使用对比色。颜色太接近无法产生足够的对比效果，也会妨碍访问者阅读。白底黑字的阅读效果最好。
- 选择色盘时请考虑功能性的颜色。别忘了将关键信息部分建立功能性的颜色，例如标题和超级链接等。

3. 设计网站的标准字体

和标准色彩一样，标准字体是指用于标志、标题、主菜单的特有字体。一般网页默认的字体是宋体。为了体现站点的与众不同和特有风格，可以根据需要选择一些特别字体。

4. 设计网站的宣传标语

宣传标语也可以说是网站的精神、网站的目标，用一句话甚至一个词来高度概括。

1.1.3 确定网站栏目

栏目的实质是一个网站的大纲索引，索引应该将网站的主体明确显示出来。在制定栏目的时候，要仔细考虑，合理安排。一般的网站栏目安排要注意以下几方面。

1. 一定要紧扣主题

一般的做法是：将主题按一定的方法分类并将它们作为网站的主栏目。主题栏目个数在总栏目中要占绝对优势，这样的网站显得专业，主题突出，容易给人留下深刻印象。

2. 设立一个最近更新或网站指南栏目

如果你的首页没有安排版面放置最近更新内容信息，就有必要设立一个"最近更新"的栏目。这样做是为了照顾常来的访客，让你的主页更人性化。

如果你的主页内容庞大（超过15MB），层次较多，而又没有站内的搜索引擎，建议你设置"本站指南"栏目。可以帮助初访者快速找到他们想要的内容。

3. 设定一个可以双向交流的栏目

不需要很多，但一定要有，比如论坛、留言板、邮件列表等，可以让浏览者留下他们的信息。有调查表明，提供双向交流的站点比简单的留一个Email me的站点更具有亲和力。

1.1.4 确定网站的整体风格

任何两个人都不可能设计出完全一样的网站，最主要的原因是他们的风格是不一样的。那么风格是什么，如何树立网站风格？

- 风格是抽象的，是指站点的整体形象给浏览者的综合感受。这个整体形象包括站点的 CI（标志、色彩、字体、标语）、版面布局、浏览方式、交互性、文字、语气、内容价值、存在意义、站点荣誉等诸多因素。
- 风格是独特的，是站点不同于其他网站的地方，或者是色彩，或者是技术，或者是交互方式，能让浏览者明确分辨出这是你的网站独有的。
- 风格是有人性的，通过网站的外表、内容、文字，可以概括出一个站点的个性和情绪。是温文儒雅、是执著热情、是活泼易变还是放任不羁。如诗词中的"豪放派"和"婉约派"，你可以用人的性格来比喻站点。

如何树立网站风格呢？我们可以分以下三个步骤。

01 确信风格是建立在有价值的内容之上的。一个网站有风格而没有内容，就好比绣花枕头一包草，好比一个性格傲慢但却目不识丁的人。你首先必须保证内容的质量和价值性。这是最基本的，无须置疑。

02 需要彻底搞清楚自己希望站点给人的印象是什么。

03 在明确自己的网站印象后，开始努力建立和加强这种印象。

风格的形成不是一次定位的，可以在实践中不断强化、调整和修饰。

1.1.5 设计网站结构

一个网页是否吸引人，除了取决于网页色彩的搭配、文字的变化、图片的处理等，还有一个非常重要的因素——网页的结构设计（也称网页布局）。网页的布局可以使用Dreamweaver的表格、框架以及图层对象来搭建完成，下面就来介绍网页的布局类型。网页布局大致可分为国字型、拐角型、标题正文型、左右框架型、上下框架型、综合框架型、封面型、Flash型等。

- 国字型：是一些大型网站常用的类型，即最上面是网站的标题及横幅广告条，接下来是网站的主要内容，左右分列一些小条内容，中间是主要部分，与左右一起罗列到底，最下面是网站的基本信息、联系方式、版权声明等，这种结构是在网上见到最多的一种结构类型，如图1-2所示。

图 1-2　国字型网页布局

- 拐角型：这种类型最上面是标题和广告横幅，左侧是一些链接，右侧是正文，下面是网站的辅助信息，如图 1-3 所示。

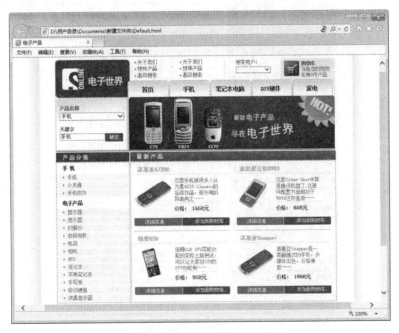

图 1-3　拐角型网页布局

- 标题正文型：这种类型最上面是标题或标志，下面是正文，如一些文章页面或注册页面就是这种类型，如图 1-4 所示。

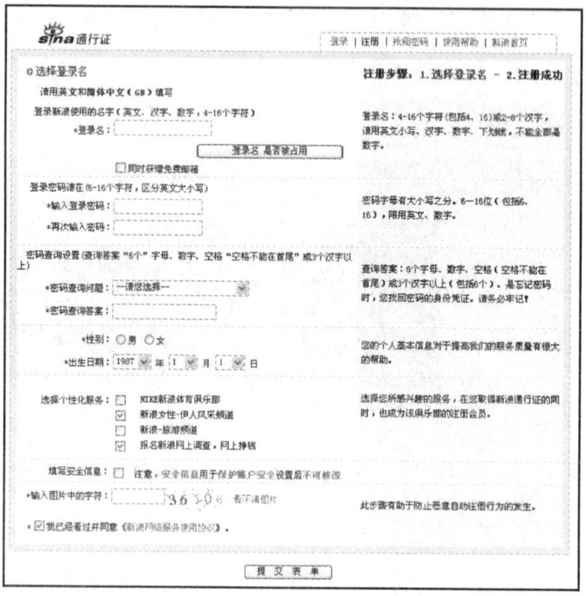

图 1-4　标题正文型网页布局

- 左右框架型：这是一种框架结构，一般左侧是导航链接，有时最上面会有一个小的标题或标志，右侧是正文。一般大型论坛都是这种结构，有一些网站也喜欢采用此结构。此结构非常清晰，一目了然，如图 1-5 所示。

图 1-5　左右框架型网页布局

- 上下框架型：与左右框架型类似，区别仅仅在于，它是一种上下分为两页的框架结构。
- 综合框架型：左右框架型与上下框架型两种结构的结合，是相对复杂的一种框架结构，整体上类似于"拐角型"结构，只是采用了框架结构，如图 1-6 所示。

图 1-6　综合框架型网页布局

- 封面型：这种类型多出现在网站的首页，内容主要由精美的平面设计和小动画组合而成，然后放上简单的文字链接或图片链接，如图 1-7 所示。

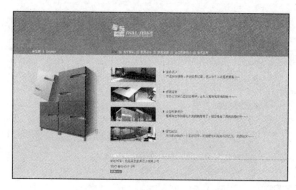

图 1-7　封面型网页布局

- Flash 型：这种结构与封面型结构类似，只是采用了目前非常流行的 Flash 进行开发制作，与封面型不同的是，由于 Flash 强大的功能，页面所表达的信息更丰富，能提供更多变化的动画，如图 1-8 所示。

图 1-8　Flash 型网页布局

1.1.6　首页的设计

全面考虑好网站的栏目和整体风格之后，就可以正式动手制作首页了。首页的设计是一个网站成功与否的关键。人们往往看到首页就已经对你的站点有一个整体的感觉了，是否能够促使访问者继续单击进入，是否能够吸引访问者留在站点上，全凭首页设计的功力了。所以，首页的设计和制作是绝对要重视和花心思的。一般首页设计和制作占整个制作时间的 30%以上。宁可在早期多花些时间，避免出现全部做好以后再修改的情况，那将是最浪费精力的事情。

1. 确定首页的功能模块

首页的功能模块是指需要在首页上实现的主要内容和功能。一般的站点需要的模块有：网站名称（Logo）、广告条（Banner）、主菜单（Menu）、新闻（News）、搜索（Search）、友情链接（Links）、版权（Copyright）等。

2. 设计首页的版面布局

在功能模块确定后，开始设计首页的版面。就像传统的报刊编辑一样，可以将网页看作一张报纸、一本杂志来进行排版布局，所以固定的网页版面设计基础依然是必须学习和掌握的。

版面指的是浏览器看到的一个完整的页面（可以包含框架和层）。因为每个人的显示器分辨率不同，所以同一个页面的大小可能出现 640×480（像素）、800×600（像素）、1024×768（像素）等不同尺寸。

布局就是以最适合浏览的方式将图片和文字排放在页面的不同位置。版面布局的流程如下。

（1）绘制草案

新建页面就像一张白纸，没有任何表格、框架和约定俗成的东西，可以尽情发挥你的想象力，将想到的景象画上去。这属于创造阶段，不讲究细腻工整，不必考虑细节功能，只以粗陋的线条勾画出创意的轮廓即可。尽可能多画几张，最后再选一个满意的作为继续创作的脚本。

（2）粗略布局

在草案的基础上，将你确定需要放置的功能模块安排到页面上。注意，这里我们必须遵循突出重点、平衡协调的原则，将网站标志、主菜单等重要的模块放在最显眼、最突出的位置，然后再考虑次要模块的摆放。

（3）定案

将粗略布局精细化、具体化。

1.1.7 拟定网站访问群体

在定位好网站的主题、首页后，就要考虑网站的服务对象了。那么网站的服务对象是谁呢？首先必须明确哪些人会有兴趣来浏览将要建设的网站，因为只有明确受众的需求，才能正确地分析与网站相关的各种信息，把握网站的传播要点将经营理念展现出来，从而吸引更多的顾客，达到网站建设的目标。

这里以迪士尼网站为例来说明网站建设拟定网站访问群体的重要性。迪士尼网站的首页如图 1-9 所示。该网站的访问者主要是儿童，因此，从内容结构到颜色的设计都是从儿童的喜好出发，制作的网站内容很有趣味性，能让孩子一下子就喜欢上这个网站。

网站中采用了能吸引儿童的色彩和素材

图 1-9 访问群体明晰的迪士尼网站

1.1.8 搜集网站的资源

在网站建设过程中常常需要大量的素材资料，比如新闻发布、产品技术知识、行业动态、相关图片等，其中可以在网上或者是通过其他途径搜集到的资料来进行内容的充实，一个很好的方法是到谷歌（http://www.google.com）、百度（http://www.baidu.com）、北大天网（http://e.pku.edu.cn/）、雅虎中国（http://cn.yahoo.com/）和搜狗（http://www.sogou.com/）等搜索网站上查找相应的内容。

下面以使用百度搜索"猫"素材为例来说明如何使用搜索引擎，操作步骤如下：

01 打开 IE 浏览器，在地址栏中输入百度网址：http://www.baidu.com，然后按 Enter 键，打开百度首页。

02 由于是要查找图片素材，所以单击导航条上的"图片"链接，打开图片搜索页，然后在文本框中输入需要搜索的关键字"猫"，如图 1-10 所示。

在空白文本框中输入要查找的内容，再单击"百度一下"按钮就可以进行查找

图 1-10　输入搜索关键字

03 单击"百度一下"按钮，打开搜索结果页面，如图 1-11 所示。

图 1-11　搜索到的结果

04 如果想保存其中的一个素材图片，可以单击缩略图，然后打开它的大图，在打开的大图上单击鼠标右键，选择"图片另存为"命令，打开"保存图片"对话框，在"文件名"文本框中输

入需要保存的文件名，最后单击"保存"按钮，即可把素材保存到"图片收藏"文件夹中，如图
1-12 所示。

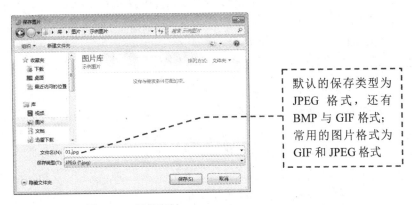

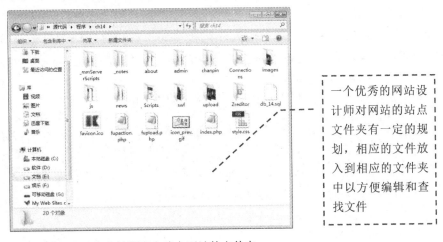

默认的保存类型为
JPEG 格式，还有
BMP 与 GIF 格式；
常用的图片格式为
GIF 和 JPEG 格式

图 1-12　保存素材

提　示

在使用这些资源的时候，需要注意版权问题，要事先和版权所有者联系，在取得
授权的情况下才可以使用。

1.1.9　规划网站文件及目录

在制作网站之前，首先要把设计好的网站内容放置在本地计算机的硬盘上。为了方便站点
的设计及上传，设计好的网页都应存储在同一个目录下，再用合理的文件夹来管理文档。

1. 建立站点文件夹

在本地站点中应该用文件夹来合理地创建文档结构。首先为站点创建一个主要文件夹，然
后在主文件夹中再创建多个子文件夹，最后将网站内容分类存储到相应的文件夹下。例如，可
以在images的文件夹中放置网站页面的图片，可以在about文件夹中放置用于介绍公司的网页，
可以在service文件夹中放置关于公司产品方面的网页，可以在db文件夹中放置站点中所用到的
数据库等。图 1-13 所示为建立的站点文件夹文档。

一个优秀的网站设
计师对网站的站点
文件夹有一定的规
划，相应的文件放
入到相应的文件夹
中以方便编辑和查
找文件

图 1-13　在本地硬盘上建立网站的文件夹

2. 设计合理的文件名称

由于网站建设要生成很多的网页文件,因此要用合理的文件名称。这样操作的目的有两个:一是当网站的规模变得很大时,可以很方便地进行修改和更新;二是可以使访问者在看了网页的文件名后就能够知道网页所要表述的内容。

在设计合理的文件名时要注意以下几方面。

- 尽量使用短文件名来命名。
- 应该避免使用中文文件名,因为很多 Internet 服务器使用的是英文操作系统,不能对中文文件名提供很好的支持,而且浏览网站的用户也可能使用英文操作系统,中文文件名同样可能导致浏览错误或访问失败。
- 建议在构建的站点中全部使用小写的文件名称。因为很多 Internet 服务器采用了 UNIX 操作系统,它是区分文件大小写的。

3. 设计本地和远程站点为相同的文件结构

在本地站点中规划设计的网站文件结构要同上传到Internet服务器中被人浏览的网站文件结构相同。这样在本地站点上相应的文件夹和文件上的操作都可以同远程站点上的文件夹和文件一一对应起来。Dreamweaver将整个站点上传到Internet服务器上,可以保证远程站点和本地站点内容的一致性,以方便浏览和修改。

1.2　域名的申请与使用

建立一个网站,首先要有一个自己的网站地址(简称"网址")。网址是由域名来决定的。因此若想建立网站,首先需要注册或转入一个域名。域名是Internet网络上的一个服务器或一个网络系统的名字。域名是独一无二的,而且一般都采取先注册先得到的申请方法。

1.2.1　网站的IP地址

在Internet上有成千上万台主机同时在线,为了区分这些主机,给每台主机都分配了一个专门的地址,称为IP地址。通过IP地址就可以访问到每一台主机。

IP地址由 4 部分数字组成,每部分都不大于 256,各部分之间用小数点分开。例如www.baidu.com就是 220.181.111.188 的域名,在DOS操作系统下用ping www.baidu.com就可以知道该域名的IP地址,如图 1-14 所示。

值得注意的是,每个虚拟主机用户都有一个永久的IP地址。

提 示

byte 是字节,是指你向对方发送了一个 32 字节的数据包,32 字节是 ping 命令默认的; time 是发送和返回所用的时间,时间越短说明网速越快,ms 是毫秒; TTL 的全拼是 Time To Live,是在 ping 命令中使用的网络层协议 ICMP,所以 TTL 是一个网络层的网络数据包(package)的生存周期。

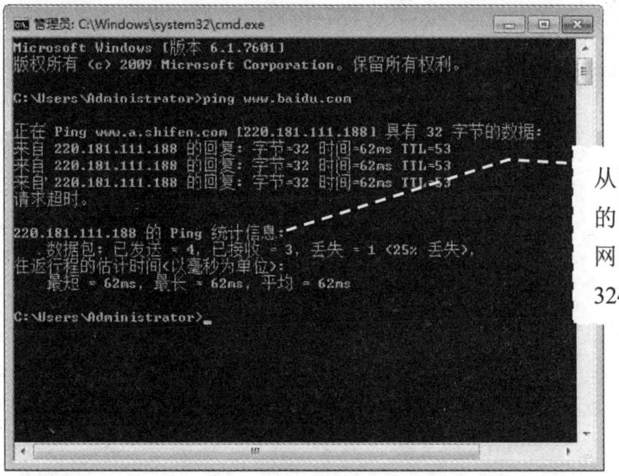

从图中可以知道 www.xhty.com 的 IP 地址是 60.10.1.50，最快网络速度为 312ms，最慢为 324ms，平均为 318ms。

图 1-14　ping 域名所指向的 IP 地址

1.2.2　域名的概念

域名由若干部分组成，各部分之间用小数点分开。例如设计"博学教育"主机的域名为"eduboxue"，显然域名比IP地址好记多了。域名前加上传输协议信息及主机类型信息就构成了网址（URL），例如"博学教育"的WWW主机的URL就是"http://www.eduboxue.com"。

1.2.3　域名类型

由于Internet源于美国，因此最早的域名并无国家标志，人们按用途把它们分为几个大类，它们分别以不同的扩展名结尾，随着网络的发展产生了带国家区域的域名：

.com　　　用于商业公司

.org　　　用于组织、协会等

.net　　　用于网络服务

.edu　　　用于教育机构

.gov　　　用于政府部门

.mil　　　用于军事领域

.cn　　　 中国专用的顶级域名

这里要注意的是，以.cn结尾的二级域名通常简称为国内域名。注册国际域名没有条件限制，单位和个人均可以申请。注册国内域名必须具备法人资格，申请人需将申请表加盖公章，连同单位营业执照副本复印件（或政府机构条码证书复印件）一同提交才能申请注册。

国际域名与国内域名在功能上没有任何区别，都是互联网上具有唯一性的标志。只是在最终管理机构上，国际域名由美国商业部授权的ICANN（Internet Corporation for Assigned Names and Numbers）负责注册和管理；而国内域名则由中国互联网信息中心（CNNIC）负责注册和管理。企业可以按照自己公司的英文名称、中文名称的汉语拼音或者用其他易记的数字和字母设置域名，并通过专门的代理公司申请注册。

另外还要介绍一下中文通用域名，它是由CNNIC推出并管理的域名。中文通用域名的长度在 30 个字符以内，允许使用中文、英文、阿拉伯数字及"-"等字符。中文通用域名兼容简体与繁体，无须重复注册。

1.2.4　域名申请

从商业角度来看，域名是"企业的网上商标"。企业都非常重视自己的商标，而作为网上商标的域名，其重要性和其价值也已被全世界的企业所认识。域名和商标都在各自的范畴内具有唯一性。从企业树立形象的角度看，域名和商标有着潜移默化的联系，所以域名与商标有一定的共同特点。许多企业在选择域名时往往希望用和自己企业商标一致的域名。但是，域名和商标相比又具有更强的唯一性。从域名价值角度来看，域名是互联网上最基础的东西，也是一个稀有的全球资源，无论是做ICP、电子商务，还是在网上开展其他活动，都要从域名开始。一个名正言顺和易于宣传推广的域名是互联网企业和网站成功的第一步。域名还被称为"Internet上的房地产"。

在中国，域名注册通常分为国内域名注册和国际域名注册。目前，国内域名注册统一由CNNIC进行管理，具体注册工作由通过CNNIC认证授权的各代理商执行。而国际域名注册现在是由一个来自多国私营部门人员组成的非营利性民间机构ICANN统一管理，具体注册工作由通过ICANN授权认证的各代理商执行。

1. 域名命名原则

一个好的域名是成功的开始，当你要注册一个新的域名时，请记住以下域名命名原则。

- 易记。网易现在已在品牌宣传上放弃了域名 nease.com 和 netease.com，而改用 163.com，因为后者比前者更好记。
- 同商业活动有直接关系。虽然有好多域名很容易记，但如果同你所开展的商业活动没有任何关系，用户就不能将你的域名同你的商业活动联系起来，这就意味着你还要花钱宣传你的域名。例如，一看到shop.com就知道是购物网店。
- 长度要短。长度短的域名不但容易记，而且用户可以花费更少的时间来输入。例如，美国最大的传统连锁书店 Barnes & Noble 开设了网上书店，原来用的域名为 barnesandnoble.com，自从改为 bn.com 后，访问量和销量有了很大的增长。
- 正确拼写。如果你以英文单词或拼音作为域名，一定要拼写正确。
- 不要侵犯商标。新的全球域名政策规定所注册的域名不能包含商标或名人的名字，如果你的域名违反了这条原则，不但会失去所注册域名的拥有权，而且将被罚款和起诉。

2. 域名申请步骤

域名要先申请再批准，即先到先得，批准后即可得到域名。可以到以下推荐的几个值得信赖的网站申请。中国互联网络信息中心（CNNIC）注册服务机构有中国万网http://www.net.cn、新网http://www.xinnet.com、国网数据中心http://www.7data.com。下面将以国网数据中心为例简单说明申请域名的实际操作步骤。

01 打开国网数据中心网站 http://www.7data.com。进入首页界面，单击"域名注册"进入到申请域名管理的界面，如图 1-15 所示。

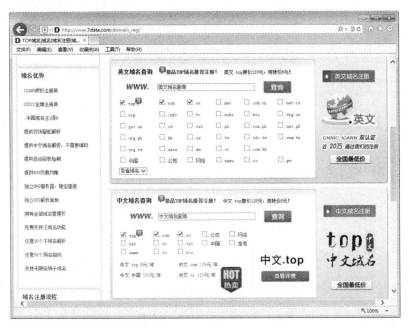

图 1-15　国网数据域名注册页面

02 在文本框中输入想要申请的域名，选择所需要申请的域名类型，单击"查询"按钮进行查询此域名是否可以使用，如图 1-16 所示。

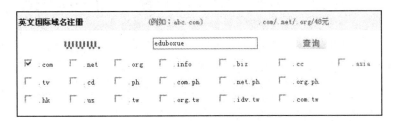

图 1-16　输入要注册的域名查询是否可以注册

03 如果要申请的域名已被注册，系统会自动提醒，如图 1-17 所示。

04 如果所申请的域名可以注册，系统会显示此域名还没注册，如图 1-18 所示。

图 1-17　提示已注册的域名　　　　　　　图 1-18　提示可以注册的域名

05 查询结果后，选择没有注册的域名，进入如图 1-19 所示的页面填写注册信息。

06 仔细填写上面各项信息后单击"确定"按钮，将弹出域名注册成功提示对话框。

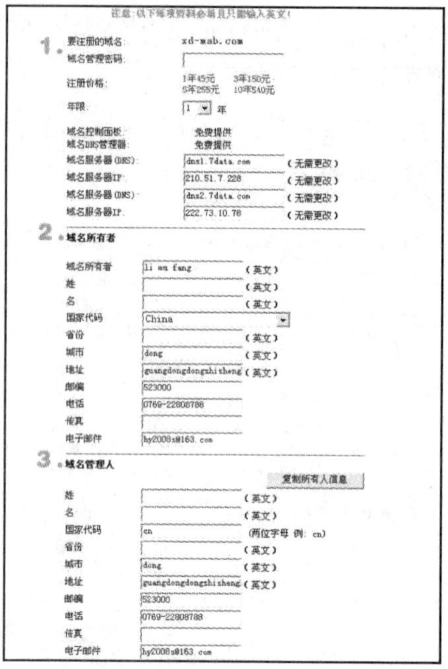

图 1-19　填写域名注册信息

1.2.5　域名解析

在浏览网站的时候用户习惯记忆域名，但机器与机器之间只认IP地址，域名与IP地址之间是一一对应的，它们之间的转换工作称为域名解析。域名解析需要由专门的域名解析服务器来完成，整个过程是自动进行的。在注册域名之后需要对域名进行解析，即把域名指向服务器IP地址，经过 24 小时（有些服务器所用时间可能会短些，但最少要经过 6 小时）之后域名解析才可以生效，此时用户在IE浏览器中输入域名地址就会自动转向服务器地址，从而实现对网站的访问。下面以一个实例来说明如何进行域名解析。

01 单击个人管理中心的"域名业务管理"进入服务管理页面，可以查看该账号申请的域名及状态并对此域名进行解析，如图 1-20 所示。

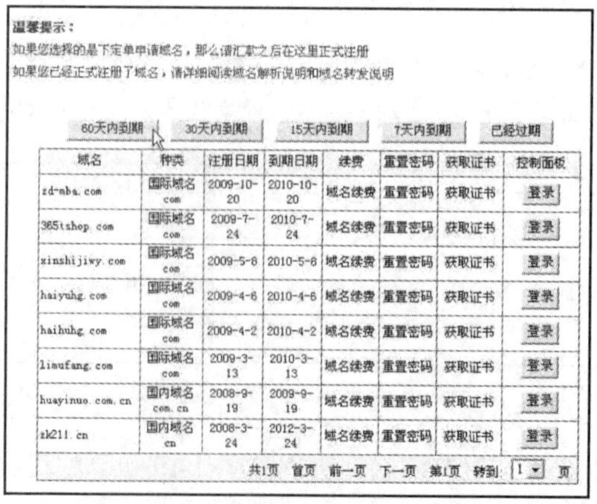

图 1-20　域名管理控制页面

02 单击你将要进行管理域名解析的域名一栏的"登录"按钮，进入域名解析页面，如图 1-21 所示。

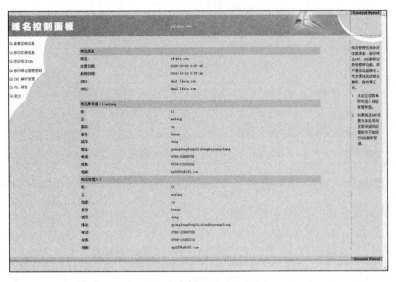

图 1-21 域名控制面板

03 选择域名控制面板中的"DNS 解析管理"选项，进入域名解析页面，如图 1-22 所示。

图 1-22 域名 DNS 解析管理页面

注：DNS 解析记录管理即用户可根据实际需要，便捷地修改或增加域名解析记录等，包括增加 IP、别名及邮件三个操作功能。

（1）增加 IP，即域名解析操作。

（2）增加别名，即增设子域名，指向已有空间。

（3）增加邮件，即添加 MX（邮件交换）记录，通过该记录来解析域名的邮件服务器。用户可以将域名下的邮件服务器指向自己的 Mail Server 上，然后即可自行操控所有的邮箱设置。你只需在线填写服务器的 IP 地址，即可将域名下的邮件全部转到自己设定的相应邮件服务器上。

（4）解析记录增加后，可根据需要进行更改或删除。

（5）解析记录修改后，24 小时内生效。

04 在"DNS 解析管理"控制面板中单击"增加 IP"按钮，进入给域名解析：添加"A 记录"页面，如图 1-23 所示。

图 1-23　给域名添加解析记录

A记录	把www.zd-mba.com解析到IP（221.231.138.61），则主机名填www，解析地址填该IP。网站服务器指向自己的Web Server上，同时也可以设置域名的二级域名
MX记录	做abc@zd-mba.com的MX解析，主机名留空，优先级10，解析地址为邮件服务器域名。MX记录的优先级别，数值越低，优先级越高，一般取值在5~99之间
CNAME记录	把abc.zd-mba.com解析到www.zd-mba1.com，则主机名填abc，解析地址填www.zd-mba1.com
智能DNS	仅电信，表示仅对电信用户有效 仅网通，表示仅对网通用户有效 默认，在没有定义电信或网通的时候，对所有用户都有效

05 对指定的域名进行解析，主机名中填写 www 或为空，在解析地址中填写所需要解析域名的主页服务器的 IP 地址，详细填写后单击"增加"按钮，即可成功添加A记录，等待管理员对这些域名进行解析（2~24 小时自动解析完毕），经过几小时之后可以输入主机名进行测试，从而完成域名解析操作，如图 1-24 所示。

图 1-24　增加域名 IP 解析

1.2.6　域名续费

申请域名后还要保护好自己的域名。域名一般是按年计费，要按时缴费。在费用到期一个月内缴费，否则域名会被自动取消使用权。特别是成名的公司或个人，域名是一个重要的资源。要知道有很多人已经对这些域名虎视眈眈，而且有很多软件对这些域名进行监测，一旦有域名被取消使用权时马上就会被注册，到时候要付出高价才能买回，这样又会使一群人变卖域名发财了。所以要注意域名的使用期限，并及时缴费。

1.2.7　如何利用域名赚钱

近来，CN域名投资引起了公众的极大兴趣，这门新兴的投资也成了继股票、房产之后的又一热门投资。Google两个CN域名价值百万美元的新闻，爆炸性地开启了国人CN域名投资之门。那么域名如何评估？

域名的最终价值体现在它是否能带来流量和利润,这些结果都将决定你的未来买家愿意出多少钱来购买你的域名。所以,衡量一个域名价值的标准来自两个方面:域名结构和商业价值。

其一,就域名结构来说,主要有域名长度和后缀两方面。域名关键词的长度(不包括com、cn此类的后缀部分)越短越值钱。这是个简单易懂的原则,因为短域名容易记忆和拼写,有利于提升流量,如op.cn这个CN域名就卖出了数十万的高价。而就后缀来说,随着COM域名资源的枯竭,CN域名逐渐成了主流。

其二,域名所包含的商业价值大小将直接影响域名的价格,商业价值来自两方面:影响力和市场性。就影响力而言,易被理解、易被记忆、易发音、好拼写的域名影响力大,简单、人人皆知的英文单词和词组也很值钱,因为它容易打品牌,例如tom.cn;市场性则指业务关联、发展潜力、目前访问量等几方面,例如car.cn比dzisp.cn值钱。除了长短的因素之外,car这个词本身的商业价值就大于dzisp。

其三,创意也是域名值钱的一大促动因素。例如,当年丁磊创办网易之前,注册域名时就巧妙地借用了当时普遍使用的电信拨号上网号码“163”作为域名主体,本身三个字母或数字的域名就已属简短的好域名了。该域名的优秀创意让这个简单、易记、有寓意的域名自然而然地为国人所记住。

1.2.8　域名的选择对搜索引擎优化的影响

域名对搜索引擎优化的影响主要体现在以下几方面。

- 搜索引擎对后缀名不同的域名所给的权重也是不同的。就目前而言,搜索引擎对几个域名后缀的权重高低为:gov>edu>org>com。
- 域名的长短不会影响到搜索引擎对域名的友好度,短域名对搜索引擎的使用者而言容易被记忆,对搜索引擎优化而言没有影响。
- 域名的拼写方式同样可以影响搜索引擎优化,选择一个容易记忆的域名可以带来很大的用户回访概率。
- 域名存在时间的长短对搜索引擎的优化也是有一定影响的。举个例子,一个新建的站与一个老站做了一个相同的关键词,甚至内容比老站更新颖、更有创意,但在搜索结果中,往往域名时间存在比较长的出现在前面。

1.3　网站服务器空间的获取与使用

当申请好了域名之后,下一步就是建立网站服务器。网站服务器要用专线或其他的方式与互联网连接。这种网站服务器除了存放网页为访问者提供浏览服务之外,还可以提供邮箱服务。邮箱是负责收发电子邮件的。此外,还可以在服务器上添加各种各样的网络服务功能,前提是有足够的技术支持。

通常建立网站服务器的模式有两种:购买独立的服务器进行托管和租用虚拟空间。

1.3.1　服务器托管

服务器托管就是指在购买了服务器之后,将其托管于一些网络服务机构(该机构要有良好的互联网接入环境),每年支付一定数额的托管费用。

1.3.2　租用虚拟空间

　　租用的服务器空间也就是虚拟主机用来存放网站所有网页,所以虚拟主机性能的优劣直接影响到网站的稳定性,使用时需要考查的指标分别是带宽、主机配置、CGI权限、数据库、服务和技术支持。空间适量即可,对于一般的网站来说,100MB已是一个足够大的空间。如果单纯放置文字,100MB相当于 5000 多万个汉字;若以标准网页计算,大致可容纳 1000 页A4幅面的网页和 2000 张网页图片。

1.3.3　网站空间、服务器的选择对搜索引擎优化的影响

　　(1)选择空间要稳定、打开速度快。如果网站空间不稳定经常出现关闭的状况,对排名肯定有负面影响。想想看如果搜索引擎搜出来的都是打不开的网站,那么用户的体验一定很差。

　　(2)选择离目标搜索引擎服务器近的空间最好。不要选择受过处罚的空间;尽量避免和作弊网站放在同一个服务器。因为在搜索引擎对作弊网站处罚时容易受到牵连。

　　(3)不要用免费空间,免费空间的质量普遍不高。从一个侧面也可以看出你对网站的不重视,要不然怎么连一点点空间费用都要吝啬?

　　(4)外贸型网站最好用海外空间,中国空间的网站在海外打开速度会受影响。部分网站在国外打开的速度是很慢的。

1.4　在本地搭建 ASP+IIS 网站服务器平台

　　Dreamweaver是一款优秀的网页开发工具,但无法独立创建动态网站,所以必须建立相应的Web服务器环境和数据库运行环境。Dreamweaver支持ASP、JSP、ColdFusion和PHP MySQL共 4 种服务器技术,所以在使用Dreamweaver之前必须选定一种技术,最常用的是ASP服务器技术。在进行ASP网页开发之前,首先必须安装编译ASP网页所需要的软件环境。IIS是由微软开发,以Windows操作系统为平台,运行ASP网页的网站服务器软件。IIS内建了ASP的编译引擎,在设计网站的计算机上必须安装IIS才能测试设计好的ASP网页,因此在Dreamweaver中创建ASP文件前,必须安装IIS并创建虚拟网站。

1.4.1　安装IIS

　　对于操作系统Windows Professional XP和Windows 7 而言,系统已经默认安装了IIS。下面以Windows 7 为例来介绍如何安装IIS服务器,其具体的步骤如下:

　　01 打开"开始"菜单,然后执行"开始"|"控制面板"命令,打开"控制面板"窗口,如图 1-25 所示。

　　02 单击"程序和功能"选项,打开"程序和功能"窗口,如图 1-26 所示。

　　03 从左侧列表中选择"打开或关闭 Windows 功能"图标,打开如图 1-27 所示的对话框。在其中勾选"Internet 信息服务"。

　　04 单击"确定"按钮,打开如图 1-28 所示信息提示框,提示用户 Windows 正在更改功能。

图 1-25 "控制面板"窗口

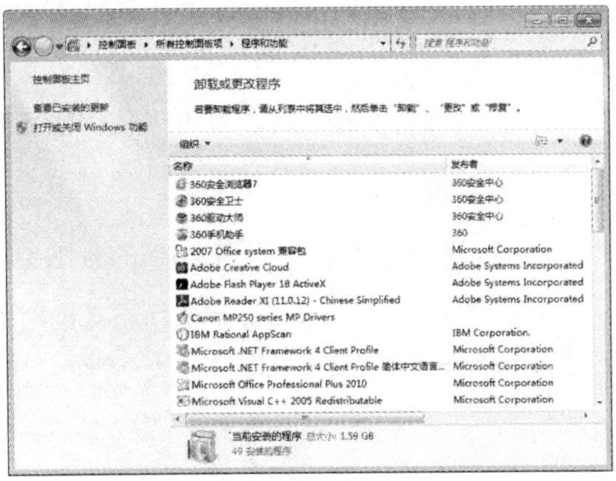

图 1-26 "程序和功能"窗口

图 1-27 "Windows 功能"窗口

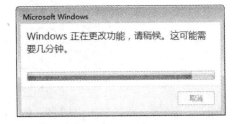

图 1-28 信息提示框

05 默认状态下,IIS 会被安装到 C 驱动器下的 **InetPub** 目录中。其中,有一个名为 **wwwroot** 的文件夹,它是访问的默认目录,访问的默认 Web 站点也放置在这个文件夹中,如图 1-29 所示。

图 1-29 安装默认文件夹

1.4.2 配置Web服务器

完成了IIS的安装之后，就可以使用IIS在本地计算机上创建Web站点了。

1. 打开IIS

在不同的操作系统中，启动IIS的方法也不同，下面是在Windows 7 下启动IIS的方法。

01 打开"开始"菜单，然后执行"控制面板"|"管理工具"命令，打开"管理工具"窗口，如图 1-30 所示。

图 1-30 "管理工具"窗口

02 在"管理工具"窗口中双击"Internet 信息服务（IIS）管理器"图标，启动 IIS，如图 1-31 所示。

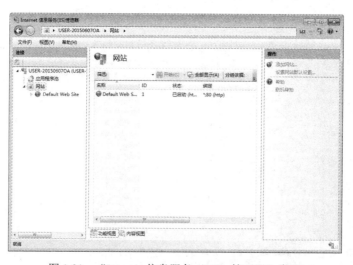

图 1-31 "Internet 信息服务（IIS）管理器"窗口

2. 设置默认的Web站点

默认Web站点是在浏览器的地址栏中输入"http://localhost"或"http://127.0.0.1"后显示

的站点。该站点中的所有文件实际上位于C:\Inetpub\wwwroot文件夹中，其默认主页对应页面文件的名称是Default.asp。

在"Internet信息服务"窗口中右击"Default Web Site"选项，打开如图1-32所示的快捷菜单。我们可以通过菜单对默认站点进行设置，这里采用默认设置。

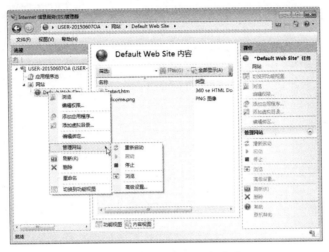

图1-32　默认网站的快捷菜单

3. 创建新Web站点

应用Dreamweaver进行Web应用程序的开发，首先要为开发的Web应用程序建立一个新的Web站点。一般来说，可以采用3种方法建立Web站点：真实目录、虚拟目录和真实站点。最常用的方法就是采用虚拟目录创建Web站点。

使用虚拟目录创建Web站点的步骤如下：

01 启动IIS，在"默认网站"上单击鼠标右键，打开快捷菜单。

02 从快捷菜单中选择 "添加虚拟目录"命令，打开如图1-33所示的"添加虚拟目录"对话框。

03 在"别名"文本框中输入"website"，在"物理路径"文本框中输入"D:\designem"，表示designem文件夹里放置的就是个人网站的所有文件，如图1-34所示。

图1-33　"添加虚拟目录"对话框

图1-34　输入虚拟目录的信息

04 单击"确定"按钮，返回到"Internet 信息服务（IIS）管理器"窗口中，在其中可以看到添加的虚拟目录，如图 1-35 所示。

图 1-35　添加的虚拟目录

05 单击"编辑权限"选项，打开如图 1-36 所示的"designem 属性"对话框，在其中可以设置虚拟目录的访问权限。

图 1-36　设置虚拟目录的权限

第 2 章　了解 Dreamweaver CC

Adobe Dreamweaver CC是一款集网页制作和管理网站于一身的所见即所得网页编辑器，是第一套针对专业网页设计师特别发展的视觉化网页开发工具，利用它可以轻而易举地制作出跨越平台限制和跨越浏览器限制的充满动感的网页。

本章重要知识点 >>>>>>>>>>

- Dreamweaver CC 的安装
- Dreamweaver CC 的工作界面
- 在 Dreamweaver CC 中插入文本、图像、媒体
- 在 Dreamweaver CC 中插入链接、表格、表单
- 在 Dreamweaver CC 中使用模板、库

2.1　Dreamweaver CC 的安装

了解Dreamweaver CC以后，首先要对Dreamweaver CC软件进行安装，可以使用光盘安装或在Adobe官方网站上下载试用版本进行安装。Dreamweaver CC安装详细的操作步骤如下：

01 运行 Dreamweaver CC 安装程序，稍等片刻，Dreamweaver CC 的安装程序会自动弹出"Adobe 安装程序"对话框，如图 2-1 所示。

02 Dreamweaver CC 安装程序初始化后，弹出"欢迎"对话框，如图 2-2 所示。

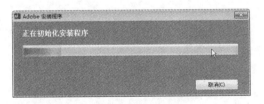

图 2-1　初始化安装程序　　　　　　　　　图 2-2　"欢迎"对话框

03 在"欢迎"对话框中单击"试用"按钮，打开"需要登录"对话框，提示用户需要使用 Adobe ID 进行登录，如图 2-3 所示。

04 单击"登录"按钮，进入"Adobe 软件许可协议"对话框，如图 2-4 所示。

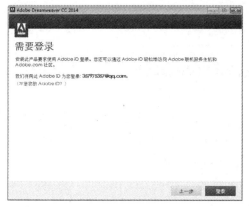
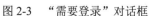

图 2-3 "需要登录"对话框

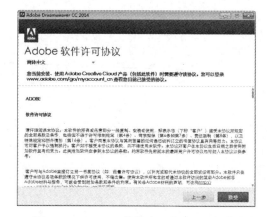

图 2-4 "Adobe 软件许可协议"对话框

05 单击"接受"按钮，进入【选项】对话框，在其中可以设置程序安装的位置，如图 2-5 所示。

06 单击"安装"按钮，开始安装 Dreamweaver CC，并显示安装的进度，如图 2-6 所示。

图 2-5 "选项"对话框

图 2-6 "安装进度"对话框

07 安装完毕后，弹出【安装完成】对话框，提示用户 Dreamweaver CC 安装完成，可以使用了，如图 2-7 所示。

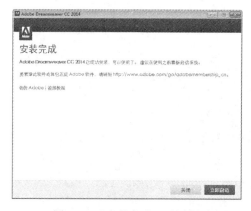

图 2-7 "安装完成"对话框

2.2　Dreamweaver CC 的工作界面

利用Dreamweaver CC中的可视化编辑功能，可以快速地创建Web页面，Dreamweaver CC是一款专业的HTML编辑器，用于对Web站点、Web页和Web应用程序进行设计、编码和开发，无论是在Dreamweaver CC中直接输入HTML代码还是在Dreamweaver CC中使用可视化编辑都整合了CSS功能，强大而稳定，可以帮助设计和开发人员轻松地创建并管理任何网页站点。Dreamweaver CC的工作界面包含"菜单栏""文档工具栏""文档窗口"" '属性'面板"和"面板组"，如图2-8所示。

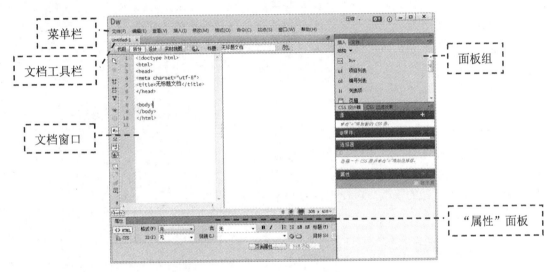

图 2-8　Dreamweaver CC 的工作界面

2.2.1　菜单栏

Dreamweaver CC菜单栏包含"文件""编辑""查看""插入""修改""格式""命令""站点""窗口"和"帮助"几个功能，如图2-9所示。使用这些功能可以便捷地访问与正在处理的对象或窗口有关的属性。当设计师制作网页时，可以通过菜单栏执行所需要的功能。

| 文件(F) | 编辑(E) | 查看(V) | 插入(I) | 修改(M) | 格式(O) | 命令(C) | 站点(S) | 窗口(W) | 帮助(H) |

图 2-9　菜单栏

2.2.2　文档工具栏

文档工具栏中包含"代码""拆分""设计""实时视图""标题"等，如图2-10所示。单击"代码"按钮将进入代码编辑窗口，单击"拆分"按钮将进入代码和设计窗口，单击"设计"按钮将进入可视化编辑窗口，单击浏览按钮可以通过IE浏览器对编辑好的程序进行浏览，"标题"文本框用来设置网页的标题信息（代码中<title>和</title>中间的内容）。

图 2-10　文档工具栏

2.2.3　文档窗口

文档窗口显示当前的文档内容，可以选择"设计""代码"和"拆分"这 3 种形式查看文档。

提 示

> "设计"视图：是一个可视化页面布局、可视化编辑和快速应用程序开发的设计环境。在该视图中，Dreamweaver CC 显示文档完全编辑的可视化表示形式，类似于在浏览器查看时看到的内容。
>
> "代码"视图：是一个用于编写和编辑 HTML、JavaScript、服务器语言代码（如 ASP、PHP 或标记语言）以及任何其他类型的手工编码环境。
>
> "拆分"视图：可以在单个窗口中同时看到同一文档的"代码"视图和"设计"视图。

2.2.4　面板组

Dreamweaver CC 的面板组嵌入到操作界面之中，在面板中进行操作时，对文档有相应改变也会同时显示在窗口之中，使得效果更加明了，使用者可以直接看到文档所做的修改，这样更加有利于编辑，如图 2-11 所示。

2.2.5　"属性"面板

"属性"面板可以显示在文档中选定对象的属性，同样也可以修改它们的属性值。选择的元素对象不同，在"属性"面板中显示的属性也不同，如图 2-12 所示。

图 2-11　面板组

图 2-12　文本框的属性

2.3　使用 Dreamweaver CC 创建基本网页

在各类网站设计中，功能多、实用性强的工具非 Dreamweaver 莫属。它是公认的最佳网页制作工具。文本是网页最基本的元素。对文本的控制和布局在网页设计中是最常见的，另外，还有图像的编辑、页面之间的链接等。

2.3.1　文本

一般来说，在网页中出现最多的就是文本，所以对文本的样式控制占了很大的比重，下面将介绍如何在Dreamweaver CC中插入文本，设置文本属性。详细的操作步骤如下：

01 首先打开一个文档或新建一个文档。

02 将光标置于文档中，便可以输入文字，如图 2-13 所示。

03 选中文字，执行"窗口"|"属性"命令，打开"属性"面板。在"大小"文本框中，将文字"大小"设置为"14"像素，设置好文字大小后，效果如图 2-14 所示。

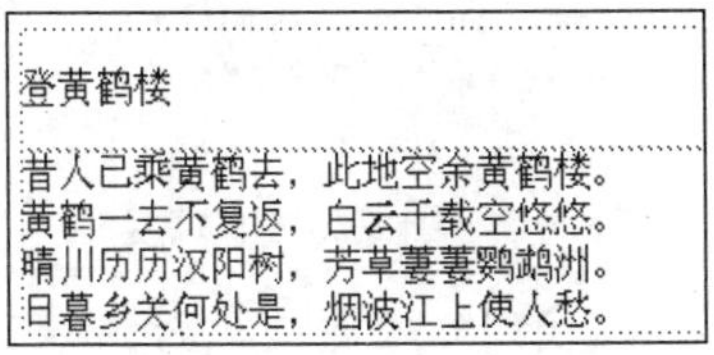

图 2-13　输入文字 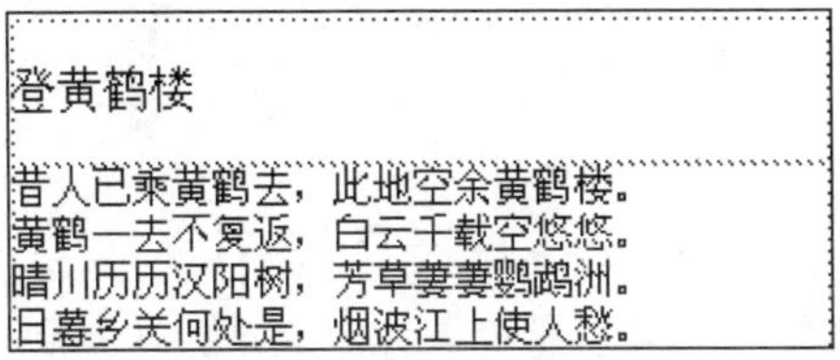　　　　　　　　　图 2-14　设置文字大小

04 选中文字。在"属性"面板中设置文字的颜色为红色，得到的效果如图 2-15 所示。

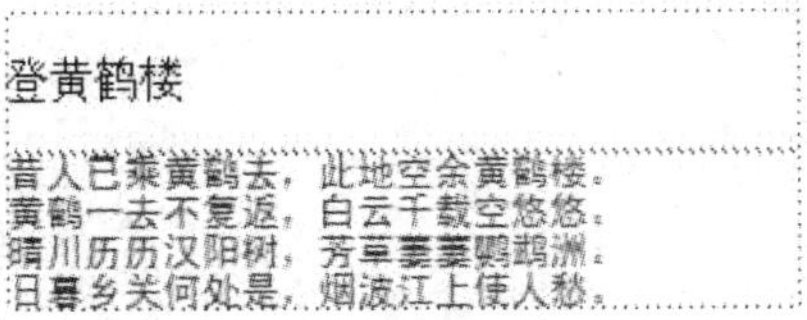

图 2-15　文字效果

2.3.2　图像

图像在网页中起到的作用主要是美化网页，同时也可以让访问者加深印象，所以说作用很大。插入和编辑图像的详细操作步骤如下：

01 首先打开一个文档或新建一个文档。

02 在文档中将光标置于需要插入图像的位置，执行"插入"|"图像"|"图像"命令，打开"选择图像源文件"对话框。在打开的"选择图像源文件"对话框中，选择本地电脑上的一个图像插入，得到的效果如图 2-16 所示。

提示　在"选择图像源文件"对话框中可以选择插入本地图像。只要浏览本地计算机，找到需要插入的图像就可以了，还可以插入网上的图像，在对话框下方的"URL"文本框中输入需要插入的 URL 图像网络地址就可以了。

03 选中图像并右击鼠标，在弹出的快捷菜单中选择"对齐"|"左对齐"菜单命令，将图像进行左对齐，如图 2-17 所示。

04 在"替换"文本框中输入文字"黄鹤楼"，设置图像的替换文本，如图 2-18 所示。在"高"文本框中设置图像的高度，在"宽"文本框中设置图像的宽度，如图 2-19 所示。

图 2-16　插入图像

图 2-17　设置图像对齐方式

图 2-18　图像替换文本

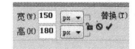

图 2-19　图像高度和宽度

05 如果需要裁剪图像，首先选择需要裁剪的图像，执行"窗口"|"属性"命令。在"属性"面板单击 ▣ 按钮。单击 ▣ 按钮后，图像周围会出现 8 个控制点，通过拖动这些控制点可以改变图像的大小，如图 2-20 所示。

06 选择好裁剪的位置双击鼠标完成了图像的裁剪工作，如果需要优化图像，执行"窗口"|"属性"命令。在"属性"面板中单击 🖉 按钮，打开"图像优化"对话框，如图 2-21 所示。在该对话框中进行相应的设置后单击"确定"按钮，就可以对图像进行优化了。

图 2-20　图像的裁剪

图 2-21　图像优化

2.3.3　媒体

多媒体对象和图像一样，在网页中起到的作用主要是美化网页，在Dreamweaver CC制作网页的时候可以插入各种的媒体对象，如Flash。插入多媒体的操作步骤如下：

01 先打开一个文档或新建一个文档。

02 将光标置于需要 Flash 动画的位置，再执行"插入"|"媒体"|"Flash SWF"命令，会打开"选择 SWF"对话框。在"选择 SWF"对话框中选择本地电脑上的一个 swf 文件，得到的效果如图 2-22 所示。

图 2-22　插入 Flash 动画

提 示　Flash 动画是一种高质量的矢量动画。在网络中，有着大量的精美动画素材，能让网页活灵活现。使用 Dreamweaver 制作网页，可以在网页中插入.swf 或.swt 格式的 Flash 动画。

2.3.4　链接

在网页中主要有文字链接、图像链接和电子邮件链接等多种链接类型，可以通过这些不同的链接类型来传递网页之间的信息。

创建链接都是在"属性"面板中的"链接"文本框中来完成的，使用"属性"面板可以给当前的文档中的文本或图像添加链接，单击链接的时候转到另一个位置或另一个网页。创建链接的详细操作步骤如下：

01　首先打开一个文档或新建一个文档。

02　选中要设置链接的文字，执行"窗口"|"属性"命令，在"属性"面板中单击"链接"文本框后面的 □ 按钮，打开"选择文件"对话框。在"选择文件"对话框中选择需要转向的网页，如图 2-23 所示。

图 2-23　选择链接文件

03　单击"确定"按钮设置好链接。在"属性"面板中可以设置链接的打开方式，包括"_blank""_new""_parent""_self""_top"。在"目标"下拉列表中选择一个打开方式，如图 2-24 所示。

图 2-24　设置目标

04　图像链接和文本链接一样，在网页中是最基本的链接，创建的方式也一样，都是在"属性"面板中的"链接"文本框中完成的。

05　图像热点链接可以将一幅图像分割为若干个区域，并将这些区域设置成热点区域。可以将这些不同的热点区域链接到不同的页面。选中图像，单击"属性"面板中的 □ 按钮，在"爱情诗歌"图像上拖动，绘制一个矩形热点，如图 2-25 所示。

06 在"属性"面板中的"链接"文本框中选择需要转向的页面，这样就完成了矩形热点的绘制。

07 通过电子邮件，可以将信息传送到对应的邮箱中，方便用户与网站管理者和服务商之间的沟通。选中文字"邮件联系我们"，执行"插入"|"电子邮件链接"命令，打开"电子邮件链接"对话框，输入要链接的电子邮箱即可，如图2-26所示。

图 2-25 绘制一个矩形热点

图 2-26 电子邮件链接

08 单击"确定"按钮，完成"电子邮件链接"的设置，如图2-27所示。

图 2-27 电子邮件链接

2.3.5 表单

使用表单可以加强访问者与站点管理员的信息收集工作。利用表单从用户那里收集信息后，将这些信息提交给服务器进行处理。图2-28所示就是创建的一个表单网页。

<form></form>标记之间的部分都属于表单的内容。表单标记具有Action、Method和Target属性。

提示

Action 的值是处理程序的程序名，如<form action="URL">。若这个属性是空值（""），则当前文档的 RUL 将被使用。当用户提交表单时，服务器将执行这个程序。

Method 用来定义处理程序从表单中获得信息的方式，可取 GET 或 POST 中的一个。

Target 属性用来指定目标窗口或目标帧，可以选择当前窗口 "_self"、父级窗口 "_parent"、顶层窗口 "_top"、空白窗口 "_blank"。

图 2-28 表单效果

创建表单的具体操作方法如下：

01 打开文档。

02 将光标置于要插入表单的位置，执行"插入"|"表单"|"表单"命令，插入表单，如图 2-29 所示。

图 2-29 插入表单

03 对于创建的表单，可在"属性"面板中进行相应的设置，如图 2-30 所示。

图 2-30 表单"属性"面板

提 示

表单"属性"面板中常用属性设置说明如下。

- 表单 ID：默认的名称是 form1。一个页面可以有多个 form 表单。不同的表单采用不同的表单名称，以示区别。表单名称的采用是为了一些程序脚本的应用，比如，表单检测，所以表单名称的重要性不言而喻。
- 动作（Action）：该表单提交信息内容的那个页面地址，该动作指向页面是脚本程序用来接受并处理信息的。
- 方法（Method）：表单提交有两种方法。
  - GET 将提交数据添加到"动作"指向页面。
  - POST 直接将提交数据发给服务器，是表单的默认方法。

表单对象是允许用户输入数据的机制。在创建表单对象之前，必须在页面中插入表单。

表单域有文本域、文件域、隐藏域 3 种类型。在向表单中添加文本域时，可以指定域的长度、含的行数、最多可输入的字符数，以及该域是否为密码域。创建表单对象的具体操作步骤如下：

04 将光标放置在表单内，执行"插入"|"表格"命令，打开"表格"对话框，如图 2-31 所示。

05 将"行数"设置为 7，"列"设置为 2，"表格宽度"设置为 600 像素，"边框粗细"设置为 0 像素，"单元格边距"设置为 0，"单元格间距"设置为 0，单击"确定"按钮，插入表，如图 2-32 所示。

06 将光标置于第 2 行第 1 列，输入文字"姓名："，并将"属性"面板中的"水平"设置为"居中对齐"，如图 2-33 所示。

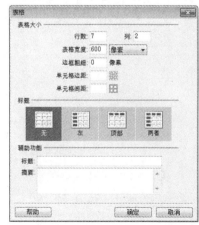

图 2-31 "表格"对话框

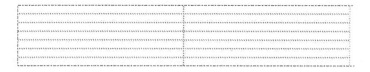

图 2-32　插入表格

07 将光标置于第 2 行第 2 列单元格中，执行"插入"|"表单"|"文本"命令，插入文本域。选中文本域，在"属性"面板中，将"字符宽度"设置为 20，"最多字符数"设置为 30，如图 2-34 所示。

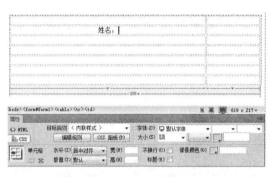

图 2-33　输入文字并设置水平对齐方式

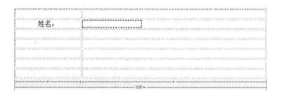

图 2-34　插入文本框并设置属性

提　示

文本域有以下 3 种类型。

单行文本域：通常提供单字或短语响应，如姓名或者地址。

多行文本域：为访问者提供了一个较大的区域，使其输入响应。

密码域：是特殊类型的文本域。

08 将光标置于文档的第 3 行第 1 列单元格中，输入文字"性别："，将光标置于第 3 行第 2 列单元格中，执行"插入"|"表单"|"单选按钮"命令，插入单选按钮，在其右边输入文字"男"，再次执行"插入"|"表单"|"单选按钮"命令，插入单选按钮，在其右边输入文字"女"，如图 2-35 所示。

09 将光标置于文档的第 4 行第 1 列单元格中，输入文字"爱好："，将光标置于第 4 行第 2 列单元格中，执行"插入"|"表单"|"复选框"命令，插入 3 个复选框，并在其右边输入文字"看书""打球""其他"，如图 2-36 所示。

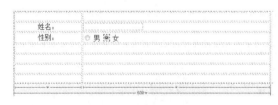

图 2-35　插入单选按钮

图 2-36　插入复选框

10 将光标置于文档的第 5 行第 1 列单元格中，输入文字"工资情况："，将光标置于第 5 行第 2 列单元格中，执行"插入"|"表单"|"选择"命令，插入列表菜单。选中列表菜单，单击"属性"面板中的"列表值"按钮，打开"列表值"对话框，在"列表值"对话框中单击添加按钮，然后再添加所需的内容，如图 2-37 所示。

11 单击"确定"按钮，将光标置于第 6 行第 1 列单元格，输入文字"个人说明："，将光标置于第 6 行第 2 列单元格中，插入文本域，在"属性"面板中，将"字符宽度"设置为 30、"行数"设置为 7，如图 2-38 所示。

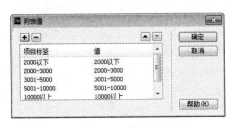

图 2-37　设置列表值

图 2-38　插入文本域

12 选中第 7 行单元格，执行"修改"|"表格"|"合并单元格"命令，合并单元格，将光标置于合并的单元格，执行"插入"|"表单"|"'提交'按钮"命令，插入一个"提交"按钮，执行"插入"|"表单"|"'重置'按钮"命令，插入一个"重置"按钮，如图 2-39 所示。

13 选中插入的按钮，单击"属性"面板中的"居中对齐"按钮，将其对齐方式设置为居中对齐，如图 2-40 所示。

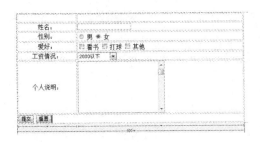

图 2-39　插入提交和重置按钮

图 2-40　设置按钮的对齐方式

2.3.6　表格

表格是用于在页面上显示表格式数据以及对文本和图形进行布局的有力工具。在Dreamweaver CC中，用户既可以插入表格并设置表格的相关属性，也可以添加和删除表格的行和列，还可以对表格进行拆分和合并，表格的操作步骤如下：

01 打开 HTML 文档，将鼠标定位在要插入表格的位置。

02 执行菜单栏中的"插入"|"表格"命令，弹出"表格"对话框，如图 2-41 所示。

图 2-41　插入表格

提示

"表格"对话中各项设置说明如下。

- 行数：定义表格中的行。
- 列：定义表格中每一行内的列数。
- 表格宽度：设置表格的宽度。编辑框后是表格的宽度单位，包括像素和百分比两种单位，默认单位为像素。
- 边框粗细：设置边框的厚度。如果设置为0，表格则是隐藏的。
- 单元格边距：设置单元格内容与单元格边界之间的像素个数，默认值为0。
- 单元格间距：设置每个单元格之间的像素个数，默认值为0。
- 标题：输入表格的标题。
- 摘要：输入所建表格的说明。

03 在"表格"对话框中设置行数为 7 行、列数为 2 列、表格宽度为 600 像素，以及边框粗细等项，其他项都为默认值，再单击"确定"按钮，创建一个简单的 HTML 表格。

04 在 Dreamweaver CC 中插入表格后，在"设计"视图中，可以打开表格的"属性"面板中设置表格的各种属性。在表格"属性"面板中，选择"宽"文本框，输入一个数字，表示表格的宽度，在右边可以选择像素或百分比，默认值是像素，如图 2-42 所示。

图 2-42 表格属性

提示

在表格"属性"面板中，选择各项参数的说明如下。

- 选择"填充"文本框，输入数字"0"，表示单元格边框和内容之间的空白。
- 选择"间距"文本框，输入一个数字，表示单元格之间的距离。
- 在"对齐"下拉菜单中，可以选择表格的对齐方式："左对齐""居中对齐"和"右对齐"。默认为"左对齐"。假如选择表格的对齐方式为"右对齐"，那么在"代码"视图中查看的源代码为：

```
<table width="400" border="0" align="right" cellpadding="0"
cellspacing="0">
```

- 选择"边框"文本框，输入一个数字，表示表格的边框宽度。

05 在 Dreamweaver CC 中插入表格以后，在"设计"视图中可以改变单元格的高度和宽度。改变了单元格的高度，也就是改变了单元格所在行的高度；改变了单元格的宽度，也就是改变了单元格所在列的宽度。将鼠标移动到单元格的边框上，当鼠标变成⇕形状时，按住鼠标左键上下拖动，可以改变单元格的高度，如图 2-43 所示。

06 将鼠标在要改变高度的单元格内单击，或者按住 Ctrl 键的同时单击单元格。选中单元格以后，弹出窗口底部的单元格"属性"面板，在"高"文本框中输入一个数字，比如 50，就设定了这个单元格的高度，也就是行的高度为 50 像素，如图 2-44 所示。

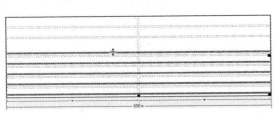

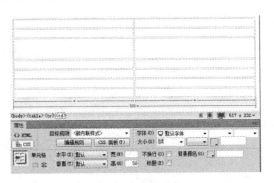

图 2-43　拖动表格高度　　　　　　　　　　　图 2-44　表格高度

07 将鼠标移动到单元格的边框上，当鼠标变成 ╫ 形状时，按住鼠标左键左右拖动，可以改变单元格的宽度，如图 2-45 所示。

08 当鼠标变成 ╫ 形状时，按住 Shift 键，再按住鼠标左键左右拖动，停止拖动后，先松开鼠标左键，再松开 Shift 键，这样只改变了鼠标左边的列宽，而表格中的其他列宽度不变，但是表格的宽度会相应地增加或者减少。

09 将鼠标在要改变宽度的单元格内单击，或者按住 Ctrl 键的同时单击单元格。选中单元格以后，在单元格"属性"面板的"宽"文本框中输入一个数字，比如 360，就设定了这个单元格的宽度，也就是这一列的宽度为 360 像素，如图 2-46 所示。

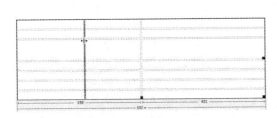

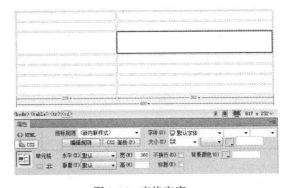

图 2-45　拖动表格宽度　　　　　　　　　　　图 2-46　表格宽度

10 在 Dreamweaver CC 中选择单元格与选择表格的方法不一样，选择单元格的方法主要有以下几种。

❶ 选择单个单元格。

如果要选择一个单元格，那么在要选择的单元格内单击鼠标左键即可，如图 2-47 所示。

❷ 选择多个单元格。

（1）按住 Ctrl 键，然后在要选择的多个单元格中依次单击鼠标左键，这样可以随机地选择多个单元格。

（2）首先在一个单元格中单击鼠标左键，接着按住 Shift 键，然后在其他要选择的单元格中单击鼠标左键，这样可以连续选择多个单元格，如图 2-48 所示。

图 2-47　选择单个单元格　　　　　　图 2-48　选择多个单元格

❸ 选择一行或一列单元格。

(1) 移动鼠标到行的左边沿，当光标变成➡形状时，单击鼠标左键，即可选择一行的单元格。

(2) 移动鼠标到列的上边沿，当光标变成⬇形状时，单击鼠标左键，即可选择一列的单元格。

11　在 Dreamweaver CC 中插入表格以后，单击要添加的或者要删除的行或列中的一个单元格，或者选择该行或该列，然后进行增加或删除行列的操作。

❶ 增加行和列。

(1) 单击"修改"菜单，选择"表格"命令，在弹出的子菜单中选择要使用的命令即可，如图 2-49 所示。

(2) 单击鼠标右键，在弹出的快捷菜单中选择"表格"命令，在子菜单中选择"插入行"或"插入列"命令也可以增加行和列，如图 2-50 所示。

图 2-49　增加表格行和列

图 2-50　增加表格行和列

❷ 删除行和列。

(1) 单击鼠标右键，选择"表格"命令，在弹出的子菜单中选择"删除行"或者"删除列"命令，可以删除行或列。

(2) 选择一行或者多行，或者选择一列或者多列，按键盘上的 Delete 键，即可删除行或列。

提示　删除行或列时必须首先选中整个行或列，否则不能删除行或列，而只能是删除单元格中的数据。

12 在 Dreamweaver CC 中，可以通过对单元格的合并和拆分生成各种各样简单或者复杂的表格。

❶ 合并单元格。

（1）选择要合并的多个单元格，必须是相邻的单元格，如图 2-51 所示。

（2）在表格的〝属性〞面板中单击□按钮就可以合并单元格。

（3）合并单元格的结果如图 2-52 所示。

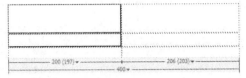

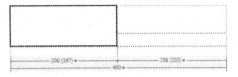

图 2-51　选择要合并的单元格　　　　　　　　图 2-52　合并单元格

❷ 拆分单元格。

（1）选择一个单元格，如图 2-53 所示。

（2）在表格的〝属性〞面板中单击┴按钮，弹出〝拆分单元格〞对话框，设置各项参数，如图 2-54 所示。

（3）单击〝确定〞按钮，单元格拆分成功。

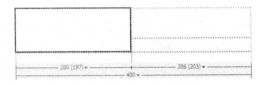

图 2-53　选择要拆分的单元格　　　　　　　　图 2-54　拆分单元格

提　示

在〝拆分单元格〞对话框中，如果选择〝行〞，就要输入要拆分的行数；如果选择〝列〞，就要输入要拆分的列数。

2.4　模板、库的使用

使用模板和库可以使网页有统一的风格，同时对于多个页面相同的部分，可以定义为模板或库。

2.4.1　模板

采用模板最大的好处就是当对模板进行修改更新时，所有采用了该模板的网页文档的锁定区域都能同步更新，从而达到整个站点风格变化的迅速性和统一性。

在 Dreamweaver 中，模板就是一个网页文档，该文件将自动保存到站点根目录下的 Templates 文件夹中，文件扩展名为.dwt。

模板具有固定的版面布局结构，可以用来作为站点中新建网页文档的布局，同时在模板中还可以定义文档的可编辑区域，使应用该模板的网页能对此区域自行编辑处理，当然在模板未定义可编辑区域前，应用模板的网页将被锁定，不能进行相关的编辑。

模板由两类组成：锁定区域和可编辑区域。当第一次创建模板时有的区域都是锁定的。定义模板过程的一部分就是指定和命名可编辑的区域。然后，当某个文档从某些模板中创建时，可编辑的区域则成为唯一可以被改变的地方。

在Dreamweaver CC中，用户可以将现有的网页文档创建为模板，然后根据需要加以修改，或创建一个空白模板，在其中输入需要显示的文档内容。模板实际上也是文档，其扩展名是.dwt，存放在根目录的Templates文件夹中，模板文件夹并不是一开始就有的，它只是创建模板的时候才自动生成的。在Dreamweaver中有关模板的详细操作步骤如下：

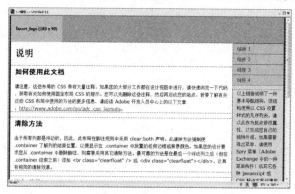

01 执行"文件"|"新建"命令，打开"新建文档"对话框。

02 在对话框中选择"空白页"选项，在"页面类型"列表框中选择"HTML 模板"选项，在"布局"列表框中选择"列固定，右侧栏，标题和脚注"。

03 单击"创建"按钮，创建一个新的模板文档，如图 2-55 所示。

图 2-55　创建模板

提　示

不要将模板移动到 Templates 文件夹之外，或者将任何非模板文件放在 Templates 文件夹中，此外不要将 Templates 文件夹移动到本地根文件夹之外，否则将会引起模板中的路径错误。

04 执行"文件"|"另存为模板"命令，打开"另存为模板"对话框，将其文档进行保存，并命名为 index.dwt。

05 在创建模板之后，只有可编辑区域才能将模板应用到网站的网页中，打开创建的模板文件 index.dwt，将光标置于要插入编辑区域的位置，执行"插入"|"模板"|"可编辑区域"命令，如图 2-56 所示。

06 选择"可编辑区域"命令后，打开"新建可编辑区域"对话框，如图 2-57 所示。

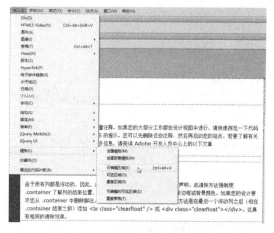

图 2-56　执行"可编辑区域"命令

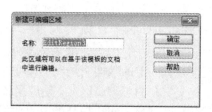

图 2-57　新建可编辑区域

在命名可编辑区域时，不能使用某些特殊字符，如单引号（'）、双引号（"）、尖括号（<>）以及与（&）符号等。在模板中，可编辑区域以浅蓝色加亮显示，新建的可编辑区域用名称表示。它实际上是一个占位符，表明当前可编辑区域在文档中的位置。

07 单击"确定"按钮，在模板中插入可编辑区域。

2.4.2 库

库是一种特殊的Dreamweaver文件，其中包含已创建的便于放在网页上的单独 "资源"或是资源复制的集合。库用来存储想要在整个网站上经常重复使用或更新的页面元素，这些元素称为库项目。

使用库项目时，Dreamweaver不是在网页中插入库项目，而是向库项目中插入一个链接。如果以后更改库项目，系统将自动在任何已经插入该库项目的页面中更新库的实例。在Dreamweaver中创建库项目的具体操作步骤如下：

01 执行"文件"|"新建"命令，打开"新建文档"对话框。在"新建文档"对话框中，选择"空白页"选项卡，在"页面类型"中选择"库项目"选项，如图2-58所示。

02 单击"创建"按钮，创建一个库项目。

03 执行"插入"|"表格"命令，打开"表格"对话框，将"行数"设置为3，"列"设置为1，如图2-59所示。

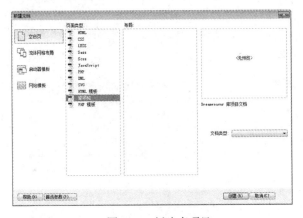

图2-58　新建库项目

图2-59　插入表格

04 单击"确定"按钮，插入表格。

05 将光标置于第1行单元格中，执行"插入"|"图像"命令，打开"选择图像源文件"对话框。

06 在对话框中选择一个图像，单击"确定"按钮，插入图像，如图2-60所示。

图2-60　插入图像

07 将光标置于第 2 行单元格中，执行"插入"|"图像"命令，打开"选择图像源文件"对话框，在对话框中选择一个图像，单击"确定"按钮，插入图像，同样再在第 3 行插入图像，如图 2-61 所示。

图 2-61　插入图像

08 选择"文件"|"保存"命令，打开"另存为"对话框，在对话框中的"文件名"文本框中输入"top"，并将"保存类型"设置为"Library Files（*.lbi）"，如图 2-62 所示。

09 单击"保存"按钮，保存库文件。

10 在 Dreamweaver 中，另一种维护文档风格的方法是使用库项目。如果说模板从整体上控制了文档风格，那么库项目则从局部上维护了文档的风格。把库项目插入到页面时，实际内容以及对项目的引用就会被插入文档中，此时无须提供原项目即可正常显示。打开文档，执行"窗口"|"资源"命令，打开"资源"面板。在面板中单击"库"按钮，打开"库"窗口，如图 2-63 所示。选中库文件将其拖动到文档中就可以使用库文件了。

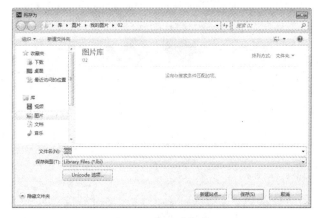

图 2-62　保存库文件

图 2-63　资源面板

提示

库项目可以包含行为，但是在库项目中编辑行为有一个特殊的要求，即库项目不能包含量时间轴或样式表。因为这些元素的代码是 <head> 的一部分，而不是 <body> 的一部分。在"资源"面板中调用库必须先建立一个站点。

第 3 章　HTML 语言基础

HTML（Hypertext Markup Language，超文本标记语言或超文本链接标记语言，文件后缀名为.htm或.html）是目前网络上应用最为广泛的语言，也是构成网页文档的主要语言。可以用多种软件编写HTML，如记事本、写字板、FrontPage或Dreamweaver等。HTML命令可以说明文字、图形、动画、声音、表格、链接等。HTML的结构包括头部（Head）、主体（Body）两大部分，其中头部描述浏览器所需的信息，而主体则包含所要说明的具体内容。它通常是用<标志名></标志名>成双成对出现的。

本章重要知识点 >>>>>>>>>>

- Dreamweaver 中的 HTML
- 常用的 HTML 标记
- 文字常用标签
- 表格标签
- 链接标签

3.1　Dreamweaver CC 中的 HTML

制作HTML页面，可以使用记事本、写字板、Word、FrontPage、Dreamweaver及其他具有文字编排功能的工具，只要把最后生成的文件以.html为后缀名保存即可。但不同的开发工具具有不同的开发效率，如一个人用记事本开发某个页面时用了一天的时间，而另一个人用Dreamweaver却只花了不到一个小时。在众多开发工具中，推荐使用Dreamweaver，它能帮助大家做很多事，如可视化的程序设计、页面的框架代码自动生成、程序的框架代码自动生成、输入动态提示、实时代码错误监测、帮助文档等。Dreamweaver具有其他工具不可比拟的优势。

学习HTML有一条捷径可走，那就是利用Dreamweaver提供的页面和HTML代码之间相互转换的功能。例如，编写出HTML代码后，通过Dreamweaver就可以马上看到相应的页面是什么样子的。反之亦然，当看到一个漂亮的页面时，通过Dreamweaver即可知道它的HTML代码。

下面用Dreamweaver新建一个HTML文件，步骤如下：

01 启动 Dreamweaver CC，打开 Dreamweaver CC 的工作界面，如图 3-1 所示。

02 执行"新建"| HTML 命令，即可创建 HTML 新文档，如图 3-2 所示。

03 在"标题"文本框中输入"第一个 HTML 网页"，单击 拆分 按钮，在 设计 窗口中输入"这是我制作的第一个页面"，如图 3-3 所示。

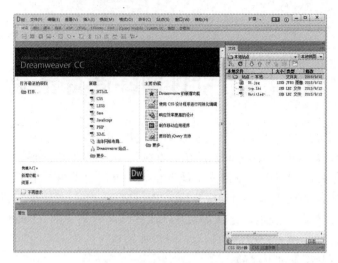

图 3-1　Dreamweaver CC 启动界面

图 3-2　新建立的 HTML 页面

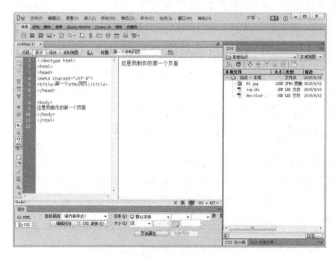

图 3-3　输入标题及文字说明

把"代码"窗口的代码复制出来进行分析，代码如下：

```
<!doctype html>
<html>
<head>
<meta charset="utf-8">
<title>第一个 HTML 网页</title>
</head>

<body>
这是我制作的第一个页面
</body>
</html>
```

读者可以注意到上面的代码有以下几个最基本的特点。

- 在代码中有很多用<>括起来的代码，这就是 HTML 语言的标记符号。
- 代码主要由 head 和 body 两部分组成。
- 代码中有很多成对出现的标记，如出现<html>后，在后面会出现与之对应的</html>；如前面出现<head>后，在后面会出现与之对应的</head>。在成对出现的标记中第一个表示开始，第二个表示结束，并且结束的标记要多一个斜杠。

接下来看看这些标注所代表的意义。

- html：表示被<html> 及 </html> 所包围起来的内容是一份 HTML 文件，不过本标注也可以省略。
- head：此标注用来注明此份文件的作者等信息，除了 <title> 会显示在浏览器的标题列之外，其他并不会显示出来，故 <meta> 可以省略。
- meta：表示一个 meta 变量，作用是声明信息或向 Web 浏览器提供具体的指令。
- title：表示该页面的标题，这两个标记中间的字符将会显示在浏览器的标题栏上，如上面实例的"第一个 HTML 网页"就会显示在浏览器的标题栏上。
- body：被此标注所围起来的数据是 HTML 文件的内容，会被浏览器显示在窗口中，不过本标注也可以省略。

3.2 常用的 HTML 标记

在Dreamweaver CC中自动生成的HTML语言节省了很多人工编写代码的工作，提高了网页编程工作人员的工作效率。但对于ASP.NET这样需要直接在代码窗口中进行编辑的设计网页编程人员，掌握常用的HTML标记还是非常必要的，在上一小节中介绍了基础的标记，在本节中将系统地介绍常用的HTML标记。

1. HTML的基本结构

HTML（Hypertext Markup Language，超文本标记语言）是一种用来制作超文本文档的简单标记语言。用HTML编写的超文本文档称为HTML文档，能独立于各种操作系统平台（如UNIX、Windows等）。使用HTML语言描述的文件，需要通过WWW浏览器显示出效果来。

之所以称为超文本，是因为它可以加入图片、声音、动画、影视等内容，还可以从一个文件跳转到另一个文件，与世界各地主机的文件连接。

（1）表现丰富多彩的设计风格
- 图片调用：<img src="文件名">
- 文字格式：<font size="+6 " color="00FFFF">文字</font>

（2）实现页面之间的跳转
页面跳转：<a href="文件路径/文件名"></a>

（3）通过HTML可以展现多媒体的效果
- 导入声频文件：<embed src="音乐文件名" autostart=true>
- 嵌入视频文件：<embed src="视频文件名" autostart=true>

上面在示例超文本特征的同时，采用了在制作超文本文档时需要用到的部分标签。所谓标签，就是采用一系列的指令符号来控制输出的效果，这些指令符号用"<标签名字　属性>"来表示。

超文本文档分文档头和文档体两部分。在文档头中对文档进行一些必要的定义，在文档体中定义要显示的各种文档信息。下面的结构表示了HTML的基本结构：

```
<html>
<head>
头部信息
</head>
<body>
文档主体，正文部分
</body>
</html>
```

其中，<html>在最外层，表示这对标记间的内容是HTML文档。还会看到一些Homepage省略了<html>标记，因为.html或.htm文件被Web浏览器默认为是HTML文档。<head>之间包括文档的头部信息，如文档总标题等，若不需要头部信息则可省略此标记。<body>标记一般不省略，表示正文内容的开始。

2. 超文本中的标签

接触超文本，经常使用到的就是用"<"和">"括起来的句子，即标签，是用来分割和标记文本的元素，以形成网页文本的布局、文字的格式及五彩缤纷的画面。下面就介绍一下常见的单标签、双标签及标签的属性。

（1）单标签
只要单独使用就能完整地表达意思的标签称为单标签。这类标记的语法是：

```
<标签名称>
```

最常用的单标签是
，它表示换行。

（2）双标签

另一类标记称为"双标签"，由"始标签"和"尾标签"两部分构成，必须成对使用。其中，始标签告诉Web浏览器从此处开始执行该标记所表示的功能，而尾标签告诉Web浏览器在这里结束该功能。始标签前加一个斜杠（/）即为尾标签。这类标记的语法是：

```
<标签>内容</标签>
```

其中"内容"部分就是要被这对标记施加作用的部分。例如，想突出某段文字的显示效果，就将此段文字放在<em> </em>标记中：

```
<em>第一：</em>
```

（3）标签属性

许多单标签和双标签的始标签内可以包含一些属性，其语法是：

```
< 标签名字 属性1 属性2 属性3 …… >
```

各属性之间无先后顺序，属性也可省略（即取默认值），例如单标记<HR>表示在文档当前位置画一条水平线（Horizontal Line），一般是从窗口中当前行的最左端一直画到最右端。例如：

```
<hr size=3 align=left width="75%">
```

提 示

> size 属性定义线的粗细，属性值取整数，默认为 1；align 属性表示对齐方式，可取 left（左对齐，默认值）、center（居中）、right（右对齐）；width 属性定义线的长度，可取相对值，（由一对 " "号括起来的百分数，表示相对于充满整个窗口的百分比），也可取绝对值（用整数表示的屏幕像素点的个数，如 width=300），默认值是"100%"。

3．标题标签<h*n*>

一般文章都有标题、副标题、章和节等结构，HTML中也提供了相应的标题标签<h*n*>，其中*n*为标题的等级。HTML提供了 6 个等级的标题，*n*越小，标题字号就越大。下面列出所有等级的标题：

- <h1>…</h1>：第一级标题
- <h2>…</h2>：第二级标题
- <h3>…</h3>：第三级标题
- <h4>…</h4>：第四级标题
- <h5>…</h5>：第五级标题
- <h6>…</h6>：第六级标题

请看下面的例子：

```
<html>
<head>
<title>标题示例</title>
</head>
<body>
这是一行普通文字<p>
```

```
<h1>一级标题</h1>
<h2>二级标题</h2>
<h3>三级标题</h3>
<h4>四级标题</h4>
<h5>五级标题</h5>
<h6>六级标题</h6>
</body>
</html>
```

运行后的网页效果如图 3-4 所示。

从结果可以看出，每一个标题的字体为黑体字，内容文字前后都插入空行。

4．换行标签

在编写HTML文件时，不必考虑太细的设置，也不必理会段落过长的部分会被浏览器切掉。因为，在HTML语言规范里，每当浏览器窗口被缩小时，浏览器会自动将右边的文字转折至下一行。所以，编写者对于自己需要断行的地方，应加上
标签。

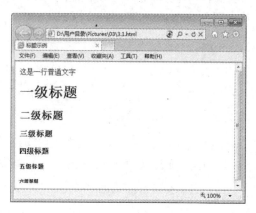

图 3-4　不同级标题效果

请看下面的例子：

```
<html>
<head>
<title>换行示例</title>
</head>
<body>
登鹳雀楼<br>白日依山尽，<br>黄河入海流。<br>欲穷千里目，<br>更上一层楼。
</body>
</html>
```

运行后的效果如图 3-5 所示。

5．段落标签<P>

为了排列得整齐、清晰，文字段落之间常用<p></p>来做标记。文件段落的开始由<p>来标记，段落的结束由</p>来标记，</p>是可以省略的，因为下一个<p>的开始就意味着上一个<p>的结束。<p>标签还有一个属性align，用来指名字符显示时的对齐方式，一般值有center、left、right三种。

下面用例子来说明这个标签的用法。

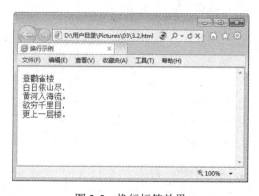

图 3-5　换行标签效果

```
<html>
<head>
<title>段落标签</title>
```

```
</head>
<body>
<p align=center>
浣溪沙 <p align=center >一曲新词酒一杯，去年天气旧亭台，夕阳西下几时回。<p align=center
>无可奈何花落去，似曾相识燕归来，小园香径几徘徊。</p>
</body>
</html>
```

运行后的效果如图 3-6 所示。

6．水平线段标签<hr>

这个标签可以在屏幕上显示一条水平线，用以分割页面中的不同部分。

<hr>有以下几个属性。

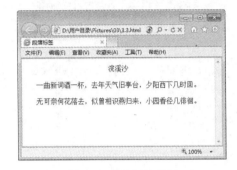

图 3-6　段落标签效果

- size 表示水平线的宽度。
- width 表示水平线的长度，用占屏幕宽度的百分比或像素值来表示。
- align 表示水平线的对齐方式，有 left、right、center 三种。
- noshade 表示线段无阴影属性，为实心线段。

下面用几个例子来说明该线段的用法。

（1）线段宽度的设定实例

```
<html>
<head>
<title>线段粗细的设定</title>
</head>
<body>
<p>这是第一条线段，无 size 设定，取内定值 SIZE=1 来显示<br>
<hr>
<p>这是第二条线段，SIZE=5<br>
<hr size=5>
<p>这是第三条线段，SIZE=10<br>
<hr size=10>
</body>
</html>
```

运行后的效果如图 3-7 所示。

图 3-7　线段粗细的设置效果

（2）线段长度的设定实例

```
<html>
<head>
<title>线段长度的设定</title>
</head>
<body>
<p>这是第一条线段，无WIDTH设定，取WIDTH内定值100%来显示<br>
<hr size=3>
<p>这是第二条线段，WIDTH=50（点数方式）<br>
<hr width=50 size=5>
<p>这是第三条线段，WIDTH=50%（百分比方式）<br>
<hr width=50% size=7>
</body>
</html>
```

运行后的效果如图 3-8 所示。

（3）线段排列的设定实例

```
<html>
<head>
<title>线段排列的设定</title>
</head>
<body>
<p>这是第一条线段，无ALIGN设定（取内定值CENTER显示）<br>
<hr width=50% size=5>
<p>这是第二条线段，向左对齐<br>
<hr width=60% size=7 align=left>
<p>这是第三条线段，向右对齐<br>
<hr width=70% size=2 align=right>
</body>
</html>
```

运行后的效果如图 3-9 所示。

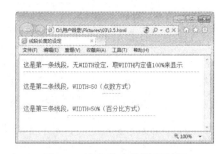

图 3-8　线段长度的设置效果　　　　　图 3-9　线段排列的效果

（4）无阴影的设定实例

```
<html>
<head>
<title>无阴影的设定</title>
```

```
</head>
<body>
<p>这是第一条线段，无 NOSHADE 设定，取内定值阴影效果来显示<br>
<hr width=80% size=5>
<p>这是第二条线段，有 NOSHADE 设定<br>
<hr width=80% size=7 align=left noshade>
</body>
</html>
```

运行后的效果如图 3-10 所示。

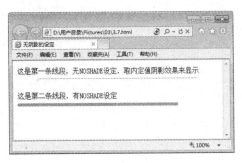

图 3-10   无阴影设置效果

3.3   文字常用标签

网页主要是由文字及图片组成的,在网页中那些千变万化的文字效果又是由哪些常用的标签进行控制的呢？本节主要介绍文字的大小、字体、样式及颜色控制。

1. 文字的大小设置

提供设置字号大小的是font。font有一个属性size，通过指定size属性就能设置字号大小，而size属性的有效值范围为 1~7，其中默认值为 3。可以在size属性值之前加上"＋""－"字符来指定相对于字号默认值的增量或减量。

示例：

```
<html>
<head>
<title>字号大小</title>
</head>
<body>
<font size=7>这是 size=7 的字体</font><P>
<font size=6>这是 size=6 的字体</font><P>
<font size=5>这是 size=5 的字体</font><P>
<font size=4>这是 size=4 的字体</font><P>
<font size=3>这是 size=3 的字体</font><P>
<font size=2>这是 size=2 的字体</font><P>
<font size=1>这是 size=1 的字体</font><P>
<font size=-1>这是 size=-1 的字体</font><P>
</body>
</html>
```

发布后的效果如图 3-11 所示。

2. 文字的字体与样式

HTML 4.0 以上的版本提供了定义字体的功能，用 face 属性来完成这个工作。face 的属性值可以是本机上的任一字体类型，但有一点需要注意，只有对方的电脑中装有相同的字体才可以在他的浏览器中出现预先设计的风格。格式如下：

```
<font face="字体">
```

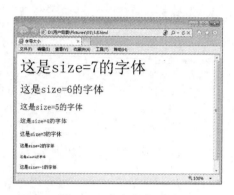

图 3-11　文字大小不同

示例：

```
<HTML>
<HEAD>
<TITLE>字体</TITLE>
</HEAD>
<BODY>
<CENTER>
<FONT face="楷体_GB2312">欢迎光临</FONT><P>
<FONT face="宋体">欢迎光临</FONT><P>
<FONT face="仿宋_GB2312">欢迎光临</FONT><P>
<FONT face="黑体">欢迎光临</FONT><P>
<FONT face="Arial">Welcome my homepage.</FONT><P>
<FONT face="Comic Sans MS">Welcome my homepage.</FONT><P>
</CENTER>
</BODY>
</HTML>
```

发布后的效果如图 3-12 所示。

HTML 还提供了一些标签产生文字的强调加粗、斜体、加下划线等效果，现将常用的标签列举如下：

图 3-12　不同的字体

- ...: 粗体。
- <i>...</i>: 斜体。
- <u>...</u>: 加下划线。
- <tt>...<tt>: 打字机字体。
- <big>...</big>: 大型字体。
- <small>...</small>: 小型字体。
- <blink>...</blink>: 闪烁效果。
- ...: 表示强调，一般为斜体。
- ...: 表示特别强调，一般为粗体。
- <cite>...</cite>: 用于引证、举例，一般为斜体。

现在用一个实例来看看效果：

```
<html>
<head>
<title>字体样式</title>
</head>
<body>
<b>黑体字</b>
<p> <i>斜体字</i>
<p> <u>加下划线</u>
<p> <big>大型字体</big>
<p> <small>小型字体</small>
<p> <blink>闪烁效果</blink>
<p><em>Welcome</em>
<p><strong>Welcome</strong>
<p><cite>Welcome</cite></p>
</body>
</html>
```

发布后的效果如图 3-13 所示。

3．文字的颜色

文字颜色设置格式如下：

```
<font color=color_value>…</font>
```

这里的颜色值可以是一个十六进制数（用 "#" 作为前缀），也可以是 16 种常用颜色名称，如表 3-1 所示。

图 3-13　不同字体效果

表 3-1　常用颜色值表

	颜色名	颜色值		颜色名	颜色值
	黑色	Black = "#000000"		深绿色	Green = "#008000"
	银色	Silver = "#C0C0C0"		浅绿色	Lime = "#00FF00"
	灰色	Gray = "#808080"		橄榄绿	Olive = "#808000"
	白色	White = "#FFFFFF"		黄色	Yellow = "#FFFF00"
	棕色	Maroon = "#800000"		深蓝色	Navy = "#000080"
	红色	Red = "#FF0000"		蓝色	Blue = "#0000FF"
	深紫色	Purple = "#800080"		蓝绿色	Teal = "#008080"
	紫色	Fuchsia = "#FF00FF"		浅蓝色	Aqua = "#00FFFF"

请看例子：

```
<Html>
<head>
<title>文字的颜色</title>
</head>
<body bgcolor=000080>
<center>
<font color=white>七彩网络</font><br>
```

```
<font color=red>七彩网络</font> <br>
<font color=#00ffff>七彩网络</font><br>
<font color=#ffff00>七彩网络</font><br>
<font color=#ffffff>七彩网络</font> <br>
<font color=#00ff00>七彩网络</font><br>
<font color=#c0c0c0>七彩网络</font><br>
</center>
</body>
</html>
```

发布后的效果如图 3-14 所示。

4. 位置控制

通过align属性可以选择文字或图片的对齐方式：left表示向左对齐，right表示向右对齐，center表示居中。基本语法如下：

```
<html>
<head>
<title>位置控制</title>
</head>
<body>
<div>
<div align="left">你好!<br>
</div>
  <div align="center">你好!<br>
</div>
  <div align="right">你好!<br>
</div>
</div>
</body>
</html>
```

发布后的效果如图 3-15 所示。

图 3-14　不同的文字颜色效果

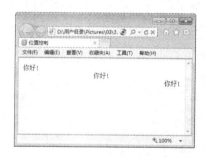

图 3-15　文字的位置控制效果

另外，align属性也常常用在其他标签中，引起其内容位置的变动。

例如：

```
<p align=#>
<hr align=#>        #=left / right / center
<h1 align=#>
```

5．无序号列表

无序号列表使用的一对标签是<ul></ul>，每一个列表项前使用<li>。其结构如下：

```
<ul>
<li>第一项
<li>第二项
<li>第三项
</ul>
```

示例：

```
<html>
<head>
<title>无序列表</title>
</head>
<body>
这是一个无序列表：<P>
<ul>
国际互联网提供的服务有：
<li>WWW 服务
<li>文件传输服务
<li>电子邮件服务
<li>远程登录服务
<li>其他服务
</ul>
</body>
</html>
```

发布后的效果如图 3-16 所示。

图 3-16　无序列表的文字排版效果

6．序号列表

序号列表和无序号列表的使用方法基本相同，使用标签<ol></ol>，每一个列表项前使用<li>。每个项目都有前后顺序之分，多数用数字表示。其结构如下：

```
<ol>
<li>第一项
<li>第二项
<li>第三项
</ol>
```

示例：

```
<html>
<head>
<title>有序列表</title>
</head>
<body>
这是一个有序列表：<p>
<ol>
国际互联网提供的服务有：
<li>WWW 服务
<li>文件传输服务
<li>电子邮件服务
<li>远程登录服务
<li>其他服务
</ol>
</body>
</html>
```

发布后的效果如图 3-17 所示。

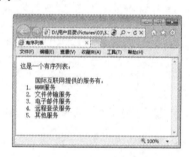

图 3-17　有序列表的效果

3.4　表格标签

在网页中表格是作为搭建网页结构框架的主要工具之一，因此掌握好表格常用的标签也是非常重要的。

1. 表格的基本结构

表格主要是嵌套在<table>和</table>标签里面，一对<table>标签表示组成一个表格。现在把表格的基本结构列于下：

```
<table>...</table>：定义表格
<caption>...</caption>：定义表格标题
<tr> ：定义表行
<th> ：定义表头
<td> ：定义表元（表格的具体数据）
```

示例：

```
<table border=1>
```

```
<tr><th>姓名</th><th>性别</th><th>年龄</th>
<tr><td>李睦芳</td><td>男</td><td>22</td>
</table>
```

发布后的效果如图 3-18 所示。

2．表格的标题

表格标题的位置，可由align属性来设置，其位置可以在表格上方和表格下方。下面为表格标题位置的设置格式。

设置标题位于表格上方：

```
<caption align=top> ... </caption>
```

图 3-18　表格效果

设置标题位于表格下方：

```
<caption align=bottom> ... </caption>
```

示例：

```
<table border=1>
<caption align=top>用户</caption>
<tr><th>姓名</th><th>性别</th><th>年龄</th>
<tr><td>李睦芳</td><td>男</td><td>22 </td>
</table>
```

发布后的效果如图 3-19 所示。

图 3-19　表格标题效果

3．表格尺寸设置

一般情况下，表格的总长度和总宽度是根据各行和各列的总和自动调整的，如果要直接固定表格的大小，可以使用下列方式：

```
<table width=n1 height=n2>
```

width和height属性分别指定表格一个固定的宽度和长度，n1 和n2 可以用像素来表示，也可以用百分比（与整个屏幕相比的大小比例）来表示。

4．边框尺寸设置

边框是用border属性来体现的，它表示表格的边框边厚度和框线。将border设成不同的值，会有不同的效果。

（1）格间线宽度
格与格之间的线为格间线，它的宽度可以使用<table>中的cellspacing属性加以调节，格式为：

```
<table cellspacing=#>  #表示要取用的像素值
```

（2）内容与格线之间的宽度
还可以在<table>中设置cellpadding属性，用来规定内容与格线之间的宽度，格式为：

```
<table cellpadding=#>  #表示要取用的像素值
```

5．表格内文字的对齐与布局

表格中数据的排列方式有两种，分别是左右排列和上下排列。左右排列是以align属性来设置，而上下排列则由valign属性来设置。其中，左右排列的位置可分为3种，即居左（left）、居右（right）和居中（center）；而上下排列比较常用的有4种，即上齐（top）、居中（middle）、下齐（bottom）和基线（baseline）。

6．跨多行、多列的表元

要创建跨多行、多列的表元，只需在<th>或<td>中加入rowspan或colspan属性。这两个属性的值表明了表元中要跨越的行或列的个数。

跨多列的表元为：

```
<th colspan=#>  <td colspan=#>
```

colspan表示跨越的列数，例如colspan=2 表示这一格的宽度为两列的宽度。

跨多行的表元为：

```
<th rowspan=#>  <td rowspan=#>
```

rowspan表示跨越的行数，例如rowspan=2 表示这一格的高度为两行的高度。

7．表格的颜色

在表格中，既可以对整个表格填入底色，也可以对任何一行、一个表元使用背景色。

表格的背景色彩格式：

```
<table bgcolor=#>
```

行的背景色彩格式：

```
<tr bgcolor=#>
```

表元的背景色彩格式：

```
<th bgcolor=#>或 <td bgcolor=#>
```

3.5 链接标签

利用超级链接可以实现在文档间或文档中的跳转。超级链接是由两个端点和一个方向构成的。在一般情况下，将开始位置的端点叫做源端点，将目标位置的端点叫做目标端点，链接就是由源端点向目标端点的一种跳转。目标端点可以是任意的网络资源，如一个网页、一幅图像、一段程序等。

一个链接的基本格式如下：

```
<a href="资源地址">链接文字</a>
```

其中：

- 标签<a>表示一个链接的开始，</a>表示链接的结束。

- 属性 href 定义了这个链接所指的地方。
- 通过单击"链接文字"可以到达指定的文件。

示例：

```
<A HREF="http://www.sina.com.cn">新浪网</A>
```

链接分为本地链接、URL链接和目录链接。在链接的各个要素中，资源地址是最重要的，一旦路径上出现差错，该资源就无法从用户端取得。下面就分别介绍这 3 种链接。

1．本地链接

对同一台机器上的不同文件进行的连接称为本地链接，使用UNIX或DOS系统中文件路径的表示方法，采用绝对路径或相对路径来指示一个文件。

（1）绝对路径

绝对路径是包含服务器协议（在网页上通常是http://或ftp://）的完全路径。绝对路径包含的是精确位置，而不用考虑源文档的位置。但是如果目标文档被移动，则超级链接无效。创建当前站点以外文件的超级链接时必须使用绝对路径。

（2）相对路径

相对路径是指和当前文档所在的文件夹相对的路径。例如，文档test.swf在文件夹Flash中，它指定的就是当前文件夹内Flash的文档。…/test.swf指定的是当前文件夹上级目录中的文档；而/test/test.swf指定的是Flash文件夹下test文件夹中的test.swf文档。和文档相对的路径通常是最简单的路径，可以用来链接与当前文档在同一文件夹中的文件。

提 示

在创建和文档相对的路径之前必须保存新文件，因为在没有定义文件起始点的情况下，和文档相对的路径是无效的。在文档保存之前，Dreamweaver CC 会自动使用以 file://开头的绝对路径。

一般情况下是不用绝对路径的，因为资源常常是放在网上供其他人浏览的，若写成绝对路径，则当把整个目录中的所有文件移植到服务器上时，用户将无法访问到带有C:\的资源地址。所以最好写成相对路径，避免重新修改文件资源路径的麻烦。

2．URL链接

如果链接的文件在其他服务器上，就要弄清所指向的文件是采用的哪一种URL地址。URL的意思是统一资源定位器，通过它可以以多种通信协议与外界沟通，便于存取信息。

URL链接的形式是：

协议名：//主机.域名／路径／文件名

其中，协议包括以下几种。

- file: 本地系统文件。
- http: WWW 服务器。
- ftp: FTP 服务器。

- telnet：基于 TELNET 的协议。
- mailto：电子邮件。
- news：Usenet 新闻组。
- gopher：GOPHER 服务器。
- wais：WAIS 服务器。

3．目录链接

前面所谈的资源地址只是单纯地指向一份文件，对于直接指到某文件上部、下部或是中央部分，则是无法访问到的。如果非要这样做，也并不是毫无办法，可以使用目录链接。

制作目录链接的方法如下。

首先把某段落设置为链接位置，其格式是：

```
<a name="链接位置名称"></a>
```

再调用此链接部分的文件，其格式是：

```
<a href="文件名#链接位置名称">链接文字</a>
```

如果是在一个文件内跳转，那么文件名可以省略不写。

和根目录相对的路径是从当前站点的根目录开始的，站点上所有可以公开的文件都存放在站点的根目录下。和根目录相对的路径可以使用斜杠告诉服务器从根目录开始，例如，/Dreamweaver /index.html将链接到站点根目录Dreamweaver文件夹的index.html文件。如果要在内容经常被移动的环境中建立超级链接，那么使用和根目录相对的路径则是最佳的方法。在使用和根目录相对的路径时，包含超级链接的文档在站点内移动，超级链接不会中断。但是，和根目录相对的路径不适合在本地查看站点，在这种情况下，可以使用和文档相对的路径。

第 4 章　VBScript 语言和 ASP 基础知识

VBScript是Microsoft公司推出的，其语法是Microsoft Visual Basic的简化版本，是Microsoft特意为在浏览器中进行工作而设计的，其编程方法和Visual Basic基本相同。它具有易学易用，既可编写服务器脚本，也可编写客户端脚本语言的特点。

本章重要知识点 >>>>>>>>>>

- VBScript 数据类型
- VBScript 变量
- VBScript 运算符
- VBScript 条件语句
- VBScript 循环类型
- VBScript 过程
- ASP 基础知识
- ASP 的内置对象

4.1　VBScript 语言

VBScript是Microsoft公司推出的一种脚本语言，其目的是为了加强HTML的表达能力，提高网页的交互性，增进客户端网页上处理数据与运算的能力。

4.1.1　VBScript概述

VBScript一般情况下是和HTML结合在一起使用的，融入HTML或ASP文件当中。
在HTML代码中，必须使用<script>标签才能使用脚本语言，格式如下：

```
<script>
    语言主体信息
</script>
```

例如，可以用一个VBScript语句将一段欢迎词写入HTML页面中，代码如下：

```
<script language="VBscript">
   Window.Document.Write ("你好！欢迎你开始学习 VBScript 语言")
</script>
```

提 示

Document 是 Window 中 的 子 对 象，Write 是 Document 对象中的方法，language="VBscript"标识标签程序中是基于 VBScript 代码的。

从上面的代码可以看出VBScript代码是成双成对地出现在<script>标记当中的，也就是说代码从<script>开始到</script>结束。其中，language属性代表的是脚本语言。

script可以出现在HTML中的任何位置。

4.1.2　VBScript数据类型

VBScript只有一种数据类型，即Variant。Variant是一种特殊的数据类型，根据使用的方式，可以包含不同类别的信息。因为Variant是VBScript中唯一的数据类型，所以它也是VBScript中所有函数的返回值的数据类型。

最简单的Variant可以包含数字或字符串信息。Variant用于数字上下文中时作为数字处理，用于字符串上下文中时作为字符串处理。这就是说，如果使用看起来像是数字的数据，则VBScript会假定其为数字并以适用于数字的方式处理。与此类似，如果使用的数据只可能是字符串，则VBScript将按字符串处理。也可以将数字包含在引号（""）中使其成为字符串。

除简单的数字或字符串以外，还可以进一步区分数值信息的特定含义。例如，使用数值信息表示日期或时间。此类数据在与其他日期或时间数据一起使用时，结果也总是表示为日期或时间，而且也会按照最适用于其包含的数据的方式进行操作，也可以使用转换数据的子类型。

下面是几种在VBScript中通用的常数。

- True/False　表示布尔值。
- Empty　表示没有初始化的变量。
- Null　表示没有有效的数据。
- Nothing　表示不应用的变量。

提示　　在程序设计中，可以利用 VarType 返回数据的 Variant 子类型。

4.1.3　VBScript变量

（1）声明变量的一种方式是使用Dim、Public和Private在脚本中显式声明变量，例如：

```
Dim abc 声明一个 abc 的变量
```

声明多个变量时，使用逗号分隔变量，例如：

```
Dim abc,def,hij
```

另一种方式是通过直接在脚本中使用变量名这一简单方式隐式声明变量。这通常不是一个好习惯，因为这样有时会由于变量名被拼错而导致在运行脚本时出现意外的结果。因此，最好使用Option Explicit语句显式声明所有变量，并将<%Option Explicit%>作为脚本的第一条语句，一般放在页面代码的第一行。

（2）变量命名规则。

变量命名必须遵循VBScript的标准命名规则。

- 第一个字符必须是字母。

- 不能包含嵌入的句点。
- 长度不能超过 255 个字符。
- 在被声明的作用域内必须唯一。

（3）变量的作用域与存活期。

变量的作用域由声明它的位置决定。如果在过程中声明变量，则只有该过程中的代码可以访问或更改变量值，此时变量具有局部作用域并被称为过程级变量。如果在过程式之外声明变量，则该变量可以被脚本中所有的过程所识别，称为 Script 级变量，具有脚本级作用域。

变量存在的时间称为存活期。Script 级变量的存活期从被声明的一刻起，直到脚本运行结束。对于过程级变量，存活期仅是该过程式运行的时间，该项过程结束后，变量随之消失。在执行过程时，局部变量是理想的临时存储空间。可以在不同过程中使用同名的局部变量，这是因为每个局部变量只被声明它的过程式识别。

（4）给变量赋值。

创建如下形式的表达式为变量赋值：变量在表达式左边，要赋的值则在表达式右边。例如：

```
Abc=100
```

（5）标量变量和数组变量。

多数情况下，只需为声明的变量赋一个值。只包含一个值的变量被称为标量变量。有时，将多个相关值赋给一个变量更为方便，因此可以创建包含一系列值的变量，即数组变量。数组变量和标量变量是以相同的方式声明的，唯一的区别是声明数组变量时变量名后面带有括号()。下例声明了一个包含 5 个元素的一维数组：

```
Dim abc(4)
```

虽然括号中显示的数字是 4，但是在 VBScript 中所有数组都是基于 0 的，所以这个数组实际上包含 5 个元素。在基于 0 的数组中，数组元素的数目是括号中显示的数目加 1，这种数组被称为固定大小的数组。

在数组中使用索引为数组的每个元素赋值（从 0~4，将数据赋给数组的元素）：

```
Dim abc(0)=10
Dim abc(1)=20
Dim abc(2)=30
Dim abc(3)=40
Dim abc(4)=50
```

依此类型，使用索引可以检索到所需的数组元素的数据，例如：

```
…
MyVariable = abc(3)
…
```

数组并不仅限于一维。数组的维数最大可以为 60（尽管大多数人不能理解超过 3 或 4 的维数）。声明多维数组时用逗号分隔括号中每个表示数组大小的数字。在下例中，MyVariable 变量是一个有 4 行和 9 列的二维数组：

```
Dim MyVariable(4,9)
```

在二维数组中，括号中第一个数字表示行的数目，第二个数字表示列的数目。

也可以声明动态数组，即在运行脚本时大小发生变化的数组。对数组的最初声明使用Dim语句或ReDim语句，但是对于动态数组，括号中不包含量任何数字，例如：

```
Dim MyVariable()
ReDim AnotherArray()
```

要使用动态数组，必须随后使用ReDim确定维数和每一维的大小。在下例中，ReDim将动态数组的初始大小设置为 10，而后面的ReDim语句将数组的大小重新调整为 15，同时使用ReDim关键字在重新调整大小时保留数组的内容。

```
ReDim MyVariable(10)
…
ReDim Preserve MyVariable(15)
```

重新调整动态数组大小的次数没有任何限制，将数组从大调到小时，将会丢失被删除元素的数据。

4.1.4 VBScript运算符

VBScript有一套完整的运算符，包括算术运算符、比较运算符、连接运算符和逻辑运算符。

运算符具有优先级：首先计算算术运算符，然后计算比较运算符，最后计算逻辑运算符。所有比较运算符的优先级相同，按照从左到右的顺序计算比较运算符。运算符及其优先级如表4-1 所示。

表 4-1　VBScript 运算符及其优先级

算术运算符		比较运算符		逻辑运算符	
描述	符号	描述	符号	描述	符号
求幂	^	等于	=	逻辑非	Not
负号	-	不等于	<>	逻辑与	And
乘	*	小于	<	逻辑或	Or
除	/	大于	>	逻辑异或	Xor
整除	\	小于等于	<=	逻辑等价	Eqv
求余	Mod	大于等于	>=	逻辑隐含	imp
加	+	对象引用比较	Is		
减	–				

4.1.5 使用条件语句

使用条件语句可以编写进行判断和重复操作的VBScript代码。在VBScript中使用以下条件语句：

1. If…Then…Else语句

If…Then…Else语句用于计算条件是否为true或false，并且根据计算结果指定要运行的语句。通常，条件是使用比较运算符对值或变量进行比较的表达式。有关比较运算符的详细信息，可参阅比较运算符。If…Then…Else语句可以按照需要进行嵌套。例如：

```
Sub AlertUser(Value)
If Value = 0 then
Alertlabel.ForeColor =vbRed
Alertlabel.Font.bold = True
Alertlabel..Font..Italic =True
Else
   Alertlabel.ForeColor =vbBlack
   Alertlabel.Font.bold = False
   Alertlabel..Font..Italic= False
End if
End Sub
```

提 示　If 语句执行体执行完毕后，必须用 End If 结束。

If…Then…Else语句可以采用一种变形，允许用户从多个条件中选择（添加）ElseIf子句以扩充If…Then…Else语句的功能，使用户可以控制基于多种可能的程序流程。例如：

```
Sub GetMyValue(Value)
If Value = 0 then
     Msgbox Value
Elself Value =1 then
     Msgbox Value
Elself Value =2 then
     Msgbox Value
Else
     Msgbox "数值超出了范围"
End if
End Sub
```

用法如下：

```
<!DOCTYPE html PUBLIC "-//W3C//DTD XHTML 1.0 Transitional//EN"
"http://www.w3.org/TR/xhtml1/DTD/xhtml1-transitional.dtd">
<html xmlns="http://www.w3.org/1999/xhtml">
<head>
<meta http-equiv="Content-Type" content="text/html; charset=utf-8" />
<title>If…Then…Else 语句运用</title>
</head>
<body>
<Script Language=VBScript>
<!--
dim hour
hour=15
if hour<8 then
        document.write "早上好! "
elseif hour>=8 and hour<12 then
        document.write "上午好! "
elseif hour>=12 and hour<18 then
```

```
        document.write "下午好！"
else
        document.write "晚上好！"
end if
    -->
</Script >
</body>
</html>
```

这段代码显示了时间，主体意思是dim定义一个变量，名为hour，将这个变量赋值为15，当hour的值小于 8 的时候，显示"早上好"；当hour的值大于或等于 8 而小于 12 的时候，显示"上午好"；当hour的值大于或等于 12 而小于 18 的时候，显示"下午好"；其他，显示"晚上好"，如图 4-1 所示。

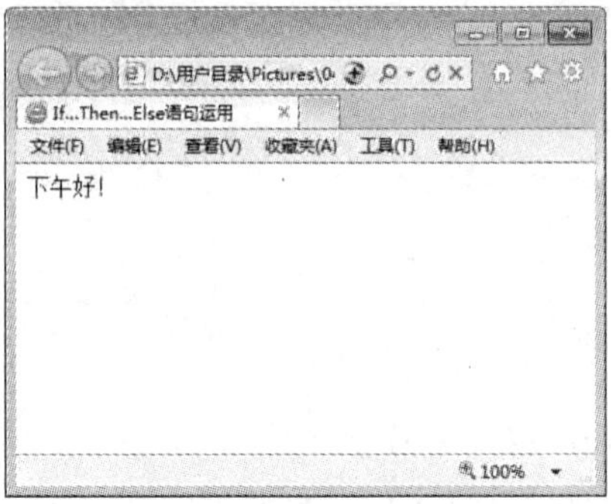

图 4-1　If…Then…Else 语句

2. Select Case语句

在上面的If…Then…Else语句中可以添加任意多个ElseIf子句以提供多种选择，但这样使用经常会变得很累赘。在VBScript语言中对多个条件进行选择时建议使用Select Case语句。

使用Select Case结构进行判断可以从多个语句块中选择执行其中的一个。Select Case语句使用的功能与If…Then…Else语句类似，表达式的结果将与结构中每个Case的值比较。如果匹配，就执行与该Case关联的语句块。示例代码如下：

```
<html>
<head>
<title>select case 示例</title>
</HEAD>
<body>
<Script Language=VBScript>
<!--
dim Number
Number = 3
select case Number
        Case 1
        msgbox "弹出窗口 A"
        Case 2
        msgbox "弹出窗口 B"
        Case 3
        msgbox "弹出窗口 C"
        Case else
        msgbox "弹出窗口 D"

end select
-->
</Script >
```

```
</body>
</html>
```

得到的效果如图 4-2 所示。

提　示

Select Case 只计算开始处的一个表达式（只计算一次），而 If…Then…Else 语句结构计算每个 ElseIf 语句的表达式，这些表达式可以各不相同。只有当每个 ElseIf 语句计算的表达式都相同时，才可以使用 Select Case 结构代替 If…Then…Else 语句。

图 4-2　Select Case 语句

4.1.6　使用循环语句

循环用于重复执行一组语句。循环可分为 3 类：一类在条件变为 False 之前重复执行语句；一类在条件变为 True 之前重复执行语句；另一类则按照指定的次数重复执行语句。

在 VBScript 中可使用下列循环语句。

（1）Do…LOOP：当（或直到）条件为 True 时循环。

例如，计算 1+2+……+100 的总和，代码如下：

```
<%
Dim I Sum
Sum=0
i=0
Do
I=i+1
Sum=Sum+1
Loop Until i=100
Response.Write(1+2+…+100= & Sum)
%>
```

（2）While…Wend：当条件为 True 时循环。其语法形式为：

```
While (条件语句)
    执行语句
Wend
```

（3）For…Next：指定循环次数，使用计数器重复运行语句。其语法形式为：

```
For counter =start to and step
    执行语句
Next
```

（4）For Each…Next：对于集合中的每项或数组中的每个元素重复执行一组语句。

4.1.7　VBScript过程

在VBScript中，过程被分为两类：Sub过程和Function过程。

1. Sub过程

Sub过程是包含在Sub和End Sub语句之间的一组VBScript语句，执行操作但不返回值。过程可以使用参数（由调用过程传递的常数、变量或表达式）。如果Sub过程无任何参数，则Sub语句必须包含空括号()。

例如，下面的Sub过程使用两个应有的（或内置的）函数（InputBox和MsgBox）来提示用户输入信息，然后显示结果。代码如下：

```
Sub ShowDialog()
Temp = InputBox("请输入你的名字")
MsgBox "你好" &CStr(temp) & "! "
End Sub
```

2. Function过程

Function过程是包含在Function和End Function语句之间的一组VBScript语句。Function过程与Sub过程类似，但是Function过程可以返回值。Function过程可以使用参数（由调用过程传递的常数、变量或表达式）。如果Function过程无任何参数，则Function语句必须包含空括号()。Function过程通过函数名返回一个值，这个值是在过程的语句中赋给函数名的。Function返回值的数据类型为Variant。

在下面的示例中，ShowInputName函数将返回一个组合字符串，并利用Sub过程输出结果。代码如下：

```
Sub ShowDialog()
Temp = InputBox("请输入你的名字")
MsgBox AVGMYScore(temp)
End Sub
Function ShowInputName (inputName)
  AVGMYScore="你好：" & CStr(inputName) & "!"
End Function
```

在代码中使用Sub 和Function 过程时，需要注意以下两点。

* 调用 Function 过程时，函数名必须用在变量赋值语句的右端或表达式中。例如：

```
Showinfo=showInputName(temp) 或 Msgbox AVGMyScore(temp)
```

* 调用 Sub 过程时，只需输入过程名及所有参数值，参数值之间使用逗号分隔；无须使用 Call 语句，如果使用了此语句，就必须将所有参数包含在括号之中。例如：

```
Call MyProc(firstarg,secondarg)
MyProc firstarg,secondarg
```

4.2 ASP 基础知识

ASP是Active Server Pages的简称，是解释型的脚本语言环境。ASP的运行需要Windows操作系统，9x下需要安装PWS；而NT/2000/XP则需要安装Internet Information Server（IIS）；ASP是目前最流行的开放式的Web服务器应用程序开发技术。它能很好地将脚本语言、HTML和数据库结合在一起，通过网页程序来操控数据库。

4.2.1 ASP概述

ASP（Active Server Pages，活动服务器页面）就是一个编程环境，可以混合使用HTML、脚本语言以及组件来创建服务器端功能强大的Internet应用程序。如果你以前创建过一个站点，其中混合了HTML、脚本语言以及组件，就可以在其中加入ASP程序代码。通过在HTML页面中加入脚本命令，就可以创建一个HTML用户界面，并且，还可以通过使用组件包含一些商业逻辑规则。组件可以被脚本程序调用，也可以由其他的组件调用。

ASP具有以下特点。

- ASP 不需要进行编译就可以直接执行，并整合于 HTML 中。
- ASP 不需要特定的编辑软件，使用一般的编辑工具就可以，如记事本。
- 使用一些简单脚本语言（如 JavaScript、VBScript）的基础知识，再结合 HTML 就可以制作出完美的网站。
- 兼容各种 IE 浏览器。
- 使用 ASP 编辑的程序安全比较高。
- ASP 采用了面向对象技术。

4.2.2 ASP工作原理

当在Web站点中融入ASP功能后，将发生以下事情。

- 用户调出站点内容，默认页面的扩展名是.asp。
- 浏览器从服务器上请求 ASP 文件。
- 服务器端脚本开始运行 ASP。
- ASP 文件按照从上到下的顺序开始处理，执行脚本命令，执行 HTML 页面内容。
- 页面信息发送到浏览器。

因为脚本是在服务器端运行的，所以Web服务器完成所有处理后，将标准的HTML页面送往浏览器。这意味着，ASP只能在可以支持的服务器上运行。让脚本驻留在服务器端的另外一个益处是：用户不可能看到原始脚本程序的代码，用户看到的仅仅是最终产生的HTML内容。

4.2.3 ADO介绍

ADO（ActiveX Data Objects，ActiveX数据对象）是Microsoft提出的应用程序接口（API）用以实现访问关系或非关系数据库中的数据。例如，如果你希望编写应用程序从DB2 或Oracle

数据库中向网页提供数据，就可以将ADO程序包括在作为活动服务器页（ASP）的HTML文件中。当用户从网站请求网页时，返回的网页也包括了数据中的相应数据，这些是由于使用了ADO代码的结果。

与Microsoft的其他系统接口一样，ADO也是面向对象的。它是Microsoft全局数据访问（UDA）的一部分，Microsoft认为与其自己创建一个数据，不如利用UDA访问已有的数据库。为达到这一目的，Microsoft和其他数据库公司在它们的数据库和Microsoft的OLE数据库之间提供了一个"桥"程序，OLE数据库已经在使用ADO技术。ADO的一个特征（称为远程数据服务）支持网页中数据相关的ActiveX控件和有效的客户端缓存。作为ActiveX的一部分，ADO也是Microsoft的组件对象模式（COM）的一部分，它面向组件的框架用以将程序组装在一起。

ADO从原来的Microsoft数据接口远程数据对象（RDO）而来。RDO与ODBC一起访问关系数据库，但不能访问如ISAM和VSAM的非关系数据库。

ADO是对当前微软所支持的数据库进行操作的最有效、最简单的方法，是一种功能强大的数据访问编程模式，从而使得大部分数据源可编程的属性得以直接扩展到Active Server页面上。可以使用ADO去编写紧凑简明的脚本以便连接到Open Database Connectivity（ODBC）兼容的数据库和OLE DB兼容的数据源，这样ASP程序员就可以访问任何与ODBC兼容的数据库，包括MS SQL Server、Access、Oracle等。

比如，如果网站开发人员需要让用户通过访问网页来获得存在于IBM DB2 或者Oracle数据库中的数据，就可以在ASP页面中包含ADO程序，以连接数据库。于是，当用户在网站上浏览网页时，返回的网页将会包含从数据库中获取的数据。而这些数据都是由ADO代码做成的。

ADO是一种面向对象的编程接口，微软介绍说，与其同IBM和Oracle提倡的那样，创建一个统一数据库，不如提供一个能够访问不同数据库的统一接口，这样会更加实用一些。为实现这一目标，微软在数据库和微软的OLE DB中提供了一种"桥"程序，这种程序能够提供对数据库的连接。开发人员在使用ADO时，其实就是在使用OLE DB，不过OLE DB更加接近底层。ADO的一项属性——远程数据服务，支持"数据仓库"ActiveX 组件以及高效的客户端缓存。作为ActiveX的一部分，ADO也是COM组件的一部分。ADO是由早期的微软数据接口、远程数据对象RDO演化而来的。RDO同微软的ODBC一同连接关系数据库，不过不能连接非关系数据库。

ADO向我们提供了一个熟悉的、高层的对OLE DB的Automation封装接口。对那些熟悉RDO的程序员来说，你可以把OLE DB比作是ODBC驱动程序。如同RDO对象是ODBC驱动程序接口一样，ADO对象是OLE DB的接口；如同不同的数据库系统需要它们自己的ODBC驱动程序一样，不同的数据源也要求它们自己的OLE DB提供者（OLE DB provider）。目前，OLE DB提供者较少，但微软正积极推广该技术，并打算用OLE DB取代ODBC。

ADO向VB程序员提供了很多好处，包括易于使用、熟悉的界面、高速度以及较低的内存占用（已实现ADO 2.0 的Msado15.dll需要占用 342KB内存，比RDO的Msrdo20.dll的 368KB略小，大约是DAO 3.5 的Dao350.dll所占内存的 60%）。与传统的数据对象层次（DAO和RDO）不同，ADO可以独立创建。因此你可以只创建一个Connection对象，但是可以有多个独立的Recordset对象来使用它。ADO针对客户/服务器以及Web应用程序做了优化。ADO包含的对象如表4-2 所示。

表 4-2　ADO包含的对象

对象	说明
Command	Command对象定义了将对数据源执行的指定命令
Connection	代表打开的、与数据源的连接
DataControl（RDS）	将数据查询Recordset绑定到一个或多个控件上（例如，文本框、网格控件或组合框），以便在Web上显示ADOR.Recordset数据
DataFactory（RDS Server）	实现对客户端应用程序的指定数据源进行读/写数据访问的方法
DataSpace（RDS）	创建客户端代理，以便自定义位于中间层的业务对象
Error	包含与单个操作（涉及提供者）有关的数据访问错误的详细信息
Field	代表使用普通数据类型的数据的列
Parameter	代表与基于参数化查询或存储过程的Command对象相关联的参数或自变量
Property	代表由提供者定义的ADO对象的动态特性
RecordSet	代表来自基本表或命令执行结果的记录的全集。任何时候，Recordset对象所指的当前记录均为集合内的单个记录

4.2.4　ASP的内置对象

Active Server Pages提供内建对象，这些对象使用户更容易收集通过浏览器请求发送的信息、响应浏览器以及存储用户信息（如用户首选项）。

ASP内置对象是ASP的核心，ASP的主要功能都建立在某些内置对象的基础之上，常用ASP对象有Application对象、Request对象、Response对象、Server对象和Session对象，下面将一一进行介绍。

1．Application 对象

Application 对象在应用程序的所有访问者间共享信息，并可以在Web应用程序运行期间持久地保持数据。如果不加以限制，所有的客户都可以访问这个对象。Application对象通常用来实现存储应用程序级全局变量、锁定与解锁全局变量以及网站计数器等功能。Application对象包含的集合、方法和事件如表 4-3 所示。

表 4-3　Application 对象

类型	名称	说明
集合	Contents	存储在Application对象中的所有变量及值的集合
	StaticObjects	使用<Object>元素定义的存储于Application对象中的所有变量的集合
方法	Contents.Remove	通过传入变量名来删除指定的存储于Contents中的变量
	Contents.RemoveAll	删除全部存于Contents中的变量
	Lock	锁定在Application中存储的变量，不允许其他客户端修改，调用Unlock或本页面执行完毕后解锁
	Unlock	手动解除对Application变量的锁定
事件	Application_OnStart	当事件应用程序启动时触发
	Application_OnEnd	当事件应用程序结束时触发

应用案例：

lock方法是禁止其他用户修改application对象的属性，以确保在同一时刻仅有一个客户可修改和存取application变量。如果用户没有明确调用unlock方法，则服务器将会在.asp文件结束或超时后解除对application对象的锁定。最简单的就是进行页面记数的例子。

```
<%
application.lock
application("numvisits") = application("numvisits") + 1
application.unlock
%>
```

以上代码表示"你是本页的第<%=application("numvisits")%>位访问者"。当然，如果你需要记数的初始值那就该写个判断了。

```
<%
if application("numvisits")<9999 then
application("numvisits")=10000
end if
application.lock
application("numvisits") = application("numvisits") + 1
application.unlock
%>
```

以上代码表示"你是本页的第<%=application("numvisits")%>位访问者"。上面的程序，你会发现每刷新一次，都会记数累加，若按ip值访问来记数的话，则建立一个session。

```
<%
if session("visitnum")="" then
application.lock
application("numvisits") = application("numvisits") + 1
application.unlock
session("visitnum")="visited"
end if
%>
```

以上代码表示"你是本页的第<%=application("numvisits")%>位访问者"。

2. Request 对象

Request对象用来获取客户端传来的任何信息，包括通过POST方法或GET方法、Cookies以及客户端证书从HTML表单传递的参数。通过Request对象也可以访问发送到服务器的二进制数据。Request对象通常用来实现读取网址参数、读取表单传递的数据信息、读取Cookie的数据、读取服务器的环境变量以及文件上传的功能。Request对象包含的集合、方法和事件如表 4-4 所示。

表 4-4　Request 对象

类型	名称	说明
集合	ClientCertificate	客户证书集合
	Cookies	客户发送的所有Cookies值的集合
	Form	客户提交的表单（Form）元素的值，变量名与表单中元素的name属性一致

（续表）

类型	名称	说明
集合	QueryString	URL参数中的值，如果把Form的Method属性设为"GET"，就会把所有的Form元素名称和值自动添加到URL参数中
	ServerVariables	预定义的服务器变量
属性	TotalBytes	客户端发送的HTTP请求中Body部分的总字节数
方法	BinaryRead（count）	从客户端提交的数据中获取count字节的数据，返回一个无符号型的数组

应用案例：

Request对象的主要作用就是：在服务器端接收并得到从客户端浏览器提交或上传的信息。Request对象可以访问任何基于HTTP请求传递的所有信息，包括从Form表单用POST方法或GET方法传递的参数、Cookie等。下面是一个表单从提交到接收数据的案例。

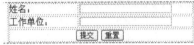

首先建立一个填写数据再提交信息的静态页面a.html，如图 4-3 所示。

图 4-3　表单效果图

```
<form id="form1" name="form1" method="post" action="b.asp">
<table width="340" border="0" align="center">
<tr>
<td width="124">姓名：</td>
<td width="206"><label>
<input type="text" name="name" id="name" />
</label></td>
</tr>
<tr>
<td>工作单位：</td>
<td><input name="gzdw" type="text" id="gzdw" /></td>
</tr>
<tr>
<td colspan="2"><label>
<input type="submit" name="button" id="button" value="提交" />
<input type="reset" name="button2" id="button2" value="重置" />
</label></td>
</tr>
</table>
</form>
```

注意，在上述代码中method为post，且提交的页面action为b.asp，b.asp主要是读取a.html页面表单中填写的数据信息，其核心代码如下：

```
你的姓名是:<%=request.form("name")%><br>
你的工作单位是:<%=request.form("gzdw")%>
```

3．Response 对象

Response 对象用来控制发送给客户端的信息，包括直接发送信息到浏览器、重定向浏览器到其他URL或设置Cookie值。Response 对象通常用来实现输出内容到网页客户端、网页重定向、写入Cookie和文件下载等功能。Response 对象包含的集合、方法和事件如表 4-5 所示。

表 4-5　Response 对象

类型	名称	说明
集合	Cookies	设置客户端Cookie的值,当前响应中发送给客户所有的Cookie值的集合。每一个成员都是只读的
属性	Buffer	是否启用缓存,此句必须放在ASP文件的第一行。启用Buffer之后,只有所有脚本执行完毕后才会向客户端输出
	CacheControl	设置代理服务器是否可以缓存ASP,以及缓存的级别
	Charset	设置字符集,如简体中文为"gb2312",与在网页中的meta段写charset=gb2312 具有相同的作用
	ContentType	设置HTTP内容类型,如"text/html"
	Expires	设置或返回一个页面缓存在浏览器中的有效时限,以分钟计算
	ExpiresAbsolute	设置页面缓存在浏览器中到期的绝对时间
	IsClientConnected	判断客户端是否已经断开连接
	LCID	设定或获取日期、时间或货币的显示格式
	Status	以一个三位数加简要说明的格式,设置服务器的返回状态,如Response.Status = "401 Unauthorized"
方法	AddHeader（HeaderName,HeaderValue）	向HTTP头中加入额外的信息,其中HeaderName可以重复,信息一旦加入,则无法删除
	AppendToLog	向Web 服务器手动加入一条日志
	BinaryWrite	向HTTP输出流中写入不经过任何字符转换的数据,用于各客户端传送图片或下载文件
	Clear	清空缓存
	End	停止处理ASP文件,直接向客户端输入现在的结果
	Flush	向客户端立即发送缓存中的内容
	Redirect	向浏览器发送一个重定向的消息,浏览器接收到此消息后重定向到指定页
	Write	向HTTP输出流中写入一个字符串

应用案例:

Response对象主要负责将信息传递给用户,可以动态地响应客户端的请求,并将动态生成的响应结果返回给客户端浏览器。在Response中Write方法是使用最频繁的一个了,Write就是将指定的字符串写到当前的HTTP输出,例如:

```
<%
response.write("hello,world"&"<br>")
%>
```

以上代码表示输出"hello, world"。

4. Server 对象

Server对象提供对服务器上的方法和属性的访问。其中,大多数方法和属性是作为实用程序的功能服务。Server对象通常用来实现组件的创建、获取服务器的物理路径、对字符串进行HTML

编码和转向执行其他ASP文件等功能。Server对象包含的集合、方法和事件如表 4-6 所示。

表 4-6　Server 对象

类型	名称	说明
属性	ScriptTimeout	设置脚本超时。当一个ASP页面在一个脚本超时期限之内仍没有执行完毕时，ASP将终止执行并显示超时错误
方法	CreateObject	创建已注册到服务器的ActiveX组件
	Execute	用于停止当前网页的运行，并将控制权交给URL中所指定的网页
	GetLastError	返回一个ASPError对象，用来描述错误的详细信息。值得注意的是，必须向客户端发送一些数据后这个方法才会起作用
	HTMLEncode	将输入的HTML字符串换为HTML编码
	MapPath	将虚拟路径映射为绝对路径。如使用Access数据库时，为防止下载，将其放在站点应用程序之外，然后通过此方法找到数据库在服务器上的绝对路径
	Transfer	停止执行此ASP文件，转向执行另外一个ASP文件
	URLEncode	将输入的字符串进行URL编码

应用案例：

```
<%@language="VBscript" Codepage="936"%>
<html>
<head>
<title>Server 应用案例</title>
<body>
<%
Server.ScriptTimeout=100
Response.Write"粗体<b>我爱中国</b>对应的 HTML 代码为: "
Response.Write Server.HTMLEncode("<b>我爱中国</b>")
Response.Write"<br>"
Response.Write"URL 地址:http://www.eduboxue/bbs?a=hello world经过编码后的 URL
为: "
Response.Write Server.URLEncode("http://www.eduboxue/bbs?a=hello world")
%>

</body>
</html>
```

5．Session 对象

可以使用Session对象来存储特定会话（Session）所需的信息，当一个客户端访问服务器时，就会建立一个会话。当用户在应用程序不同页面间跳转时，不会丢弃存储在 Session 对象中的变量，这些变量在用户访问应用程序页的整个期间都会保留。可以使用 Session 对象来显式结束会话并设置闲置会话的超时时限。Session对象包含的集合、方法和事件如表 4-7 所示。

表 4-7　Session 对象

类型	名称	说明
集合	Contents	使用脚本命令（赋值语句）向Session中存储的数据，可以省略Contents而直接访问，如：Session("var")
	StaticObjects	使用\<object\>标记定义的存储于Session对象中的变量集合。运行期间不能删除
属性	CodePage	设置当前Session的代码页，参见Response对象的CodePage属性
	LCID	设定当前Session的日期、时间或货币的显示格式，参见Response的LCID属性
	SessionID	返回Session的唯一标识
	Timeout	设置Session的超时时间，以分钟为单位，在IIS中默认设置为20分钟
方法	Abandon	当ASP文件执行完毕时释放Session中存储的所有变量，当下次访问时，会重新启动一个Session对象。如果不显式调用此方法，只有当Session超时时才会自动释放Session中的变量
	Contents.Remove	删除Contents集合中的指定变量
	Contents.RemoveAll	删除Contents集合中的全部变量
事件	Session_OnEnd	声明于global.asa中，客户端首次访问时或调用Abandon后触发
	Session_OnStart	声明于global.asa中，Session超时或者调用Abandon后触发

应用案例：

```
<html>
<body>
<%
response.write("<p>")
response.write("默认 Timeout 是：" & Session.Timeout & " 分钟。")
response.write("</p>")
Session.Timeout=30
response.write("<p>")
response.write("现在的 Timeout 是 " & Session.Timeout & " 分钟。")
response.write("</p>")
%>
</body>
</html>
```

本实例运行结果如下：

```
默认 Timeout 是 20 分钟。
现在的 Timeout 是 30 分钟。
```

4.2.5　ASP常用的组件

1．浏览器兼容组件

不同的浏览器支持不同的功能，如有些浏览器支持框架，有些不支持。利用这个组件，可以检查浏览器的能力，使网页针对不同的浏览器显示不同的页面（如对不支持Frame的浏览器显示不含Frame的网页）。该组件的使用很简单，需要注意的是，要正确使用该组件，必须保证Browscap.ini文件是最新的。

组件的使用与对象类似，但是组件在使用前必须先创建，而使用内置对象前不必创建。浏览器兼容组件属性如表 4-8 所示。

表 4-8　浏览器兼容组件

属性	说明
Browser	指定浏览器的名字
Version	指定浏览器的版本号
Majorver	浏览器的主版本（小数点以前的）
Minorver	浏览器的次版本（小数点以后的）
Frames	指定浏览器是否支持框架
Cookies	指定浏览器是否支持Cookie
Tables	指定浏览器是否支持表格
Backgroundsounds	指定浏览器是否支持背景音乐
JavaScript	指定浏览器是否支持JavaScript或JScript
Javaapplets	指定浏览器是否支持Java小程序
ActiveXControls	指定浏览器是否支持ActiveX控件
Beta	指定浏览器是否为测试版本
Platform	指定浏览器运行的平台
Cdf	指定浏览器是否支持用于Web建造的信道定义格式（CDF）

浏览器兼容组件只有一个Value方法，用于为当前代理用户从Browscap.ini文件中提取一个指定的值。

2．文件访问组件

文件访问组件提供文件的输入/输出方法，使得在服务器上可以毫不费力地存取文件。

文件访问组件利用对象的属性及方法对文件及文件夹进行存取访问。其对象和集合如表 4-9 所示。

表 4-9　文件访问组件

类型	名称	说明
对象	FileSystemObject	该对象可以建立、检索、删除目录及文件
	TextStream	该对象提供读写文件的功能
	File	该对象可以对单个文件进行操作
	Folder	该对象可以处理文件夹
	Drive	该对象实现对磁盘驱动器或网络驱动器的操作
集合	Files	该集合代表文件夹中的一系列文件
	Folders	该集合的积压项与文件夹中的各子文件夹相对应
	Drives	该集合代表了本地计算机或映射的网络驱动器中可以使用的驱动器

3. 广告轮显组件

广告轮显组件使用独立数据文件主式，可以维护、修改广告Web，可使每次打开或者重新加载网页时，随机显示广告。在使用该组件前，首先应该建立一个旋转时间表文件（用于设置自动旋转图像及其相应时间等信息），并确保已设置了需要的组件属性。广告轮显组件的属性和方法如表 4-10 所示。

表 4-10　广告轮显组件

类型	名称	说明
属性	Border	该属性用于指定能否在显示广告时给广告加上一个边框以及广告边界大小
	Clickable	该属性指定该广告是不是一个超链接，默认值是true
	Targetframe	该属性指定超链接后的浏览Web，默认值是no frame
方法	GetAdvertisement	该方法可以取得广告信息

4. 内容链接组件

内容链接组件可以把一系列的Web连接到一起。内容链接组件提供了 8 种方法，可以从内容链接列表文件中提取不同的条目，无论是相对当前网页的条目还是使用索引编号的绝对条目。其属性和方法如表 4-11 所示。

表 4-11　内容链接组件

类型	名称	说明
属性	About	该属性是一个只读属性，返回正在使用组件的版本信息
方法	GetListCount	该方法返回指定列表文件中包含项的数量
	GetListIndex	该方法返回列表文件中当前页的索引
	GetPreviousURL	该方法从指定的列表文件中返回当前页的上一页的URL
	GetPreviousDescription	该方法从指定的列表文件中返回当前页的上一页的说明行
	GetNthURL	该方法从指定的列表文件中返回指定索引页面的URL
	GetNthDescription	该方法从指定的列表文件中返回指定索引页面的说明行

5. ASP其他常见的组件

除了前面介绍的组件以外，ASP还包含一些其他常用的组件。这些组件相当于一些小工具，能够完成网站开发所需的特定功能。

（1）Data Access组件

数据库访问组件是利用ASP开发Web数据库最重要的组件，可以利用该组件在应用程序中访问数据库，然后可以显示表的整个内容，允许用户构造查询以及在Web执行一些其他的数据库操作。

（2）Content Rotator组件

该组件实现的是文本（HTML）代码的轮流播放。使用该组件，同样需要一个定时文件，该文件被称为内容定时文件，在该文件中包含了每个文件的值及其需要被显示的时间比例。

Content Rotator组件通过读取该文件中的信息，自动在Web中插入需要被定时的HTML代码，网站开发人员只要维护内容定时文件就可实现不同页面中定时文件的播放。

（3）Permission Checker组件

该组件能让网站开发人员方便地引用操作系统的安全机制，判断一个Web用户是否有访问Web服务器上某一个文件的权限。

（4）Logging Utility组件

该组件提供了访问Web服务器日志文件的功能，允许从ASP网页内读入或更新数据。

（5）Tools组件

该组件相当于一个工具包，提供了有效的方法，可以在网页中用于检查文件是否存在，处理一个HTML表单和生成随机整数。

4.3　创建数据库的连接

数据库网页动态效果的实现，其实就是将数据库中的记录显示在网页上。因此，如何在网页中创建数据库连接并读取出数据显示就是开发动态网页的一个重点。

4.3.1　Connection对象

Connection对象是与数据存储进行连接的对象，它代表一个打开的、与数据源的连接。Connection对象指定使用的OLEDB提供者、如果是客户端/服务器数据库系统，该对象可以等价于到服务器的实际网络连接。取决于提供者所支持的功能，Connection 对象的某些集合、方法或属性有可能无效。

实际上如果没有显式地创建一个Connection对象连接到数据存储，那么在使用Command对象和RecordSet对象时，ADO会隐式地创建一个Connection对象。建议显式创建Connection对象，然后在需要使用的地方引用它。因为，通常在进行数据库操作时，需要运行不止一条数据操作命令，如果不显式地创建一个Connection对象，在每运行一条命令时就会隐式地创建一个Connection对象实例，这样会导致效率下降。创建一个Connection对象实例很简单，使用Server对象的CreateObject（ADODB. Connection）即可。

4.3.2　用OLEDB连接数据库

利用OLEDB创建Access数据库的连接格式如下：

```
<%
Set conn=server.createobject(|"adodb.connection")
Conn.open "provider=microsoft.jet.oledb.4.0;data source= "文件路径""
%>
```

需要注意的是，参数data source提供的是Access数据库路径。

利用OLEDB对SQL Server数据库创建连接格式如下：

```
<%
Set conn=server.createobject("adodb.connection")
Conn.open "provider=SQLoledb;data source= local;uid=sa;pwd=123456 database=db"
%>
```

上述代码中，各参数的意义如下：

- 参数 provider 用来规定这次连接使用的是 OLEDB 提供的程序名称。
- 参数 data source 用来提供 SQL Server 名称。如果 SQL Server 位于名为 local 的机器上，那么此参数值应设为 local。若数据库服务器与网络服务器位于同一台机器，则应将此参数设为 local Server。
- 参数 uid 表示连接中用到的 SQL Server 系统用户名。
- 参数 pwd 包含 SQL 系统用户的密码，可以在 SQL 企业管理器中设置此密码。
- 参数 database 指定位于 Database Server 上的一个特定数据库。此参数也是可选的。若不指定一个数据库，则会用到 SQL 系统默认的数据库。

4.3.3 用ODBC实现数据库连接

可以利用ODBC实现数据库连接，具体的连接步骤如下：

01 依次单击"控制面板"|"管理工具"|"数据源（ODBC）" | "系统 DSN"命令，打开"ODBC 数据源管理器"对话框，如图 4-4 所示。

图 4-4 "ODBC 数据源管理器"中的"系统 DSN"选项卡

02 在图 4-4 中单击"添加（D）"按钮，打开"创建新数据源"对话框，在"创建新数据源"对话框中，选择 Driver do Microsoft Access（*.mdb）选项，如图 4-5 所示。

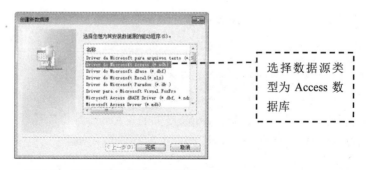

图 4-5 "创建新数据源"对话框

03 单击"完成"按钮,打开"ODBC Microsoft Access 安装"对话框,在"数据源名(N)"
文本框中输入 connodbc,如图 4-6 所示。

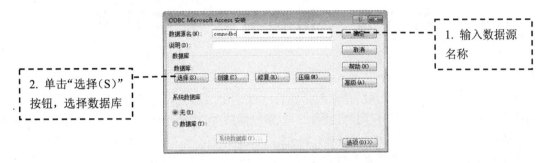

图 4-6 "ODBC Microsoft Access 安装"对话框

04 在图 4-6 中单击"选择(S)"按钮,打开"选择数据库"对话框,单击"驱动器(V)"
文本框右边的三角按钮▼,从下拉列表框中找到在创建数据库步骤中保存数据库的文件夹。找到
数据库后,单击"确定"按钮回到"ODBC Microsoft Access 安装"对话框中,再次单击"确定"
按钮,将返回到"ODBC 数据源管理器"中的"系统 DSN"选项卡,可以看到"系统数据源"中
已经添加了一个名称为 connodbc、驱动程序为 Driver do Microsoft Access(*.mdb)的系统数据源,
如图 4-7 所示。

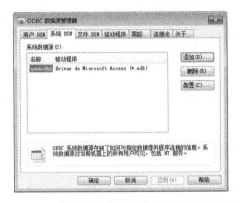

图 4-7 "ODBC 数据源管理器"中的"系统 DSN"选项卡

05 单击"确定"按钮,完成"ODBC 数据源管理器"中"系统 DSN"的设置。

创建系统DSN以后,就可以在ASP中使用它了,其代码如下:

```
<%
Set conn= server.createobject("adodb.connection")
Conn.open "dsn=connodbc"
%>
```

从代码中可以看出,这里创建了一个ADO Connection对象,利用open属性打开数据。

第 5 章　用户管理系统开发

在动态网站中，用户管理系统是非常必要的。通过用户注册信息的统计，可以让管理员了解到网站的访问情况；通过用户权限的设置，可以限制网站页面的访问权限。一个典型的用户管理系统一般应该具备用户注册功能、资料修改功能、取回密码功能以及用户注销身份功能等。

本章将要制作的用户管理系统的网页及网页结构列表如图 5-1 所示。

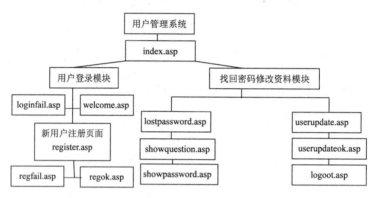

图 5-1　系统结构图

本章重要知识点 >>>>>>>>>>

- 网站结构的搭建
- 创建数据库和数据库表
- 建立数据源连接
- 掌握用户管理系统中页面之间信息传递的技巧和方法
- 用户管理系统常用功能的设计与实现

5.1　系统的整体设计规划

本系统的主要结构分为用户登录和找回密码两个部分，整个系统中共有 12 个页面，各个页面的名称和对应的文件名、功能如表 5-1 所示。

表 5-1　用户管理系统网页设计表

页面名称	功能
index.asp	实现用户管理系统的登录功能的页面
welcome.asp	用户登录成功后显示的页面
loginfail.asp	用户登录失败后显示的页面
register.asp	新用户用来注册输入个人信息的页面

（续表）

页面名称	功能
regok.asp	新用户注册成功后显示的页面
regfail.asp	新用户注册失败后显示的页面
lostpassword.asp	丢失密码后进行密码查询使用的页面
showquestion.asp	查询密码时输入提示问题的页面
showpassword.asp	答对查询密码问题后显示的页面
userupdate.asp	修改用户资料的页面
userupdateok.asp	成功更新用户资料后显示的页面
logout.asp	退出用户系统的页面

提 示
在制作网站的时候，一般都要在制作之前设计好网站各个页面之间的链接关系，绘制出系统脉络图，这样方便后面整个系统的开发与制作。

5.1.1 页面设计规划

在本地站点上建立站点文件夹member，将创建整个网站所有相关的文件夹及文件，如图5-2所示。

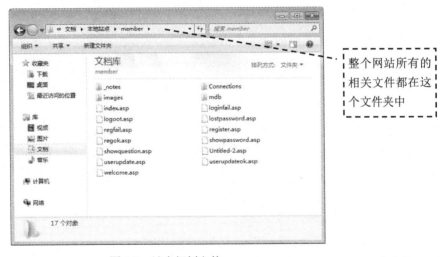

图 5-2 站点规划文件

5.1.2 网页美工设计

本实例整体框架采用"拐角型"布局结构，美工设计效果如图5-3和图5-4所示。

提 示
初学者在设计制作过程中，可以打开下载资源中的源代码，找到相关站点的 images（图片）文件夹，其中放置了已经编辑好的图片。

图 5-3 首页的美工

图 5-4 会员注册页面的美工

5.2 数据库设计与连接

本节主要讲述如何使用Access建立用户管理系统的数据库，如何使用ODBC在数据库与网站之间建立动态链接。

5.2.1 数据库设计

通过对用户管理系统的功能分析发现，这个数据库应该包括注册的用户名、注册密码以及个人信息，如性别、年龄、E-mail、电话等。所以在数据库中必须包含一个容纳上述信息的表，称为"用户信息表"。本案例将数据库命名为member，创建的用户信息表member如图 5-5 所示。

由上面的分析可以得出用户信息表member的字段组成，其结构如表 5-2 所示。

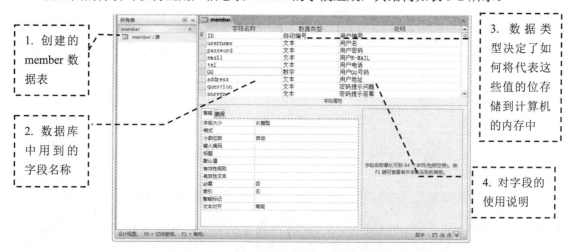

图 5-5 创建的 member 数据表

表 5-2　用户信息表 member

意义	字段名称	数据类型	字段大小	必填字段	允许空字符串	索引
主题编号	ID	自动编号	长整型			有（无重复）
用户账号	username	文本	20	是	否	无
用户密码	password	文本	20	是	否	无
密码遗失提示问题	question	文本	50	是	否	无
密码提示问题答案	answer	文本	50	是	否	无
真实姓名	truename	文本	20	是	否	无
用户性别	sex	文本	2	是	否	无
用户地址	address	文本	50	是	否	无
联系电话	tel	文本	50	是	否	无
QQ	QQ	数字	20	否	是	无
邮箱地址	email	文本	50	否	是	无
用户权限	authority	数字	长整型			无

提示

数据库中常见属性解释如下。

● 字段大小：在自动编号的字段大小中常见的是长整型和同步复制 ID，长整型是 Access 项目中的一种 4B（32bit）数据类型，存储位于 -2^{31}（-2 147 483 648）与 $2^{31} - 1$ (2 147 483 647) 之间的数字。

● 必填字段：在更新数据库时，用户必须填写的字段，如果为空将无法更新。

● 允许空字符串：空字符串，首先它是字符串，但是这个字符串没有内容。空就是 null，不是任何东西，不能等于任何东西。

● 索引：一个单独的、物理的数据库结构，依赖于表建立。它提供了数据库中编排表中数据的内部方法。一个表的存储是由两部分组成的，一部分用来存放表的数据页面，另一部分存放索引页面。

下面介绍在 Access 2010 中创建数据库的方法和步骤。

01 首先运行 Microsoft Access 2010 程序。单击"空数据库"按钮，在主界面的右侧打开"空数据库"面板，如图 5-6 所示。

02 单击"空数据库"面板上的"文件夹"按钮，打开"文件新建数据库"对话框。在"保存位置"后面的下拉列表框中选择前面创建站点 member 中的 mdb 文件夹，在"文件名"文本框中输入文件名 member，为了让创建的数据库能被通用，在"保存类型"下拉列表框中选择"Microsoft Office Access 数据库（2002-2003 格式）(*.mdb)"选项，如图 5-7 所示。

03 单击"确定"按钮，返回"空数据库"面板，再单击"空数据库"面板上的"创建"按钮，即在 Microsoft Access 中创建了一个 member.mdb 数据库文件，同时 Microsoft Access 默认生成了一个"表 1"数据表，如图 5-8 所示。

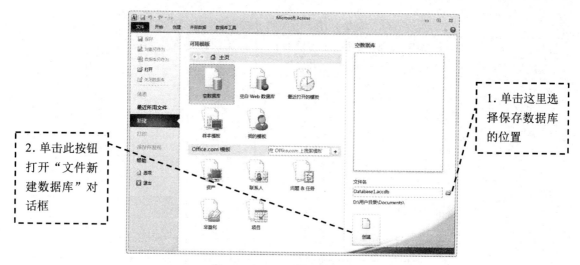

1. 单击这里选择保存数据库的位置

2. 单击此按钮打开"文件新建数据库"对话框

图 5-6 打开"空数据库"面板

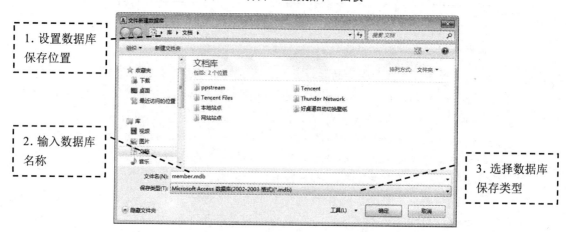

1. 设置数据库保存位置

2. 输入数据库名称

3. 选择数据库保存类型

图 5-7 "文件新建数据库"对话框

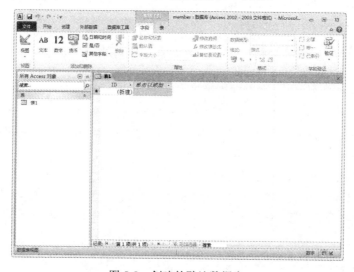

图 5-8 创建的默认数据表

04 在"表 1"上单击鼠标右键,打开快捷菜单,执行快捷菜单中的"设计视图"命令,打开"另存为"对话框,在"表名称"文本框中输入数据表名称 member,如图 5-9 所示。

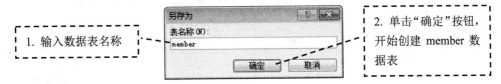

图 5-9 "另存为"对话框

05 系统自动打开创建好的 member 数据表,如图 5-10 所示。

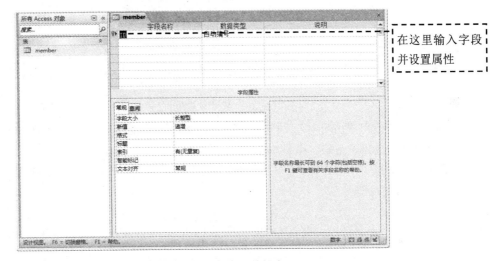

图 5-10 建立的 member 数据表

06 按表 5-2 输入各字段的名称并设置其相应属性,完成后如图 5-11 所示。

图 5-11 创建表的字段

提 示 Access 为 member 数据表自动创建了一个主键值 ID,主键是在数据库中建立的一个唯一真实值。数据库通过建立主键值方便后面搜索功能的调用,但要求所产生的数据没有重复。

07 双击 member 选项,打开 member 的数据表,如图 5-12 所示。

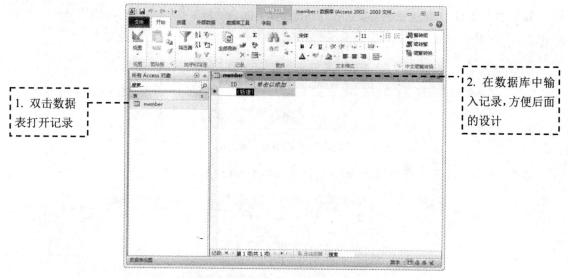

图 5-12 创建的 member 数据表

08 为了方便用户访问，可以在数据库中预先编辑一些记录对象，其中 admin 为管理员账号，password 为管理员用户密码，如图 5-13 所示。

09 编辑完成，单击"保存"按钮，然后关闭 Access 2010 软件。至此数据库存储用户名和密码等资料的表建立完毕。

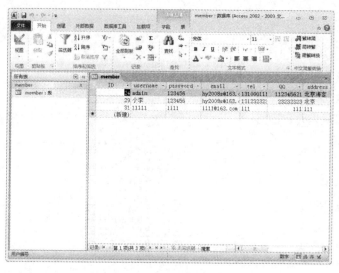

图 5-13 member 表中输入的记录

5.2.2 创建数据库连接

在数据库创建完成后，需要在Dreamweaver CC中建立数据源连接对象才能在动态网页中使用这个数据库文件。接下来介绍在Dreamweaver CC中用ODBC连接数据库的方法。在操作的过程中要注意ODBC连接时参数的设置。

提 示

开放数据库互连(ODBC)是 Microsoft 引进的一种早期数据库接口技术。Microsoft 引进这种技术的一个主要原因是，以非语言专用的方式提供给程序员一种访问数据库内容的简单方法。换句话说，访问 DBF 文件或 Access Basic 以得到 MDB 文件中的数据时无须懂得 Xbase 程序设计语言。

一个完整的 ODBC 由下列几个部件组成。

- 应用程序（Application）：该程序位于控制面板 ODBC 内，其主要任务是管理安装的 ODBC 驱动程序和管理数据源。
- 驱动程序管理器（Driver Manager）：驱动程序管理器包含在 ODBC 的 DLL 中，对用户是透明的，其任务是管理 ODBC 驱动程序，是 ODBC 中最重要的部件。
- ODBC 驱动程序：是一些 DLL，提供了 ODBC 和数据库之间的接口。
- 数据源：数据源包含了数据库位置和数据库类型等信息，实际上是一种数据连接的抽象叫法。

具体的连接步骤如下：

01 依次单击"控制面板"|"管理工具"|"数据源（ODBC）"|"系统 DSN"命令，打开"ODBC 数据源管理器"对话框，如图 5-14 所示。

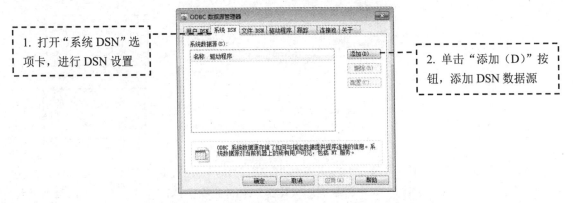

图 5-14 "ODBC 数据源管理器"中的"系统 DSN"选项卡

02 在图 5-14 中单击"添加（D）"按钮，打开"创建新数据源"对话框，在"创建新数据源"对话框中，选择 Driver do Microsoft Access（*.mdb）选项，如图 5-15 所示。

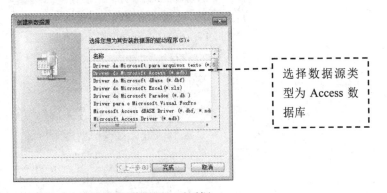

图 5-15 "创建新数据源"对话框

03 单击"完成"按钮，打开"ODBC Microsoft Access 安装"对话框，在"数据源名（N）"文本框中输入"dsnuser"，如图 5-16 所示。

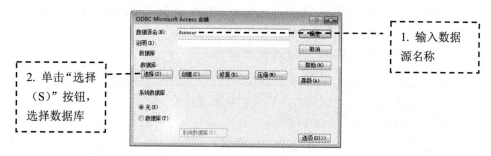

图 5-16 "ODBC Microsoft Access 安装"对话框

04 在图 5-16 中单击"选择（S）"按钮，打开"选择数据库"对话框，单击"驱动器（V）"列表框右边的三角按钮 ，从下拉列表框中找到在创建数据库步骤中数据库所在的盘符，在"目录（D）"中找到在创建数据库步骤中保存数据库的文件夹，然后单击左上方"数据库名（A）"选项组中的数据库文件 member.mdb，则数据库名称自动添加到"数据库名（A）"下的文本框中，如图 5-17 所示。

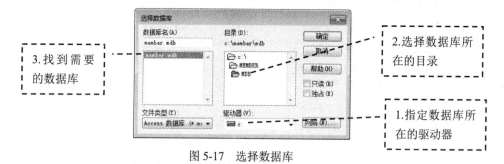

图 5-17 选择数据库

05 找到数据库后，单击"确定"按钮回到"ODBC Microsoft Access 安装"对话框中，再次单击"确定"按钮，将返回到"ODBC 数据源管理器"中的"系统 DSN"选项卡，可以看到"系统数据源"中已经添加了一个名称为 dsnuser、驱动程序为 Driver do Microsoft Access（*.mdb）的系统数据源，如图 5-18 所示。

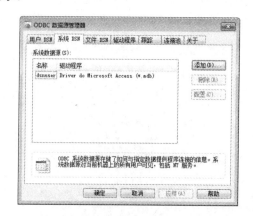

图 5-18 "ODBC 数据源管理器"中的"系统 DSN"选项卡

06 单击"确定"按钮，完成"ODBC 数据源管理器"中"系统 DSN"的设置。

07 启动 Dreamweaver CC，执行菜单"文件"|"新建"命令，打开"新建文档"对话框，选择"空白页"选项卡中"页面类型"列表框下的 HTML 选项，在"布局"列表框中选择"无"选项，然后单击"创建"按钮，在网站根目录下新建一个名为 index.asp 的网页并保存，如图 5-19 所示。

08 根据前面讲过的站点设置方法，设置好"站点""文档类型""测试服务器"，在 Dreamweaver CC 中执行菜单"窗口"|"数据库"命令，打开"数据库"面板，如图 5-20 所示。

09 单击"数据库"面板中的 + 按钮，弹出如图 5-21 所示的菜单，选择"数据源名称（DSN）"选项。

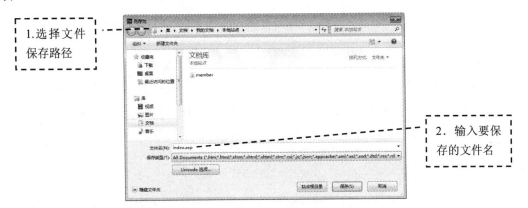

图 5-19　建立首页并保存

图 5-20　应用程序"数据库"面板　　　　图 5-21　选择"数据源名称（DSN）"选项

10 打开"数据源名称（DSN）"对话框，在"连接名称"文本框中输入"user"，单击"数据源名称（DSN）"下拉列表框右边的三角按钮 ▼，从打开的数据源名称（DSN）下拉列表中选择 dsnuser，其他保持默认值，如图 5-22 所示。

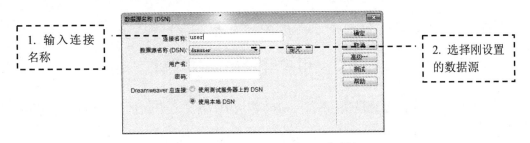

图 5-22　"数据源名称（DSN）"对话框

11 在"数据源名称（DSN）"对话框中，单击"确定"按钮后完成此步骤。在"数据库"面板中，内容应如图 5-23 所示。

12 同时，在网站根目录下将会自动创建名为 Connections 的文件夹，该文件夹内有一个名为 user.asp 的文件，可以用记事本打开，内容如图 5-24 所示。

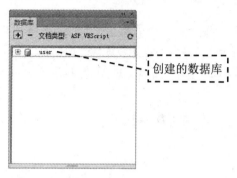

图 5-23　设置的数据库图　　　　　　　　　　图 5-24　自动产生的 user.asp

user.asp文件中记载了数据库的连接方法及连接参数，其各行代码的含义如下：

```
************************************************************
<%
' FileName="Connection_odbc_conn_dsn.htm"
' Type="ADO"
//类型为 ADO
' DesigntimeType="ADO"
//这三行代码是设置数据库的连接方式为 ADO 的连接方法
' HTTP="false"
//设置 http 的连接方法为否
' Catalog=""
//设置目录为空
' Schema=""
//概要内容为空
Dim MM_user_STRING
//定义为 user 数据库名的绑定
MM_user_STRING = "dsn=dsnuser;"
//设置为 DSN 数据源连接
%>
************************************************************
```

若网站要上传到远程服务器端，则需要对数据库的路径进行更改。

13 执行菜单"文件"|"保存"命令，保存该文档，完成数据库的连接。

5.3　用户登录模块的设计

本节主要介绍用户登录模块的制作。在该模块中，称进行登录的用户为会员，所以界面中显示的是"会员登录"字样。

5.3.1 登录页面

在用户访问该用户管理系统时，首先要进行身份验证，这个功能是靠登录页面来实现的。所以登录页面中必须有要求用户输入用户名和密码的文本框，以及输入完成后进行登录的"登录"按钮（或"提交"按钮）和输入错误后重新设置用户名和密码的"重置"按钮。详细的制作步骤如下：

01 首先来看一下用户登录的首页设计，如图 5-25 所示。

图 5-25 用户登录系统首页

02 index.asp 页面是用户登录系统的首页，打开前面创建的 index.asp 页面，输入网页标题"帆云购物中心"，然后执行菜单"文件"|"保存"命令将网页标题保存。

03 执行菜单"修改"|"页面属性"命令，然后在"背景颜色"文本框中输入颜色值为#cccccc，在"上边距"文本框中输入 0 像素，这样设置的目的是为了让页面的第一个表格能置顶到上边，并形成一个灰色底纹的页面，设置如图 5-26 所示。

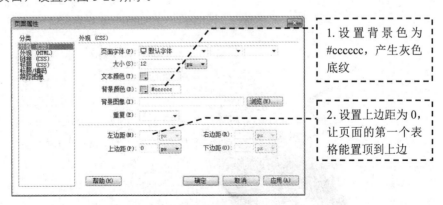

图 5-26 "页面属性"对话框

04 设置完成后单击"确定"按钮，进入"文档"窗口，执行菜单"插入"|"表格"命令，在打开的"表格"对话框中，在"行数"文本框中输入需要插入表格的行数为 3，在"列"文本框中输入需要插入表格的列数为 3。在"表格宽度"文本框中输入 775 像素，"边框粗细""单元格边距"和"间距"都为 0，如图 5-27 所示。

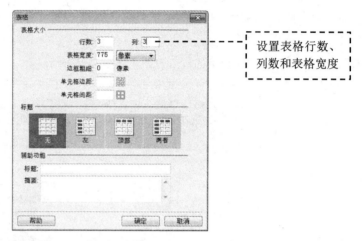

图 5-27 设置"表格"属性

05 单击"确定"按钮，这样就在"文档"窗口中插入了一个 3 行 3 列的表格。将鼠标放置在第 1 行表格中，在"属性"面板中单击"合并所选单元格，使用跨度"按钮□，将第 1 行表格合并。再执行菜单"插入"|"图像"命令，打开"选择图像源文件"对话框，在站点 images 文件夹中选择图片 01.gif，如图 5-28 所示。

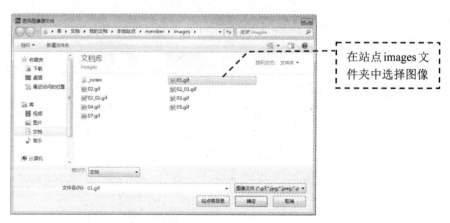

图 5-28 "选择图像源文件"对话框

06 单击"确定"按钮，就在表格中插入了此图片，将鼠标放置在第 3 行表格中，在"属性"面板中单击"合并所选单元格，使用跨度"按钮□，将第 3 行所有列表格合并，再执行菜单"插入"|"图像"命令，打开"选择图像源文件"对话框，在站点 images 文件夹中选择图片 05.gif，插入一个图片，效果如图 5-29 所示。

07 插入图片后，选择插入的整个表格，在"属性"面板的"对齐（A）"下拉列表框中，选择"居中对齐"命令，让插入的表格居中对齐，如图 5-30 所示。

图 5-29　插入图片效果图

图 5-30　设置"居中对齐"

08 把光标移至创建表格第 2 行第 1 列中，在"属性"面板中设置高度为 456 像素、宽度为 179 像素，设置高度和宽度是根据背景图像而定的，在垂直（T）下拉列表中选择"顶端"。再将光标移至这一列中，单击 ■拆分 按钮，在<td>中输入 background="/images/02.gif"，将 images 文件夹中的 02.gif 文件设置成这一列中的背景图像，得到的效果如图 5-31 所示。

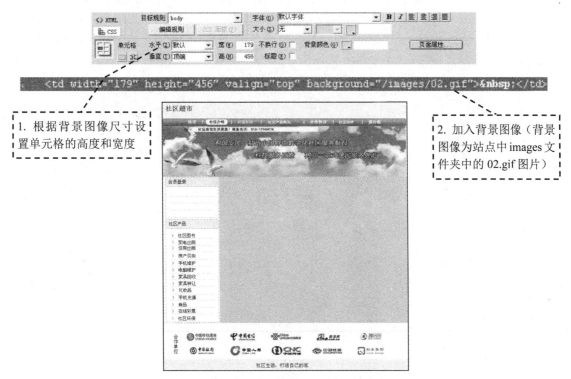

1. 根据背景图像尺寸设置单元格的高度和宽度

2. 加入背景图像（背景图像为站点中 images 文件夹中的 02.gif 图片）

图 5-31　插入图片的效果图

09 在表格的第 2 行第 2 列和第 3 列中分别插入同站点 images 文件夹中的图片 03.gif 和 04.gif，完成网页的结构搭建，如图 5-32 所示。

图 5-32 完成的网页背景效果图

10 单击第 2 行第 1 列单元格，然后再单击"文档"窗口上的 拆分 按钮，进入文档窗口的"拆分"窗口模式，在<td>和</td>之间输入 valign="top"（表格文字和图片的相对摆放位置，可选值为 top、middle、bottom，其中 valign="top" 表示单元格内容位于本单元格的上部；valign="middle"表示单元格内容位于本单元格的中部；valign="bottom"表示单元格内容位于本单元格的底部）的命令，表示让鼠标能够自动地贴至该单元格的最顶部，如图 5-33 所示。

图 5-33 设置单元格的对齐方式为上部

文档工具栏中包含了多个按钮，它们提供各种文档窗口视图（如"设计""拆分"和"代码"视图）、各种查看选项和一些常用操作（如在浏览器中预览）等。对各选项说明如下。

- 代码：显示代码视图，仅在"文档"窗口中显示"代码"视图。
- 拆分：显示代码视图和设计视图，在"文档"窗口的一部分中显示"代码"视图，而在另一部分中显示"设计"视图。
- 设计：显示设计视图，仅在"文档"窗口中显示"设计"视图。
- 标题：允许为文档输入一个标题，它将显示在浏览器的标题栏中。

11 单击"文档"窗口上的 设计 按钮，返回文档窗口的"设计"视图。在第 2 行第 1 列单元格中，执行菜单"插入"|"表单"|"表单"命令，如图 5-34 所示，插入一个表单。

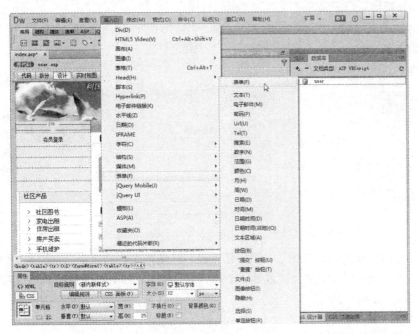

图 5-34　执行"表单"命令

12 将鼠标放置在该表单中，执行菜单"插入"|"表格"命令，打开"表格"对话框，在"行数"文本框中输入 5，在"列"文本框中输入 2。在"表格宽度"文本框中输入 179 像素，在该表单中插入 5 行 2 列的表格。单击并拖动鼠标，分别选择第 1 行和第 5 行单元格，并分别在"属性"面板中单击"合并所选单元格，使用跨度"按钮，将这几行单元格进行合并。然后在表格的第 2 行第 1 列中输入文字说明"用户名："，在第 2 行第 2 列中执行菜单"插入"|"表单"|"文本"命令，插入一个单行文本域表单对象，并定义文本域名为"username"，最终的效果如图 5-35 所示。

13 在第 3 行第 1 列表格中输入文字说明"密码："，在第 3 行表格的第 2 列中执行菜单"插入"|"表单"|"密码"命令，插入密码表单对象，定义文本域名为"password"，最终的效果如图 5-36 所示。

图 5-35　输入"用户名"和插入"文本域"的设置　　图 5-36　密码"文本域"的设置

14 选择第 4 行单元格,执行"插入"|"表单"|"按钮"|"提交按钮"命令,插入提交按钮;执行"插入"|"表单"|"按钮"|"重置按钮"命令,插入重置按钮,如图 5-37 所示。

15 在第 5 行输入"注册新用户"文本,并选中这几个字,然后在窗口栏中选择"插入"|"超级链接"(目标为_blank 并在新窗口中打开页面)并设置一个转到用户注册页面 register.asp 的链接对象,以方便用户注册,输入的效果如图 5-38 所示。

图 5-37　设置按钮名称

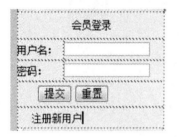
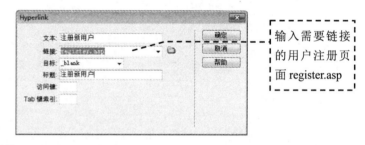

图 5-38　建立链接

16 如果已经注册的用户忘记了密码,还希望以其他方式能够重新获得密码,可以在表格的第 4 列中输入"找回密码"文本,并设置一个转到密码查询页面 lostpassword.asp 的链接对象,方便用户取回密码,如图 5-39 所示。

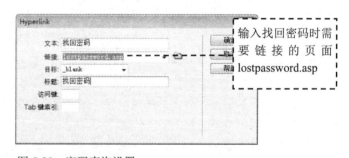

图 5-39　密码查询设置

17 表单编辑完成后,下面来编辑该网页的动态内容,使用户可以通过该网页中表单的提交实现登录功能。打开"服务器行为"面板,单击该面板上的 ➕ 按钮,执行"用户身份验证"|"登录用户"命令,如图 5-40 所示,向该网页添加"登录用户"的服务器行为。

18 此时,打开"登录用户"对话框,在该对话框中进行如下设置。

- 从"从表单获取输入"下拉列表框中选择该服务器行为使用网页中的 form1 对象，设定该用户登录服务器行为的用户数据来源为表单对象中访问者填写的内容。
- 从"用户名字段"下拉列表框中选择文本域 username 对象，设定该用户登录服务器行为的用户名数据来源为表单的 username 文本域中访问者输入的内容。
- 从"密码字段"下拉列表框中选择文本域 password 对象，设定该用户登录服务器行为的用户名数据来源为表单的 password 文本域中访问者输入的内容。
- 从"使用连接验证"下拉列表框中选择用户登录服务器行为使用的数据源连接对象为 user。
- 从"表格"下拉列表框中选择该用户登录服务器行为使用到的数据库表对象为 member。
- 从"用户名列"下拉列表框中选择表 member 存储用户名的字段为 username。
- 从"密码列"下拉列表框中选择表 member 存储用户密码的字段为 password。
- 在"如果登录成功，转到"文本框中输入登录成功后转向 welcome.asp 页面。
- 在"如果登录失败，转到"文本框中输入登录失败后转向 loginfail.asp 页面。
- 选择"基于以下项限制访问"后面的"用户名、密码和访问级别"单选按钮，设定后面将根据用户的用户名、密码及权限级别共同决定其访问网页的权限。
- 从"获取级别自"下拉列表框中选择 authority 字段，表示根据 authority 字段的数字来确定用户的权限级别。

设置完成后的对话框显示如图 5-41 所示。

图 5-40　添加"登录用户"的服务器行为

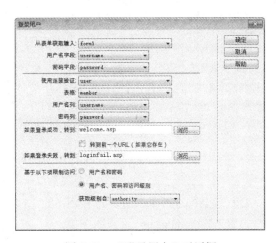

图 5-41　"登录用户"对话框

19 设置完成后，单击"确定"按钮，关闭该对话框，返回到"文档"窗口。在"服务器行为"面板中就增加了一个"登录用户"行为，如图 5-42 所示。

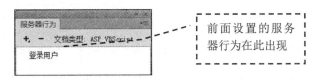

前面设置的服务器行为在此出现

图 5-42　"服务器行为"面板

20 表单对象对应的"属性"面板的动作属性值为<%=MM_ LoginAction%>，如图 5-43 所示。它的作用就是实现用户登录功能。这是 Dreamweaver CC 自动生成的一个动作代码。

图 5-43　表单对应的"属性"面板

21 执行菜单"文件"|"保存"命令，将该文档保存到本地站点中，完成网站的首页制作。

5.3.2　登录成功和登录失败页面的制作

当用户输入的登录信息不正确时，就会转到loginfail.asp页面，显示登录失败的信息。如果用户输入的登录信息正确，就会转到welcome.asp页面。

01 执行菜单"文件"|"新建"命令，打开"新建文档"对话框，选择"空白页"选项卡中"页面类型"下拉列表框中的 HTML 选项，在"布局"列表框中选择"无"选项，然后单击"创建"按钮创建新页面，在网站根目录下新建一个名为 loginfail.asp 的网页并保存，如图 5-44 所示。

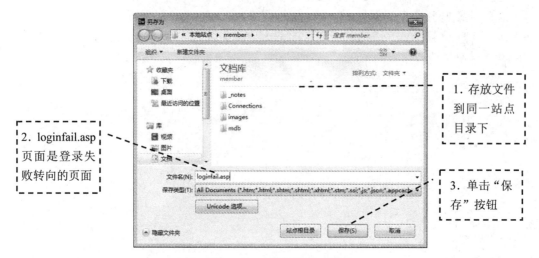

图 5-44　"另存为"对话框

02 登录失败页面如图 5-45 所示。在"文档"窗口中单击"这里"链接文本，加入链接 index.asp，将其设置为指向 index.asp 页面的链接。

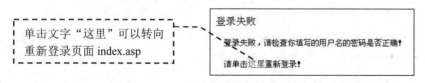

图 5-45　登录失败页面 loginfail.asp

03 执行菜单"文件"|"保存"命令，完成 loginfail.asp 页面的创建。

接下来制作welcome.asp页面，详细制作的步骤如下：

01 执行菜单"文件"|"新建"命令，打开"新建文档"对话框，选择"空白页"选项卡中"页面类型"下拉列表框中的 ASP VBScript 选项，在"布局"下拉列表框中选择"无"选项，然后单击"创建"按钮创建新页面，在网站根目录下新建一个名为 welcome.asp 的网页并保存。

02 用类似的方法制作登录成功页面的静态部分，如图 5-46 所示。

03 执行菜单"窗口"|"绑定"命令，打开"绑定"面板，单击该面板上的 ⊞ 按钮，在弹出的菜单中选择"阶段变量"选项，为网页中定义一个阶段变量，如图 5-47 所示。

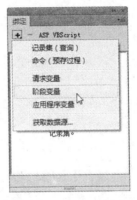

图 5-46　欢迎界面的效果图　　　　　图 5-47　添加阶段变量

提　示

"绑定"面板中各选项的说明如下。

● 记录集（查询）：用来绑定数据库中的记录集，在绑定记录集中选择要绑定的数据源、数据库以及一些变量，用于记录的显示和查询。

● 命令（预存过程）：在命令对话框中有更新、删除等命令，执行这个命令主要是为了让数据库里的数据保持最新状态。

● 请求变量：用于定义动态内容，从"类型"弹出菜单中选择一个请求集合。若要访问 Request.ServerVariables 集合中的信息，则选择"服务器变量"；若要访问 Request.Form 集合中的信息，则选择"表单"。

● 阶段变量：提供了一种对象，通过这种对象，用户信息得以存储，并使该信息在用户访问的持续时间中对应用程序的所有页都可用。阶段变量还可以提供一种超时形式的安全对象，这种对象在用户账户长时间不活动的情况下终止该用户的会话。如果用户忘记从 Web 站点注销，那么这种对象还会释放服务器内存和处理资源。

04 打开"阶段变量"对话框。在"名称"文本框中输入"阶段变量"的名称 MM_username，如图 5-48 所示。

05 设置完成后，单击该对话框中的"确定"按钮，在"文档"窗口中通过拖动鼠标选择"XXXXXX"文本，然后在"绑定"面板中选择 MM_username 变量，再单击"绑定"面板底部的"插入"按钮，将其插入到该"文档"窗口中设定的位置。插入完毕，可以看到"XXXXXX"文本被{Session.MM_username}占位符代替，如图 5-49 所示。这样，就完成了显示登录用户名"阶段变量"的添加工作。

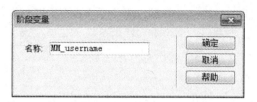

图 5-48 "阶段变量"对话框

图 5-49 插入后的效果

 提示

设计阶段变量的目的是用户登录成功后在登录界面中直接显示用户的名字，使网页更有亲切感。

06 在"文档"窗口中拖动鼠标选中"注销你的用户"链接文本。执行菜单"窗口"|"服务器行为"|"用户身份验证"|"注销用户"命令，为所选中的文本添加一个"注销用户"的服务器行为，如图 5-50 所示。

07 打开"注销用户"对话框，在该对话框中进行如下设置。

- "在以下情况下注销"用于设置注销。本例选中"单击链接"单选按钮，并在右边的下拉列表框中选择"注销你的用户"，这样当用户在页面中单击"注销你的用户"时就执行注销操作。

- "在完成后，转到"文本框用于设置注销后显示的页面，本例在右侧文本框中输入"logoot.asp"，表示注销后转到 logoot.asp 页面，完成后的设置如图 5-51 所示。

图 5-50 "注销用户"命令

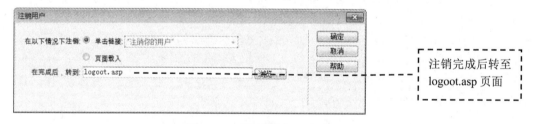

注销完成后转至 logoot.asp 页面

图 5-51 "注销用户"对话框

08 设置完成后，单击"确定"按钮关闭该对话框，返回到"文档"窗口。在"服务器行为"面板中增加了一个"注销用户"行为，同时可以看到"注销用户"链接文本对应的"属性"面板中的"链接"属性值为 <%=MM_Logout%>，它是 Dreamweaver CC 自动生成的动作对象。

09 logoot.asp 的页面设计比较简单，不做详细说明，在页面中的文字"这里"处指定一个链接到首页 index.asp 就可以了，效果如图 5-52 所示。

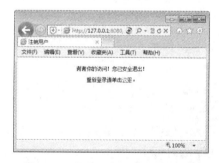

图 5-52 注销用户页面设计效果图

10 执行菜单"文件"|"保存"命令，将该文档保存到本地站点中。编辑工作完成后，就可以测试该用户登录系统的执行情况了。文档中的"修改你的资料"链接到 userupdate.asp 页面，此页面将在后面的修改中进行介绍。

5.3.3 用户登录系统功能的测试

制作好一个系统后，需要测试无误才能上传到服务器以供使用。下面就对登录系统进行测试，测试的步骤如下：

01 打开 IE 浏览器，在地址栏中输入"http://127.0.0.1/index.asp"，打开 index.asp 页面，如图 5-53 所示。

02 在"用户名"和"密码"文本框中输入用户名及密码，输入完毕，单击"提交"按钮。

03 如果在第 2 步中填写的登录信息是错误的，或者根本就没有输入，浏览器就会转到登录失败页面 loginfail.asp，显示登录错误信息，如图 5-54 所示。

图 5-53　打开的网站首页　　　　　　　　图 5-54　登录失败页面 loginfail.asp 效果

04 如果输入的用户名和密码都正确，就显示登录成功页面。这里输入的是前面数据库设置的用户 admin，登录成功后的页面如图 5-55 所示，其中显示了用户名 admin。

05 想注销用户时，只需要单击"注销你的用户"超链接即可。注销用户后，浏览器就会转到页面 logoot.asp，然后单击文字"这里"回到首页，如图 5-56 所示。至此，登录功能就测试完成了。

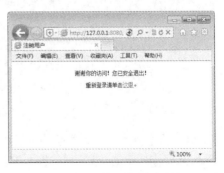

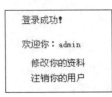

图 5-55　登录成功页面 welcome.asp 效果　　　　　图 5-56　注销用户页面设计

5.4 用户注册模块的设计

用户登录系统是供数据库中已有的老用户登录用的,一个用户管理系统还应该提供新用户注册用的页面。对于新用户来说,通过单击index.asp页面上的"注册新用户"超链接,进入到名为register.asp的页面,在该页面可以实现新用户注册功能。

5.4.1 用户注册页面

register.asp页面主要实现用户注册的功能,用户注册的操作就是向member.mdb数据库的member表中添加记录的操作,完成的页面如图5-57所示。

01 执行菜单"文件"|"新建"命令,打开"新建文档"对话框,选择"空白页"选项卡中"页面类型"下拉列表框中的HTML选项,在"布局"下拉列表框中选择"无"选项,然后单击"创建"按钮创建新页面,在网站根目录下新建一个名为 register.asp 的网页并保存。

02 在 Dreamweaver CC 中使用制作静态网页的工具完成如图5-58所示的静态部分,这里要说明的是

图 5-57 用户注册页面样式

注册时需要加入一个"隐藏域"并命名为 authority,设置默认值为 0,即所有的用户注册的时候默认是一般访问用户。

图 5-58 register.asp 页面静态设计

提 示

(1)在为表单中的文本域对象命名时,由于表单对象中的内容将被添加到 user 表中,因此可以将表单对象中的文本域名设置为与数据库中的相应字段名相同,这样做的目的是当该表单中的内容添加到 user 表中时会自动配对,文本"重复密码"对应的文本框命名为 password1。

(2)隐藏域是用来收集或发送信息的不可见元素。对于网页的访问者来说,隐藏域是看不见的。当表单被提交时,隐藏域就会将信息用设置时定义的名称和值发送到服务器上。

03 还需要设置一个验证表单的动作,用来检查访问者在表单中填写的内容是否满足数据库中表 user 中字段的要求。在将用户填写的注册资料提交到服务器之前,就会对用户填写的资料进行验证。如果有不符合要求的信息,就可以向访问者显示错误的原因,并让访问者重新输入。

04 执行菜单"窗口"|"行为"命令，就会打开"行为"面板。单击"行为"面板中的 ⊞ 按钮，从打开的行为列表中选择"检查表单"选项，打开"检查表单"对话框，如图5-59所示。

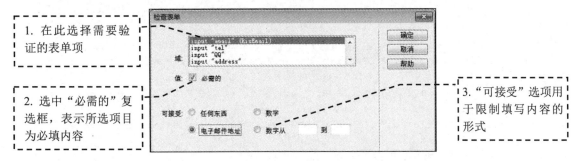

图5-59 设置"检查表单"对话框选项

本例中，设置username文本域、password文本域、password1 文本域、answer文本域、truename文本域、address文本域为"值：必需的"，"可接受：任何东西"，即这几个文本域必须填写，内容不限，但不能为空；tel文本域和qq文本域设置的验证条件为"值：必需的"，"可接受：数字"，表示这两个文本域必须填写数字，不能为空；e-mail文本域的验证条件为"值：必需的"，"可接受：电子邮件地址"，表示该文本域必须填写电子邮件地址，且不能为空。

05 设置完成后，单击"确定"按钮，完成对检查表单的设置。

06 在"文档"窗口中单击工具栏上的"代码"按钮，转到"代码"编辑窗口，然后在验证表单动作的源代码中加入如下代码：

```
<script type="text/javascript">
function MM_validateForm() { //v4.0
  if (document.getElementById){
    var i,p,q,nm,test,num,min,max,errors='',args=MM_validateForm.arguments;
    for (i=0; i<(args.length-2); i+=3) { test=args[i+2]; val=document.
getElementById(args[i]);
      if (val) { nm=val.name; if ((val=val.value)!="") {
        if (test.indexOf('isEmail')!=-1) { p=val.indexOf('@');
        if (p<1 || p==(val.length-1)) errors+='- '+nm+' must contain an e-mail
address.\n';
        } else if (test!='R') { num = parseFloat(val);
          if (isNaN(val)) errors+='- '+nm+' must contain a number.\n';
          if (test.indexOf('inRange') != -1) { p=test.indexOf(':');
            min=test.substring(8,p); max=test.substring(p+1);
            if (num<min || max<num) errors+='- '+nm+' must contain a number
between '+min+' and '+max+'.\n';
      } } } else if (test.charAt(0) == 'R') errors += '- '+nm+' is required.\n'; }
    } if (errors) alert('The following error(s) occurred:\n'+errors);
    document.MM_returnValue = (errors == '');
} }
</script>
```

把代码修改成如下：

```
<script type="text/JavaScript">
```

```
//宣告脚本语言为 JavaScript
<!--
function MM_findObj(n, d) { //v4.01
  var p,i,x; if(!d) d=document; if((p=n.indexOf("?"))>0&&parent.frames.
length) {
    d=parent.frames[n.substring(p+1)].document; n=n.substring(0,p);}
  if(!(x=d[n])&&d.all) x=d.all[n]; for (i=0;!x&&i<d.forms.length;i++) x=d.
forms[i][n];
  for(i=0;!x&&d.layers&&i<d.layers.length;i++) x=MM_findObj(n,d.layers[i].
document);
  if(!x && d.getElementById) x=d.getElementById(n); return x;
}
//定义创建对话框的基本属性
function MM_validateForm() { //v4.0
  var i,p,q,nm,test,num,min,max,errors='',args=MM_validateForm.arguments;
//检查提交表单的内容
  for (i=0; i<(args.length-2); i+=3) { test=args[i+2]; val=MM_findObj(args[i]);
    if (val) { nm=val.name; if ((val=val.value)!="") {
      if (test.indexOf('isEmail')!=-1) { p=val.indexOf('@');
        if (p<1 || p==(val.length-1)) errors+='- '+nm+' 需要输入邮箱地址.\n';
//如果提交的邮箱地址表单中不是邮件格式则显示为"需要输入邮箱地址"
      } else if (test!='R') { num = parseFloat(val);
        if (isNaN(val)) errors+='- '+nm+' 需要输入数字.\n';
//如果提交的电话表单中不是数字则显示为"需要输入数字"
        if (test.indexOf('inRange') != -1) { p=test.indexOf(':');
          min=test.substring(8,p); max=test.substring(p+1);
          if (num<min || max<num) errors+='- '+nm+'
需要输入数字 '+min+' and '+max+'.\n';
//如果提交的 QQ 表单中不是数字则显示为"需要输入数字"
    } } } else if (test.charAt(0) == 'R') errors += '- '+nm+' 需要输入.\n'; }
//如果提交的地址表单为空则显示为"需要输入"
  } if (MM_findObj('password').value!=MM_findObj('password1').value) errors +=
'-两次密码输入不一致 \n';
  if (errors) alert('注册时出现如下错误:\n'+errors);
  document.MM_returnValue = (errors == '');
//如果出错时将显示"注册时出现如下错误:"
}
//-->
</script>
```

编辑代码完成后,单击工具栏上的 设计 按钮,返回到"设计"视图。

此时,可以测试一下执行的效果。当两次输入的密码不一致,然后单击"提交"按钮时,则会打开一个警告框,如图 5-60 所示。

07 在该网页中添加一个"插入"的服务器行为。执行菜单"窗口"|"服务器行为"命令,打开"服务器行为"面板。单击该面板上的 + 按钮,在弹出的菜单中选择"插入记录"选项,则会打开"插入记录"对话框。

图 5-60 警告信息提示框

08 在"插入记录"对话框中进行如下设置。

- 从"连接"下拉列表框中选择 user 作为数据源连接对象。
- 从"插入到表格"下拉列表框中选择 member 作为使用的数据库表对象。
- 在"插入后，转到"文本框中设置记录成功添加到表 member 后转到 regok.asp 网页。
- 在对话框下半部分，将网页中的表单对象和数据库中表 member 的字段一一对应起来，如图 5-61 所示。

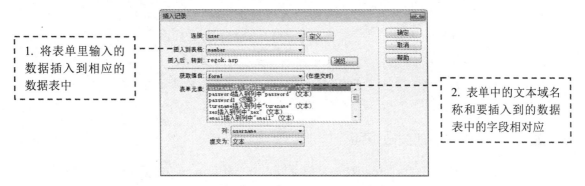

图 5-61　"插入记录"对话框

09 设置完成后，单击"确定"按钮，关闭该对话框，返回到"文档"窗口。此时的设计样式如图 5-62 所示。

图 5-62　插入后的效果图

10 用户名是用户登录的身份标志，是不能够重复的，所以在添加记录之前，一定要先在数据库中判断该用户名是否存在。如果存在，就不能进行注册。在 Dreamweaver CC 中提供了一个检查新用户名的服务器行为，单击"服务器行为"面板上的 ⊞ 按钮，在弹出的菜单中执行"用户身份验证"|"检查新用户名"命令，此时会打开一个"检查新用户名"对话框，在该对话框中进行如下设置（见图 5-63）。

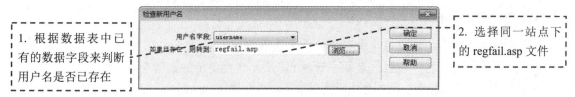

图 5-63 "检查新用户名"对话框

- 在"用户名字段"下拉列表框中选择 username 字段。
- 在"如果已存在，则转到"文本框中输入"regfail.asp"，表示如果用户名已经存在，就转到 regfail.asp 页面，显示注册失败信息。该网页将在后面编辑。

11 设置完成后，单击"确定"按钮，关闭"检查新用户名"对话框，返回"文档"窗口。在"服务器行为"面板中增加了一个"检查新用户名"行为，再执行菜单"文件"|"保存"命令，将该文档保存到本地站点中，完成本页的制作。

5.4.2 注册成功和注册失败页面

为了方便用户登录，应该在 regok.asp 页面中设置一个转到 index.asp 页面的文字链接，以方便用户进行登录。同时，为了方便访问者重新进行注册，则应该在 regfail.asp 页面设置一个转到 register.asp 页面的文字链接，以方便用户进行重新注册。本小节制作显示注册成功和失败的页面信息。

01 执行菜单"文件"|"新建"命令，打开"新建文档"对话框，选择"空白页"选项卡中"页面类型"下拉列表框中的 ASP VBScript 选项，在"布局"下拉列表框中选择"无"选项，然后单击"创建"按钮创建新页面，在网站根目录下新建一个名为 regok.asp 的网页并保存。

02 regok.asp 页面如图 5-64 所示。制作比较简单，其中文字"这里"设置为指向 index.asp 页面的链接。

03 如果用户输入的注册信息不正确或用户名已经存在，就应该向用户显示注册失败的信息。接着再新建一个 regfail.asp 页面，如图 5-65 所示。其中"这里"链接文本设置为指向 register.asp 页面的链接。

图 5-64 注册成功 regok.asp 页面

图 5-65 注册失败 regfail.asp 页面

5.4.3　用户注册功能的测试

设计完成后，就可以测试该用户注册功能的执行情况了。

01 打开 IE 浏览器，在地址栏中输入"http://127.0.0.1/register.asp"，打开 register.asp 文件，如图 5-66 所示。

02 可以在该注册页面中输入一些不正确的信息，如漏填 username、password 等必填字段，或填写错误的 E-mail 地址，或在确认密码时两次输入的密码不一致，以测试网页中验证表单动作的执行情况。如果填写的信息不正确，那么浏览器应该弹出警告框，向访问者显示错误原因，如图 5-67 所示。

图 5-66　打开的测试页面

图 5-67　出错提示

03 在该注册页面中注册一个已经存在的用户名，如输入"admin"，测试新用户服务器行为的执行情况，然后单击"确定"按钮。此时由于用户名已经存在，浏览器会自动转到 regfail.asp 页面，告诉访问者该用户名已经存在，如图 5-68 所示。此时，访问者可以单击"这里"链接文本，返回 register.asp 页面，以便重新进行注册。

图 5-68　注册失败页面显示

04 在该注册页面中填写如图 5-69 所示的注册信息。

05 单击"确定"按钮，由于这些注册资料完全正确，而且这个用户名没有重复，因此浏览器会转到 regok.asp 页面，向访问者显示注册成功的信息，如图 5-70 所示。此时，访问者可以单击"这里"链接文本，转到 index.asp 页面，以便进行登录。

图 5-69　填写正确信息　　　　　　　　　图 5-70　注册成功页面

06 在 Access 中打开用户数据库文件 member.mdb，查看其中的 **member** 表对象的内容。此时可以看到，在该表的最后创建了一条新记录，其中的数据就是刚才在网页 register.asp 中提交的注册用户的信息，如图 5-71 所示。

username	password	email	tel	QQ	address	question	answer	sex	turename	authority
admin	123456	hy2008s@163.	131000111	112345621	北京海定	我的朋友叫什	我朋友叫小李	男	admin	1
小李	123456	hy2008s@163.	13123232	23232323	北京	你最好的朋友	小王	男	小李	0

图 5-71　表 member 中添加了一条新记录

至此，基本完成了用户管理系统中注册功能的开发和测试。在制作的过程中，可以根据制作网站的需要适当加入其他更多的注册文本域，也可以给需要注册的文本域名称部分添加星号（*），提醒注册用户注意。

5.5　用户注册资料修改模块的设计

修改用户注册资料的过程就是在用户数据表中更新记录的过程，本节重点介绍如何在用户管理系统中实现用户资料的修改功能。

5.5.1　修改资料页面

该页面主要把用户所有资料都列出，通过"更新记录"命令实现资料修改的功能，具体的操作步骤如下：

01 首先制作用户修改资料的页面。该页面和用户注册页面的结构十分相似，可以通过对 register.asp 页面的修改来快速得到所需要的记录更新页面。打开 register.asp 页面，执行菜单"文件"|"另存为"命令，将该文档另存为 userupdate.asp，如图 5-72 所示。

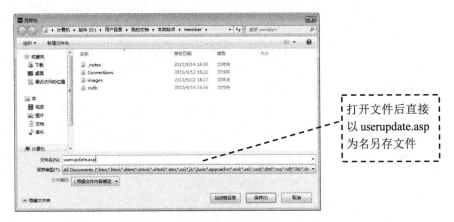

图 5-72　"另存为"对话框的参数设置

02 执行菜单"窗口"|"服务器行为"命令，打开"服务器行为"面板。在"服务器行为"面板中删除全部的服务器行为并修改其相应的文字，如图 5-73 所示。

图 5-73　userupdate.asp 静态页面

03 执行菜单"窗口"|"绑定"命令，打开"绑定"面板，单击该面板上的➕按钮，在弹出的菜单中选择"记录集（查询）"选项，就会打开"记录集"对话框。

04 在"记录集"对话框中进行如下设置（见图 5-74）。

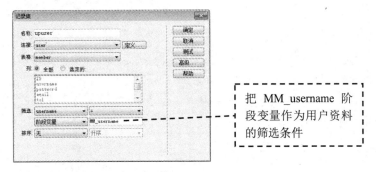

图 5-74　定义 upuser "记录集"

- 在"名称"文本框中输入"upuser"作为该"记录集"的名称。
- 从"连接"下拉列表框中选择 user 数据源连接对象。
- 从"表格"下拉列表框中选择使用的数据库表对象为 member。
- 在"列"选项组中选择"全部"单选按钮。
- 在"筛选"栏中设置记录集过滤的条件为"username=阶段变量 MM_username"。

05 设置完成后，单击"确定"按钮，完成记录集的绑定。

06 完成记录集的绑定后将 upuser 记录集中的字段绑定到页面中相应的位置上，如图 5-75 所示。

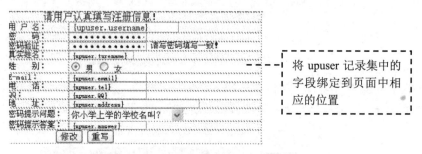

图 5-75　绑定动态内容后的 userupdate.asp 页面

07 对于网页中的单选按钮组 sex 对象，可以单击"服务器行为"面板上的 🔲 按钮，在弹出的菜单中执行"动态表单元素"|"动态单选按钮"命令，设置动态单选按钮组对象。打开"动态单选按钮"对话框，从"单选按钮组"下拉列表框中选择 form1 表单中的单选按钮组 sex。单击"选取值等于"文本框后面的 🔲 按钮，从打开的"动态数据"对话框中选择记录集 upuser 中的 sex 字段（见图 5-76），并用相同的方法设置"密码提示问题"的列表选项。

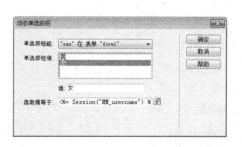
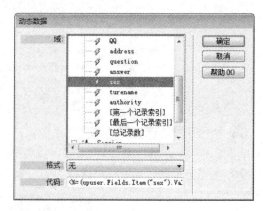

图 5-76　设置"动态单选按钮"选项

08 单击"服务器行为"面板上的 🔲 按钮，在弹出的菜单中选择"更新记录"选项，为网页添加更新记录的服务器行为，如图 5-77 所示。

09 打开"更新记录"对话框，该对话框与插入的对话框十分相似，具体的设置情况如图 5-78 所示，这里不再赘述。

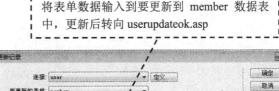

将表单数据输入到要更新到 member 数据表中，更新后转向 userupdateok.asp

图 5-77　选择"更新记录"选项　　　　图 5-78　"更新记录"对话框

10 设置完成后，单击"确定"按钮，关闭该对话框，返回到"文档"窗口。再执行菜单"文件" | "保存"命令，将该文档保存到本地站点中。

> 由于本页的 MM_username 值是来自上一页注册成功后的用户名值，因此单独测试时会提示出错，要先登录，再在登录成功页面单击"修改你的资料"超链接才会产生效果，这将在后面的测试实例中进行介绍。

5.5.2　更新成功页面

用户修改注册资料成功后，就会转到 userupdateok.asp。在该网页中，应该向用户显示资料修改成功的信息。除此之外，还应该考虑两种情况，如果用户要继续修改资料，则为其提供一个返回到 userupdate.asp 页面的超文本链接；如果用户不需要修改，就为其提供一个转到用户登录页面 index.asp 页面的超文本链接。具体的制作步骤如下：

01 执行菜单"文件" | "新建"命令，打开"新建文档"对话框，选择"空白页"选项卡中"页面类型"下拉列表框下的 ASP VBScript 选项，在"布局"下拉列表框中选择"无"选项，然后单击"创建"按钮创建新页面，在网站根目录下新建一个名为 userupdateok.asp 的网页并保存。

02 为了向用户提供更加友好的界面，应该在网页中显示用户修改的结果，以供用户检查修改是否正确。我们首先应该定义一个记录集，然后将绑定的记录集插入到网页中相应的位置，其方法跟制作页面 userupdate.asp 中的方法一样。通过在表格中添加记录集中的动态数据对象，把用户修改后的信息显示在表格中，这里不做详细说明，请参考前面一小节，最终结果如图 5-79 所示。

图 5-79　设计"更新成功页面"

5.5.3 修改资料功能的测试

编辑工作完成后，就可以测试该修改资料功能的执行情况了。

01 打开 IE 浏览器，在地址栏中输入"http://127.0.0.1/index.asp"，打开 index.asp 文件。在该页面中进行登录。登录成功后进入 welcome.asp 页面，在 welcome.asp 页面单击"修改你的资料"超链接，转到 userupdate.asp 页面，如图 5-80 所示。

02 在该页面中进行一些修改，然后单击"修改"按钮将修改结果发送到服务器中。当用户记录更新成功后，浏览器会转到 userupdateok.asp 页面中，显示修改资料成功的信息，同时还显示了该用户修改后的资料信息，并提供转到更新成功页面和转到主页面的链接对象，这里对"真实姓名"进行了修改，单击"修改"按钮转到更新成功页面，效果如图 5-81 所示。

图 5-80　修改 admin1111 用户注册资料

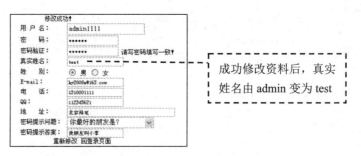

图 5-81　更新记录成功显示页面

03 在 Access 中打开用户数据库文件 member.mdb，查看其中的 member 表注册对象的内容。此时可以看到，对应的记录内容已经修改，如图 5-82 所示。

图 5-82　表 member 中更新了记录

上述测试结果表明，用户修改资料页面已经成功制作。

5.6　密码查询模块的设计

在用户注册页面时，设计问题和答案文本框，它们的作用是当用户忘记密码时，可以通过这个问题和答案到服务器中找回遗失的密码。实现的方法是判断用户提供的答案和数据库中的答案是否相同，如果相同，就找回遗失的密码。

5.6.1　密码查询页面

本节主要制作密码查询页面lostpassword.asp，具体的制作步骤如下：

01 执行菜单"文件"|"新建"命令，打开"新建文档"对话框，选择"空白页"选项卡中"页面类型"下拉列表框下的 HTML 选项，在"布局"下拉列表框中选择"无"选项，然后单击"创建"按钮创建新页面，在网站根目录下新建一个名为 lostpassword.asp 的网页并

图 5-83　lostpassword.asp 页面

保存。lostpassword.asp 页面是用来让用户提交要查询遗失密码的用户名的页面。该网页的结构比较简单，设计后的效果如图 5-83 所示。

02 在"文档"窗口中选中表单对象，然后在其对应的"属性"面板中，在"表单 ID"文本框中输入 form1，在"动作"文本框中输入"showquestion.asp"（表单提交的对象页面）。在"方法"下拉列表框中选择 POST 作为该表单的提交方式，接下来将输入用户名的文本域命名为 inputname，如图 5-84 所示。

设置表单提交的动作为 showquestion.asp，方法为 POST

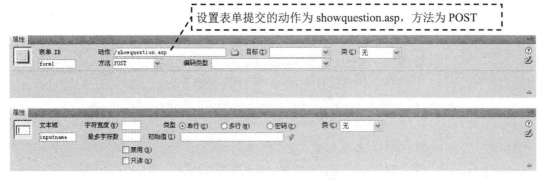

图 5-84　设置表单提交的动态属性

提示

表单属性设置面板中的主要选项作用如下。

- 在"表单 ID"文本框中，输入标志该表单的唯一名称。命名表单后，就可以使用脚本语言（如 JavaScript 或 VBScript）引用或控制该表单。如果不命名表单，则 Dreamweaver CC 使用语法 form1、from2······生成一个名称，并在向页面中添加每个表单时递增 n 的值。

- 在"方法"下拉列表框中，选择将表单数据传输到服务器的方法。POST 方法将在 HTTP 请求中嵌入表单数据。GET 方法将表单数据附加到请求该页面的 URL 中，是默认设置，但其缺点是表单数据不能太长，所以本例选择 POST 方法。

- "目标"下拉列表框用于指定返回窗口的显示方式，各目标值含义如下。

  ➢ _blank：在未命名的新窗口中打开目标文档。

  ➢ _parent：在显示当前文档窗口的父窗口中打开目标文档。

  ➢ _self：在提交表单所使用的窗口中打开目标文档。

  ➢ _top：在当前窗口的窗体内打开目标文档。此值可用于确保目标文档占用整个窗口，即使原始文档显示在框架中。

当用户在lostpassword.asp页面中输入用户名，并单击"提交"按钮后，会通过表单将用户名提交到showquestion.asp页面中，该页面的作用就是根据用户名从数据库中找到对应的记录的提示问题并显示在showquestion.asp页面中，用户在该页面中输入问题的答案。下面就制作显示问题的页面。

03 新建一个文档。设置好网页属性后，输入网页标题"查询问题"，执行菜单"文件"|"保存"命令，并将该文档保存为 showquestion.asp。

04 在 Dreamweaver CC 中制作静态网页，完成的效果如图 5-85 所示。

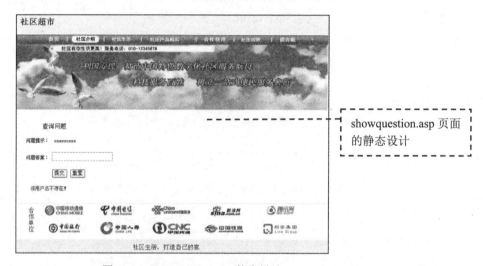

图 5-85　showquestion.asp 静态设计

05 在"文档"窗口中选中表单对象，在其对应的"属性"面板中，在"动作"文本框中输入 showpassword.asp 作为该表单提交的对象页面。在"方法"下拉列表框中选择 POST 作为该表单的提交方式，如图 5-86 所示。接下来将输入密码提示问题答案的文本域命名为 inputanswer。

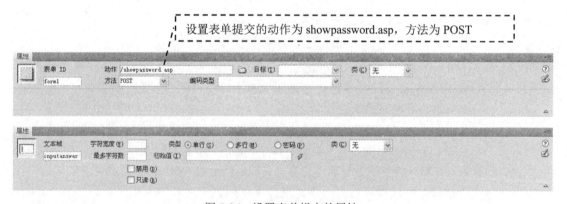

图 5-86　设置表单提交的属性

06 执行菜单"窗口"|"绑定"命令，打开"绑定"面板，单击该面板上的 ➕ 按钮，在弹出的菜单中选择"记录集（查询）"命令，则会打开"记录集"对话框。

07 在"记录集"对话框中进行如下设置（见图 5-87）。

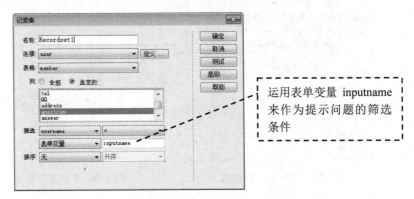

图 5-87　"记录集"对话框

- 在"名称"文本框中输入 Recordset1 作为该记录集的名称。
- 从"连接"下拉列表框中选择 user 数据源连接对象。
- 从"表格"下拉列表框中选择使用的数据库表对象为 member。
- 在"列"选项组中选择"选定的"单选按钮，然后从下拉列表框中选择 username 和 question。
- 在"筛选"栏中，设置记录集过滤的条件为 "username=表单变量 inputname"，表示根据数据库中 username 字段的内容是否和从上一个网页中的表单中的 inputname 表单对象传递过来的信息完全一致来过滤记录对象。

08 设置完成后，单击"确定"按钮，关闭"记录集"对话框，返回"文档"窗口。

09 将 Recordset1 记录集中的 question 字段绑定到页面中相应的位置上，如图 5-88 所示。

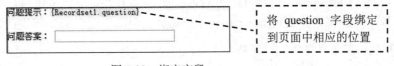

图 5-88　绑定字段

10 执行菜单"插入" | "表单" | "隐藏"命令，在表单中插入一个表单隐藏域，然后将该隐藏域的名称设置为 username。

11 选中该隐藏，转到"绑定"面板，将 Recordset1 记录集中的 username 字段绑定到该表单隐藏域中，如图 5-89 所示。

> 当用户输入的用户名不存在时，即记录集 Recordset1 为空时，就会导致该页面不能正常显示，这就需要设置隐藏域。

12 在"文档"窗口中选中当用户输入用户名存在时显示的内容（整个表单），然后单击"服务器行为"面板上的 ⊞ 按钮，在弹出的菜单中执行"显示区域" | "如果记录集不为空则显示区域"命令，则会打开"如果记录集不为空则显示区域"对话框，在该对话框中选择记录集对象为 Recordset1，如图 5-90 所示。这样只有当记录集 Recordset1 不为空时才会显示出来。设置完成后，单击"确定"按钮。关闭该对话框，返回"文档"窗口。

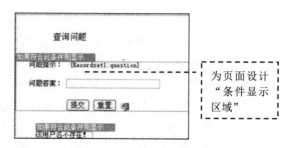

图 5-89　添加表单隐藏域　　　　图 5-90　"如果记录集不为空则显示区域"对话框

13　在网页中编辑显示用户名不存在时的文本"该用户名不存在！"，并为这些内容设置一个"如果记录集为空则显示区域"隐藏域服务器行为，这样当记录集 Recordset1 为空时显示这些文本，完成后的网页如图 5-91 所示。

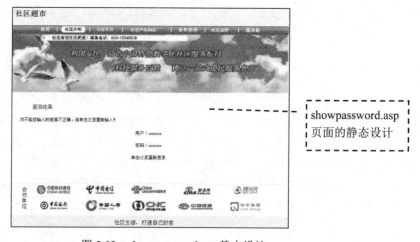

图 5-91　设置隐藏域

5.6.2　完善密码查询功能页面

当用户在 showquestion.asp 页面中输入答案，单击"提交"按钮后，服务器就会把用户名和密码提示问题答案提交到 showpassword.asp 页面中。下面介绍如何设计该页面。

01　执行菜单"文件"|"新建"命令，打开"新建文档"对话框，选择"空白页"选项卡中"页面类型"下拉列表框下的 HTML 选项，在"布局"下拉列表框中选择"无"选项，然后单击"创建"按钮创建新页面，在网站根目录下新建一个名为 showpassword.asp 的网页并保存。

02　在 Dreamweaver CC 中使用提供的制作静态网页的工具完成如图 5-92 所示的静态部分。

图 5-92　showpassword.asp 静态设计

03 执行菜单"窗口"|"绑定"命令，打开"绑定"面板，单击该面板上的 ➕ 按钮，在弹出的菜单中选择"记录集（查询）"选项，则会打开"记录集"对话框。

04 在该对话框中进行如下设置。

- 在"名称"文本框中输入"Recordset1"作为该记录集的名称。
- 从"连接"下拉列表框中选择 user 数据源连接对象。
- 从"表格"下拉列表框中选择使用的数据库表对象为 member。
- 在"列"选项组中选择"选定的"单选按钮，然后选择字段列表框中的 username、password 和 answer 这 3 个字段。
- 在"筛选"栏中设置记录集过滤的条件为"answer=URL 参数 inputanswer"，表示根据数据库中 answer 字段的内容是否和从上一个网页中的 URL 参数 inputanswer 表单对象传递过来的信息完全一致来过滤记录对象。

完成的设置情况如图 5-93 所示。

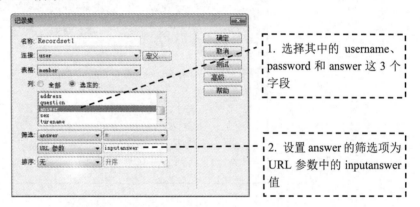

图 5-93　定义"记录集"对话框

05 单击"确定"按钮，关闭该对话框，返回"文档"窗口。

06 将记录集中 username 和 password 两个字段分别添加到网页中，如图 5-94 所示。

图 5-94　加入的记录集效果

07 同样需要根据记录集 Recordset1 是否为空为该网页中的内容设置隐藏域的服务器行为。在"文档"窗口中，选中当用户输入密码提示问题答案正确时显示的内容，然后单击"服务器行为"面板上的 ➕ 按钮，在弹出的菜单中执行"显示区域"|"如果记录集不为空则显示区域"命令，打开"如果记录集不为空则显示区域"对话框，在该对话框中选择记录集对象为 Recordset1，如图 5-95 所示。这样只有当记录集 Recordset1 不为空时才显示出来。设置完成后，单击"确定"按钮，关闭该对话框，返回"文档"窗口。

08 在网页中选择当用户输入密码提示问题答案不正确时显示的内容，并为这些内容设置一个"如果记录集为空则显示区域"隐藏域服务器行为，这样当记录集 Recordset1 为空时，显示这些文本，如图 5-96 所示。

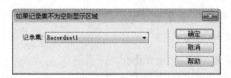 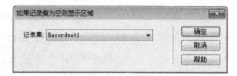

图 5-95　"如果记录集不为空则显示区域"对话框　　图 5-96　"如果记录集为空则显示区域"对话框

09 完成后的网页如图 5-97 所示。执行菜单"文件"|"保存"命令，将该文档保存到本地站点中。

图 5-97　完成后的网页效果图

5.7　数据库路径的修改

制作完网站后，并不是把所制作的网站上传到服务器空间就可以使用了。由于前面制作的网站是在本地计算机上进行，因此在上传之前要将数据库的路径进行修改，具体的步骤如下：

01 在本地站点中，找到前面自动生成的 Connections 文件夹，双击该文件夹，打开后找到创建的数据库连接文件 user.asp。找到 user.asp 后用记事本打开，如图 5-98 所示。

图 5-98　用记事本打开的 user.asp

02 选择 MM_user_STRING = ″ dsn=dsnuser;　″，并将这一行代码替换为：

```
MM_user_STRING =  "DRIVER={Microsoft Access Driver (*.mdb)};DBQ="
& Server.MapPath("/mdb/member.mdb")
//取得数据库连接的绝对路径为/mdb/member.mdb
```

将数据库的路径改为站点文件夹mdb下的member.mdb，这样只要整个站点的文件夹和文件内容不改变，设置IIS后就可以访问，完成更改的user.asp如图 5-99 所示。

图 5-99　更改后的数据库连接方法

第6章 新闻发布系统开发

新闻发布系统是动态网站建设中最常见的系统，几乎每一个网站都有新闻发布系统，尤其是政府部门、教育系统或企业网站。新闻发布系统的作用就是在网上发布信息，通过对新闻的不断更新，让用户及时了解行业信息、企业状况。所以新闻发布系统中涉及的主要操作就是访问者的新闻查询功能和系统管理员对新闻内容的新增、修改及删除功能。本章将要制作的新闻发布系统的网页结构如图 6-1 所示。

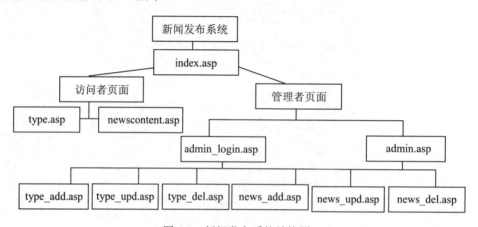

图 6-1　新闻发布系统结构图

本章重要知识点 >>>>>>>>>>

- 新闻发布系统网页结构的整体设计
- 系统数据库的规划
- 新闻发布系统前台新闻的发布功能页面的制作
- 新闻发布系统分类功能的设计
- 新闻发布系统后台新增、修改、删除功能的实现
- 新闻发布系统查询功能的实现

6.1　系统的整体设计规划

网站的新闻发布系统在技术上主要体现为如何显示新闻内容，用模糊关键字进行查询新闻，以及对新闻及新闻分类的修改和删除。一个完整新闻发布系统共分为两大部分，一个是访问者访问新闻的动态网页部分，另一个是管理者对新闻进行编辑的动态网页部分。本系统页面共有 11 个，整体系统页面的功能与文件名称如表 6-1 所示。

表 6-1 新闻发布系统开发网页设计表

需要制作的主要页面	页面名称	功能
新闻首页	index.asp	显示新闻分类和最新新闻页面
新闻分类页面	type.asp	显示新闻分类中的新闻标题页面
新闻内容页面	newscontent.asp	显示新闻内容页面
后台管理入口页面	admin_login.asp	管理者登录入口页面
后台管理主页面	admin.asp	对新闻进行管理的主要页面
新增新闻页面	news_add.asp	增加新闻的页面
修改新闻页面	news_upd.asp	修改新闻的页面
删除新闻页面	news_del.asp	删除新闻的页面
新增新闻分类页面	type_add.asp	增加新闻分类的页面
修改新闻分类页面	type_upd.asp	修改新闻分类的页面
删除新闻分类页面	type_del.asp	删除新闻分类的页面

6.1.1 页面设计规划

在本地站点上建立站点文件夹news，将建立制作新闻发布系统的文件夹和文件，如图 6-2 所示。

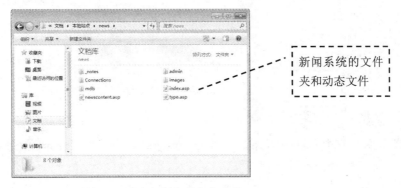

图 6-2 站点规划文件夹和文件

6.1.2 网页美工设计

新闻发布系统主要起到了对行业信息和公司动态进行宣传的作用，在色调上可以选择简单的灰色作为主色调，新闻首页index.asp的效果如图 6-3 所示。

图 6-3 新闻首页 index.asp 效果图

6.2 数据库设计与连接

本节主要讲述如何使用 Access 2010 建立新闻管理系统的数据库，如何使用 ODBC 在数据库与网站之间建立动态链接。

6.2.1 数据库设计

新闻发布系统需要一个用来存储新闻标题和新闻内容的新闻信息表 news，还要建立一个新闻分类表 newstype 和一个管理信息表 admin，如图 6-4 所示。

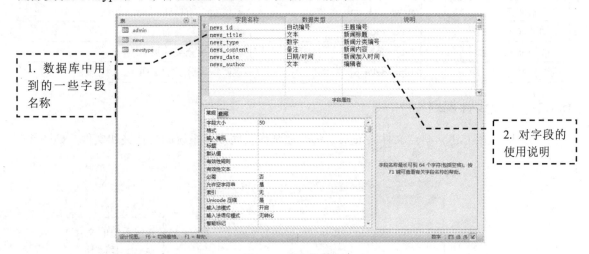

图 6-4 创建数据库

创建数据库的步骤如下：

01 新闻信息数据表 news、新闻分类表 newstype 和管理信息表 admin 的字段分别采用如表 6-2、表 6-3、表 6-4 所示的结构。

表 6-2 新闻信息数据表 news

意义	字段名称	数据类型	字段大小	必填字段	允许空字符串	默认值
主题编号	news_id	自动编号	长整型			
新闻标题	news_title	文本	50	是	否	
新闻分类编号	news_type	数字		是		
新闻内容	news_content	备注				
新闻加入时间	news_date	日期/时间		是	否	=Now()
编辑者	news_author	文本				

表 6-3 新闻分类数据表 newstype

意义	字段名称	数据类型	字段大小	必填字段	允许空字符串	默认值
主题编号	type_id	自动编号	长整型			
新闻分类	type_name	文本	50	是	否	

表 6-4　管理信息数据表 admin

意义	字段名称	数据类型	字段大小	必填字段	允许空字符串	默认值
主题编号	id	自动编号	长整型			
用户名	username	文本	50	是	否	
密码	password	文本	50	是	否	

02 在 Microsoft Access 2010 中实现数据库的搭建，首先运行 Microsoft Access 2010 程序。然后单击"空数据库"按钮，在主界面的右侧打开"空数据库"面板，如图 6-5 所示。

图 6-5　打开"空数据库"面板

03 创建用于存放主要内容的常用文件夹，如 images、mdb、admin 等，如图 6-6 所示。

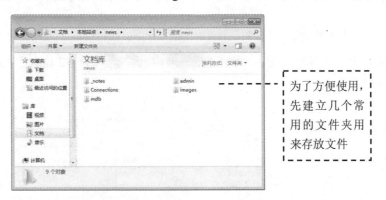

图 6-6　先设定文件夹

04 单击"空数据库"面板上的"浏览到某个位置来存放数据库"按钮，打开"文件新建数据库"对话框，在"保存位置"下拉列表框中选择站点 news 文件夹中的 mdb 文件夹，在"文件名"文本框中输入文件名 news，如图 6-7 所示。

05 单击"确定"按钮，返回"空数据库"面板，再单击"空数据库"面板的"创建"按钮，即在 Microsoft Office Access 2002-2003 数据库中创建了 news.mdb 文件，同时 Microsoft Office Access 2002-2003 自动默认生成一个名字为"表 1"的数据表，再用鼠标右键单击"表 1"数据表，在打开的快捷菜单中执行"设计视图"命令，如图 6-8 所示。

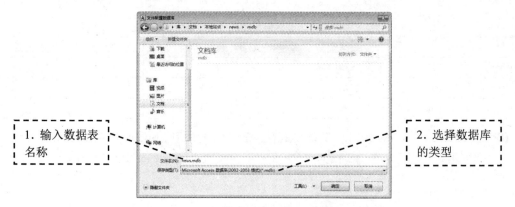

图 6-7　"文件新建数据库"对话框

06 打开"另存为"对话框，在"表名称"文本框中输入数据表名称"news"，如图 6-9 所示。

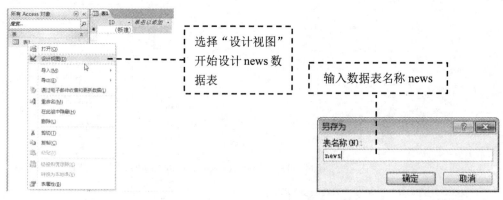

图 6-8　打开的快捷菜单命令　　　　　　　　图 6-9　"另存为"对话框

07 单击"确定"按钮，即建立了 news 数据表，按表 6-2 输入字段名并设置其属性，完成后如图 6-10 所示。

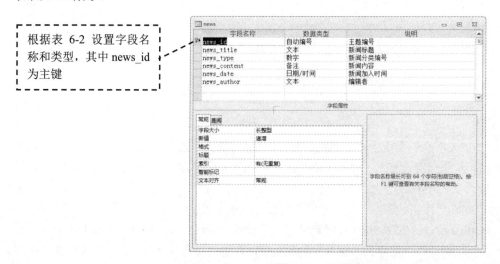

图 6-10　创建表的字段

08 双击  news 按钮，打开 news 数据表，为了预览方便，可以在数据库中预先输入一些数据，如图 6-11 所示。

向数据表中添加数据，其中 news_type 的值从属于 newstype 表中的 type_id 的值

图 6-11　news 表中的记录

09 用上述方法再创建一个名称为 newstype 和名称为 admin 的数据表。输入字段名称并设置其属性，最终效果如图 6-12 所示。

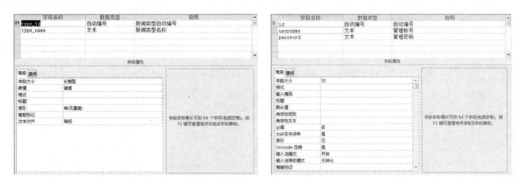

图 6-12　newstype 和 admin 数据表设置

10 编辑完成，单击"保存" 按钮，最后关闭 Access 软件。

6.2.2　创建数据库连接

数据库编辑完成后，必须在 Dreamweaver CC 中建立数据源连接对象。这样做的目的是方便在动态网页中使用前面建立的新闻系统数据库文件和动态地管理新闻数据。

具体的连接步骤如下：

01 依次单击电脑中的"控制面板"|"管理工具"|"数据源（ODBC）"|"系统 DSN"命令，打开"ODBC 数据源管理器"中的"系统 DSN"选项卡，如图 6-13 所示。

02 在图 6-13 中单击"添加（D）"按钮，打开"创建新数据源"对话框。在打开的"创建新数据源"对话框中，选择 Driver do Microsoft　Access（*.mdb）选项。

03 单击"完成"按钮，打开"ODBC Microsoft Access 安装"对话框，在"数据源名（N）"文本框中输入"connnews"，如图 6-14 所示。

04 然后在图 6-14 中单击"选择（S）"按钮，打开"选择数据库"对话框，单击"驱动器（V）"下拉列表框右边的三角按钮，从下拉列表框中找到在创建数据库步骤中数据库所在的盘符，在"目录（D）"中找到在创建数据库步骤中保存数据库的文件夹，再单击左上方"数据库名（A）"选项组中的数据库文件 news.mdb，数据库名称自动添加到"数据库名（A）"文本框中，如图 6-15 所示。

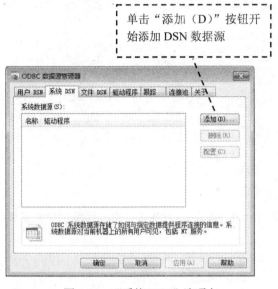

单击"添加（D）"按钮开始添加 DSN 数据源

输入数据源名称

图 6-13 "系统 DSN"选项卡　　　　图 6-14 "ODBC Microsoft Access 安装"对话框

05 找到数据库后，单击"确定"按钮，回到"ODBC Microsoft Access 安装"对话框中，再次单击"确定"按钮，将返回到"ODBC 数据源管理器"中的"系统 DSN"选项卡中，可以看到在"系统数据源"中已经添加了一个名称为 connnews、驱动程序为 Driver do Microsoft Access（*.mdb）的系统数据源，如图 6-16 所示。

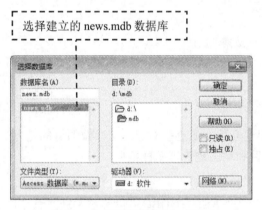

选择建立的 news.mdb 数据库

图 6-15 "选择数据库"对话框　　　　图 6-16 "ODBC 数据源管理器"的"系统 DSN"选项卡

06 再次单击"确定"按钮，完成"ODBC 数据源管理器"中"系统 DSN"选项卡的设置。

07 启动 Dreamweaver CC，执行菜单"文件"|"新建"命令，打开"新建文档"对话框，在"空白页"选项卡中"页面类型"下拉列表框下选择 HTML 选项，在"布局"下拉列表框下选择"无"选项，然后单击"创建"按钮，在网站根目录下新建一个名为 index.asp 的网页并保存，如图 6-17 所示。

08 设置好"站点""测试服务器"，在 Dreamweaver CC 中执行菜单"窗口"|"数据库"命令，打开"数据库"面板，单击"数据库"面板中的🔳按钮，在弹出的快捷菜单中选择"数据源名称（DSN）"选项，如图 6-18 所示。

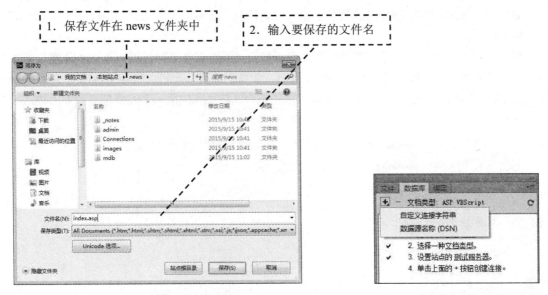

图 6-17　建立首页并保存　　　　　　图 6-18　选择"数据源名称（DSN）"选项

09 打开"数据源名称（DSN）"对话框，在"连接名称"文本框中输入连接名称为"connnews"，单击"数据源名称（DSN）"下拉列表框右边的三角按钮☑，从打开的下拉列表框中选择在"数据源（ODBC）"|"系统DSN"中所添加的 connnews 选项，其他保持默认值，如图 6-19 所示。

图 6-19　"数据源名称（DSN）"对话框

6.3　系统页面设计

新闻发布系统前台部分主要有 3 个动态页面，分别是新闻主页面index.asp，新闻分类页面type.asp和新闻内容页面newscontent.asp。

6.3.1　网站首页的设计

在本小节中主要介绍新闻发布系统主页面index.asp的制作，在index.asp页面中主要有显示最新新闻的标题、新闻的加入时间、显示新闻分类，单击新闻中的分类进入分类子页面进行查看新闻子类中的新闻信息，单击新闻标题进入新闻详细内容页面、对新闻的主题内容进行搜索等功能。

详细的操作步骤如下：

01 打开刚刚创建的 index.asp 页面，输入网页标题"新闻首页"，执行菜单"文件"|"保存"命令将网页保存。

02 执行菜单"修改"|"页面属性"命令，打开"页面属性"对话框，单击"分类"列表框中的"外观（CSS）"选项，字体大小设置为 12px，背景图像选择此站点中 images 文件夹的 bg.gif，在"上边距"文本框中输入 0px，这样设置的目的是为了让页面的第一个表格能置顶到上边，如图 6-20 所示。

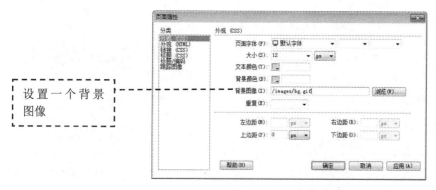

图 6-20 设置"页面属性"

03 单击"确定"按钮，进入"文档"窗口，执行菜单"插入"|"表格"命令，打开"表格"对话框，在"行数"文本框中输入行数为 4；在"列"文本框中输入列数为 1。在"表格宽度"文本框中输入 962 像素，其他设置如图 6-21 所示。

04 单击"确定"按钮，在"文档"窗口中插入了一个 4 行 1 列的表格。单击选择插入的整个表格，在"属性"面板上单击"对齐"下拉列表框，选择"居中对齐"命令，让插入的表格居中对齐。

05 将光标放置在第 1 行表格中，执行菜单 "插入"|"图像"命令，打开"选择图像源文件"对话框，选择 images 文件下的 top.jpg 图像，如图 6-22 所示。

图 6-21 设置插入一个 4 行 1 列的表格

图 6-22 "选择图像源文件"对话框

06 将光标放置在第 2 行表格中，执行菜单"插入"|"表格"命令，插入一个 1 行 2 列的表格，在第 2 行第 1 列表格中插入一个 left.jpg 图像作为背景，效果如图 6-23 所示。

插入背景图

图 6-23 在第 2 行第 1 列插入背景图

07 将光标放置在第 2 行第 2 列表格中，在第 2 行第 2 列中插入一个 right.jpg 图像作为背景，效果如图 6-24 所示。

08 将光标放置在第 4 行表格中，执行菜单"插入"|"图像"命令，打开"选择图像源文件"对话框，在打开的"选择图像源文件"对话框中，选择同站点中的 images 文件夹中的 bottom.jpg 图片。

09 将光标放置在第 2 行第 1 列的表格中，执行菜单"插入"|"表格"命令，打开"表格"对话框，在"行数"文本框中输入行数 4，在"列"文本框中输入列数 1。在"表格宽度"文本框中输入 83%，其"边框粗细""单元格边距"和"间距"都为 0。

图 6-24 在第 2 行第 2 列插入背景图

10 单击刚创建的左边空白单元格，然后再单击"文档"窗口上的 拆分 按钮，在 <td> 和 </td> 之间加入 valign="top" 的命令，表示让鼠标能够自动贴至单元格的最上方。

11 接下来用"绑定"面板将网页所需要的数据字段绑定到网页中。index.asp 这个页面使用的数据表是 news 和 newstype，单击"应用程序"面板组中"绑定"面板上的 ➕ 按钮，在弹出的菜单中选择"记录集（查询）"选项，在打开的"记录集"对话框中输入如表 6-5 所示的数据，如图 6-25 所示。

表 6-5 "记录集"设定

属性	设置值	属性	设置值
名称	Recordset1	列	全部
连接	connnews	筛选	无
表格	newstype	排序	无

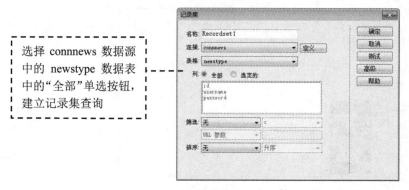

选择 connnews 数据源中的 newstype 数据表中的"全部"单选按钮，建立记录集查询

图 6-25 "记录集"对话框

12 绑定记录集后，将记录集中新闻分类的字段 type_name 插入至 index.asp 网页的适当位置，如图 6-26 所示。

13 由于要在 index.asp 这个页面中显示数据库中所有新闻分类的标题，而目前的设定则只会显示数据库的第一笔数据，因此，需要加入"服务器行为"中的"重复区域"命令，让所有的新闻分类全显示出来，选择{Recordset1.type_name}所在的行，如图 6-27 所示。

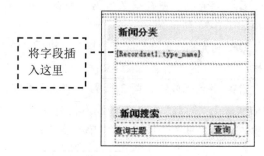

将字段插入这里

图 6-26 插入至 index.asp 网页中

14 单击"应用程序"面板组中的"服务器行为"面板上的 ⊞ 按钮，在弹出的菜单中选择"重复区域"选项，在打开的"重复区域"对话框中，选中"所有记录"单选按钮，如图 6-28 所示。

15 单击"确定"按钮回到编辑页面，会发现先前所选取要重复的区域左上角出现了一个"重复"的灰色标签，这表示已经完成设置。

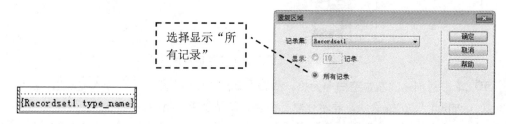

选择显示"所有记录"

{Recordset1.type_name}

图 6-27 选择要重复显示的一行

图 6-28 选择一次可以显示的次数

16 除了显示网站中所有新闻分类标题外，还要提供访问者感兴趣的新闻分类标题链接来实现详细内容的阅读。为了实现这个功能，首先要选取编辑页面中的新闻分类标题字段，如图 6-29 所示。

17 单击"应用程序"面板组中的"服务器行为"面板上的 ⊞ 按钮，在弹出的菜单中选择"转到详细页面"选项。在打开的"转到详细页面"对话框中单击"浏览"按钮，如图 6-30 所示，弹出"选择文件"对话框，选择此站点中的 type.asp，其他选项保持默认值不变。

18 单击"确定"按钮回到编辑页面，主页面 index.asp 中新闻分类的制作已经完成，最新新闻的显示页面设计效果如图 6-31 所示。

19 制作完了新闻分类栏目后，下一步的工作就是将 news 数据表中的新闻数据读取出来，并在首页上进行显示。

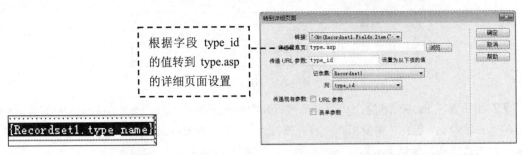

根据字段 type_id 的值转到 type.asp 的详细页面设置

图 6-29 选择新闻分类标题   图 6-30 "转到详细页面"对话框

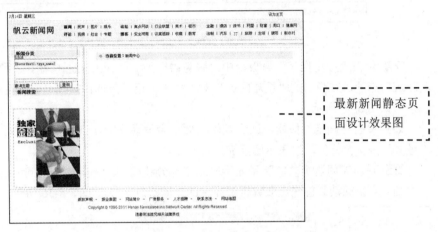

最新新闻静态页面设计效果图

图 6-31 设计结果效果图

20 单击"应用程序"面板组中"绑定"面板上的 ➕ 按钮，在弹出的菜单中选择"记录集（查询）"选项，在打开的"记录集"对话框中输入如表 6-6 所示的数据，如图 6-32 所示。

表 6-6 "记录集 Re1"设定

属性	设置值	属性	设置值
名称	Re1	列	全部
连接	connnews	筛选	无
表格	news	排序	news_id降序

选择 connnews 数据源中的 news 数据表格中的"全部"选项，建立记录集查询，在数据显示的时候以 news_id 降序显示

图 6-32 "记录集"对话框

21 绑定"记录集"后，将记录集的字段插入至 index.asp 网页的适当位置，如图 6-33 所示。

图 6-33　绑定数据

22 由于要在 index.asp 这个页面显示数据库中部分新闻的信息，而目前的设定则只会显示数据库的第一笔数据，因此，需要加入"服务器行为"中的"重复区域"的设置来重复显示部分新闻信息，单击选择要重复显示的新闻信息的那一行，如图 6-34 所示。

图 6-34　单击需要重复的表格

23 单击"应用程序"面板组中"服务器行为"面板上的 + 按钮，在弹出的菜单中选择"重复区域"选项，在弹出的"重复区域"对话框中，记录集选择 Re1，要重复的记录条数输入 10 条记录，如图 6-35 所示。

24 单击"确定"按钮，回到编辑页面，会发现先前所选取要重复的区域左上角出现了一个"重复"的灰色标签，这表示已经完成设定了。

25 最新新闻这个功能除了显示网站中部分新闻外，还要提供访问者感兴趣的新闻标题链接至详细内容来阅读。首先选取编辑页面中的新闻标题字段，如图 6-36 所示。

选择每一页要显示 Re1 记录集中的 10 条记录

图 6-35　选择一次可以显示的记录条数　　　　图 6-36　选择新闻标题字段

26 单击"应用程序"面板组中的"服务器行为"面板上的 + 按钮，在弹出的菜单中选择"转到详细页面"选项，在打开的"转到详细页面"对话框中单击"浏览"按钮，打开"选择文件"对话框，选择此站点中 news 文件夹中的 newscontent.asp，其他设定如图 6-37 所示。

27 单击"确定"按钮回到编辑页面，当记录集超过一页时，就必须要有"上一页""下一页"等按钮或文字，让访问者可以实现翻页的功能。在"服务器行为"面板中单击 + 按钮，在弹出的下拉菜单中选择"记录集分页"｜"移至第一条记录"选项，添加"第一页"选项，如图 6-38 所示。

根据字段 news_id 值转到 newscontent.asp 的详细页面

图 6-37　"转到详细页面"对话框　　　　图 6-38　选择"记录集导航条"

28 使用同样的方法添加其他记录集分页信息，如图 6-39 所示。

图 6-39 添加"记录集分页"页面

29 在"服务器行为"面板中单击 ➕ 按钮，在弹出的下拉列表中选择"动态文本"选项，打开"动态文本"对话框，在其中设置相应的动态信息，单击"确定"按钮，在网页中添加动态文本信息，如图 6-40 所示。

图 6-40 添加"动态文本"

30 index.asp 这个页面需要加入"查询"的功能，这样新闻发布系统才不会因日后数据太多而有不易访问的情况发生，读者可以根据自己喜欢的主题进行内容查询，设计如图 6-41 所示。

图 6-41 搜索主题设计

提 示

利用表单及相关的表单组件来制作以关键词查询数据的功能，需要注意如下操作。图 6-41 所示的内容都在一个表单 form1 之中。

- "查询主题"文本框的值设为 keyword。
- "查询"按钮为一个提交表单按钮。

31 在此要将之前建立的记录集 Re1 做一下更改。打开"记录集"对话框，并进入"高级"设置，在原有的 SQL 语法中，加入一段查询功能的语法：

```
WHERE news_title like '%"&keyword&"%'
```

那么以前的 SQL 语句将变成如图 6-42 所示。

提 示

其中，like 是模糊查询的运算值，% 表示任意字符，而 keyword 是个变量，代表关键词。

32 切换到"代码"编辑窗口，找到 Re1 记录集相应的代码并加入代码：

```
keyword= request("keyword")
//定义 keyword 为表单中"keyword"的请求变量
```

如图 6-43 所示，完成设置。

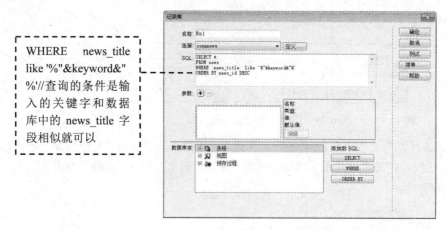

WHERE news_title like "%"&keyword&" %'//查询的条件是输入的关键字和数据库中的 news_title 字段相似就可以

图 6-42　修改 SQL 语句

33 以上的设置完成后，index.asp 系统主页面就有查询功能了，可以按 F12 功能键进入浏览器，测试一下是否能正确地查询。首先 index.asp 页面会显示所有网站中的新闻分类主题和最新新闻标题，如图 6-44 所示。

图 6-43　加入代码

图 6-44　主页面浏览效果图

34 然后在关键词中输入"俄罗斯"并单击"查询"按钮，结果会发现页面中的记录只显示有关"俄罗斯"所发表的最新新闻主题，这样查询功能就已经完成了，最终的效果如图 6-45 所示。

图 6-45　测试查询效果图

6.3.2 新闻分类页面的设计

新闻分类页面type.asp用于显示每个新闻分类的页面，当访问者单击index.asp页面中的任何一个新闻分类标题时就会打开相应的新闻分类页面。新闻分类页面设计效果如图6-46所示。

详细的操作步骤说明如下：

01 执行菜单"文件"|"新建"命令，打开"新建文档"对话框，选择"空白页"选项卡，选择"页面类型"下拉列表框下的HTML选项，在"布局"下拉列表框中选择"无"选项，然后单击"创建"按钮创建新页面，输入网页标题"新闻分类"，执行菜单"文件"|"保存"命令，在站点news文件夹中将该文档保存为type.asp。

02 新闻分类页面和首页面中的静态页面设计差不多，在这里不做详细说明。

图6-46 新闻分类页面效果

03 type.asp这个页面主要是显示所有新闻分类标题的数据，所使用的数据表是news，单击"绑定"面板中的"增加"标签上的 ⊞ 按钮，在弹出的菜单中选择"记录集（查询）"选项，在打开的"记录集"对话框中输入如表6-7的数据，再单击"确定"按钮后就完成设定了，如图6-47所示。

表6-7 输入"记录集"

属性	设置值	属性	设置值
名称	Recordset1	列	全部
连接	connnews	筛选	news_type、=、URL参数、news_type
表格	news	排序	news_id升序

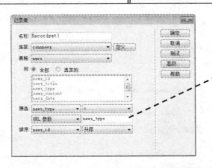

选择 connnews 数据源中的 news 数据表中的全部字段，再根据前面所传递的 news_type 参数进行筛选，建立一个记录集查询，并将记录集按 news_id 升序排列

图6-47 绑定记录集设定

04 单击"确定"按钮，完成记录集绑定。绑定记录集后，将记录集的字段插入至 type.asp 网页中的适当位置，如图6-48所示。

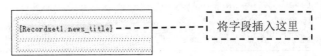

{Recordset1.news_title} ----- 将字段插入这里

图6-48 插入至 type.asp 网页中

05 为了显示所有记录，需要加入"服务器行为"中的"重复区域"命令，单击 type.asp 页面中需要重复的表格，如图 6-49 所示。

图 6-49　单击选择要重复显示的一行

06 单击"应用程序"面板组中的"服务器行为"面板上的![加]按钮，在弹出的菜单中选择"重复区域"的选项，打开"重复区域"对话框，设定一页显示的数据为 10 条，如图 6-50 所示。

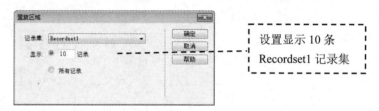

图 6-50　选择一次可以显示的记录条数

07 单击"确定"按钮，回到编辑页面，会发现先前所选取要重复的区域左上角出现了一个"重复"的灰色标签，表示已经完成设置。

08 在"服务器行为"面板中单击![加]按钮，在弹出的下拉列表中选择"记录集分页"|"移至第一条记录"，添加"第一页"选项，使用同样的方法添加其他选项，如图 6-51 所示。

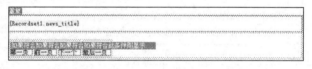

图 6-51　添加"记录集导航条"

09 在"服务器行为"面板中单击![加]按钮，在弹出的下拉列表中选择"动态文本"，打开"动态文本"对话框，在其中选择"第一个记录索引"选项。使用相同的方法添加最后一条记录的记录索引和总记录数，最后单击"确定"按钮，如图 6-52 所示。

图 6-52　添加"记录集导航状态"

10 选取编辑页面中的新闻标题字段，再单击"应用程序"面板组中的"服务器行为"面板上的 ⊞ 按钮，在弹出的菜单中选择"转到详细页面"选项，在打开的"转到详细页面"对话框中单击"浏览"按钮，打开"选择文件"对话框，选择 news 文件夹中的 newscontent.asp，设置"传递 URL 参数"为 news_id，其他参数设定如图 6-53 所示。

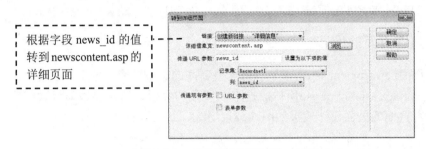

图 6-53 "转到详细页面"对话框

11 加入显示区域的设定。首先选取记录集有数据时要显示的数据表格，如图 6-54 所示。

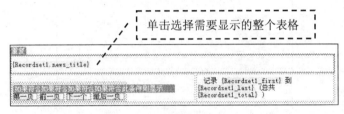

图 6-54 选择要显示的记录

12 单击"应用程序"面板组中的"服务器行为"面板上的 ⊞ 按钮，在弹出的菜单中选择"显示区域"|"如果记录集不为空则显示区域"选项，打开"如果记录集不为空则显示区域"对话框，在"记录集"中选择 Recordset1，再单击"确定"按钮回到编辑页面，会发现先前所选取要显示的区域左上角出现了一个"如果符合此条件则显示"的灰色标签，表示已经完成设置，如图 6-55 所示。

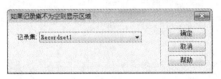

图 6-55 记录集不为空则显示

13 选取记录集没有数据时要显示的数据表格，如图 6-56 所示。

14 单击"应用程序"面板组中的"服务器行为"面板上的 ⊞ 按钮，在弹出的菜单中选择"显示区域"|"如果记录集为空则显示区域"选项，在"记录集"中选择 Recordset1，再单击"确定"按钮回到编辑页面，会发现先前所选取要显示的区域左上角出现了一个"如果符合此条件则显示"的灰色标签，表示已经完成设置，效果如图 6-57 所示。

15 新闻分类页面左边栏的新闻分类制作方式同首页一样，在此不做详细说明。到这里新闻分类页面 type.asp 的制作已经完成。

图 6-56　选择没有数据时显示的区域 　　　　　图 6-57　记录集为空则显示

6.3.3　新闻内容页面的设计

新闻内容页面newscontent.asp用于显示每一条新闻的详细内容，这个页面设计的重点在于如何接收主页面index.asp和type.asp所传递过来的参数，并根据这个参数显示数据库中相应的数据。新闻内容页面的页面设计效果如图 6-58 所示。

图 6-58　新闻内容页面设计效果图

详细操作步骤如下：

01 执行菜单"文件"|"新建"命令，打开"新建文档"对话框，选择"空白页"选项卡，在"页面类型"下拉列表框中选择 HTML 选项，在"布局"下拉列表框中选择"无"选项，然后单击"创建"按钮创建新页面。执行菜单"文件"|"保存"命令，在站点的 news 文件夹中将该文档保存为 newscontent.asp。

02 页面设计和前面的页面设计差不多，在这里不做详细的页面制作说明，效果如图 6-59 所示。

图 6-59　新闻内容页面设计效果图

03 单击"绑定"面板中的"增加"标签上的⊞按钮，在弹出的菜单中选择"记录集（查询）"选项，在打开的"记录集"对话框中输入如表 6-8 的数据，再单击"确定"按钮后就完成设定了，对话框的设置如图 6-60 所示。

表 6-8 "记录集"的表格设置

属性	设置值	属性	设置值
名称	Recordset1	列	全部
连接	connnews	筛选	news_id、=、URL参数、news_id
表格	news	排序	无

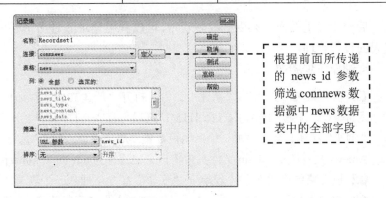

图 6-60 设定"记录集"参数

根据前面所传递的 news_id 参数筛选 connnews 数据源中 news 数据表中的全部字段

04 绑定记录集后，将记录集的字段插入至 newscontent.asp 页面中的适当位置，完成新闻内容页面 newscontent.asp 的制作，如图 6-61 所示。

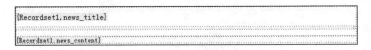

图 6-61 绑定记录集到页面中

05 绑定数据到页面后，设置新闻标题和新闻内容的样式，这样更加美观。选择新闻标题字段，在"属性"面板的 CSS 样式表中，设置大小为 14px、字体颜色为#900、加粗，在弹出的"新建 CSS 规则"对话框中，设置名称为"title"，如图 6-62 所示。

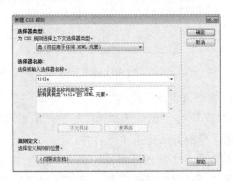

图 6-62 新建 CSS 样式

06 用同样的方法设置新闻内容的样式，这样新闻内容页面将完成制作。

6.4 后台管理页面设计

新闻发布系统后台管理对于新闻发布系统来说非常重要，管理者可以通过账号、密码进入后台，对新闻分类、新闻内容进行增加、修改或删除，使网站能随时保持最新、最实时的信息。系统管理登录入口页面的设计效果如图6-63 所示。

图 6-63 系统管理入口页面

6.4.1 后台管理入口页面

后台管理主页面必须受到权限管理，可以利用登录账号与密码来判断是否由此用户来实现权限的设置管理。

详细操作步骤如下：

01 执行菜单"文件" | "新建"命令，打开"新建文档"对话框，选择"空白页"选项卡，在"页面类型"下拉列表框中选择 HTML 选项，在"布局"下拉列表框中选择"无"选项，然后单击"创建"按钮创建新页面，输入网页标题"后台管理入口"。执行菜单"文件" | "保存"命令，在站点 news 文件夹的 admin 文件夹中将该文档保存为 admin_login.asp。

02 执行菜单"插入" | "表单" | "表单"命令，插入一个表单。

03 将鼠标放置在该表单中，执行菜单"插入" | "表格"命令，打开"表格"对话框，在"行数"文本框中输入需要插入表格的行数 4，在"列"文本框中输入需要插入表格的列数 2，在"表格宽度"文本框中输入 400 像素，其他选项保持默认值，如图 6-64 所示。

插入一个宽度为 400 像素、4 行 2 列的表格

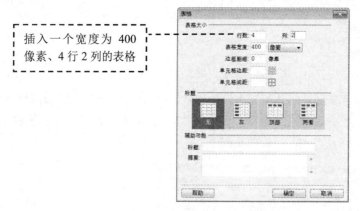

图 6-64 插入一个宽为 400 像素的 4 行 2 列的表格

04 单击"确定"按钮，就在该表单中插入了一个 4 行 2 列的表格。选择表格，在"属性"面板中设置"对齐"为"居中对齐"。拖动鼠标选择第 1 行的所有单元格，在"属性"面板中单击 按钮，将第 1 行表格合并。用同样的方法把第 4 行合并。

05 在表格的第 1 行中输入文字"帆云新闻后台管理中心"，在表格的第 2 行第 1 个单元格中输入文字说明"账号:"，在第 2 行表格的第 2 个单元格中执行菜单"插入" | "表单" | "文本"命令，插入单行文本表单对象，定义文本名为 username，"类型"为单行，"文本"属性设置后的效果如图 6-65 所示。

06 在第 3 行表格第 1 个单元格中输入文字说明"密码:",在第 3 行表格的第 2 个单元格中执行菜单"插入"|"表单"|"密码"命令,插入密码表单对象,效果如图 6-66 所示。

图 6-65 输入"账号"名和插入"文本域"后的效果 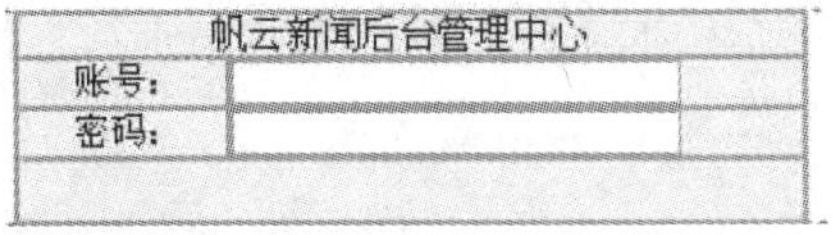   图 6-66 输入"密码"名和插入"密码"后的效果

07 单击选择第 4 行表格,依次执行菜单"插入"|"表单"|"提交按钮"命令。再依次执行菜单"插入"|"表单"|"重置按钮"命令,在网页中插入两个按钮,效果如图 6-67 所示。

图 6-67 设置按钮名称的属性及效果

08 单击"应用程序"面板组中的"服务器行为"面板上的 ⊞ 按钮,在弹出的菜单中选择"用户身份验证"|"登录用户"选项,打开"登录用户"对话框,设置如果不成功将返回登录页面admin_login.asp重新登录,如果成功将登录后台管理主页面admin.asp,如图 6-68 所示。

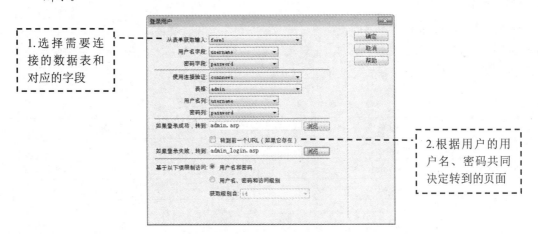

图 6-68 登录用户的设置

09 执行菜单"窗口"|"行为"命令,打开"行为"面板,单击"行为"面板中的 ⊞ 按钮,在弹出的菜单中选择"检查表单"选项,打开"检查表单"对话框,设置 username 和 password 文本域的"值"都为"必需的","可接受"为"任何东西",如图 6-69 所示。

10 单击"确定"按钮,回到编辑页面,完成后台管理入口页面 admin_login.asp 的设计与制作。

图 6-69 "检查表单"对话框

6.4.2 后台管理主页面

后台管理主页面是管理者在登录页面验证成功后所进入的页面，这个页面可以实现对新闻分类、新闻内容的新增、修改或删除，使网站能随时保持最新、最实时的信息。页面效果如图 6-70 所示。

图 6-70 后台管理主页面效果图

详细操作步骤如下：

01 打开 admin.asp 页面（此页面设计比较简单，页面设计在此不做说明），单击"绑定"面板上的 按钮，在弹出的菜单中选择"记录集（查询）"选项，在"记录集"对话框中输入如表 6-9 的数据，再单击"确定"按钮后完成设定，如图 6-71 所示。

表 6-9 "记录集"的表格设置

属性	设置值	属性	设置值
名称	Re	列	全部
连接	connnews	筛选	无
表格	news	排序	news_id为降序

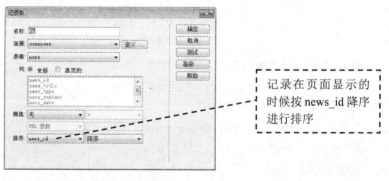

记录在页面显示的时候按 news_id 降序进行排序

图 6-71 设定"记录集"

02 单击"确定"按钮，完成记录集 Re 的绑定。绑定记录集后，将 Re 记录集中的 news_title 字段插入至 admin.asp 网页中的适当位置，如图 6-72 所示。

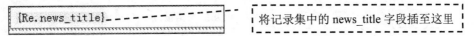

图 6-72　记录集的字段插入 admin.asp 网页中

03 在这里要显示的不单是一条新闻记录，而是多条新闻记录，所以要加入"重复区域"命令，再选择需要重复的表格，如图 6-73 所示。

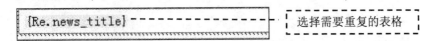

图 6-73　选择重复的区域

04 单击"应用程序"面板组中"服务器行为"面板上的⊞按钮，在弹出的菜单中选择"重复区域"选项，打开"重复区域"对话框，设定一页显示的数据为 10 条记录，如图 6-74 所示。

05 单击"确定"按钮回到编辑页面，会发现先前所选取要重复的区域左上角出现了一个"重复"的灰色标签，表示已经完成设定了。

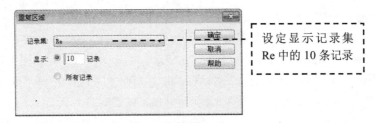

图 6-74　选择记录集显示的记录条数

06 当显示的新闻数据大于 10 条时，就必须加入记录集分页功能了，在"服务器行为"面板中单击⊞按钮，在弹出的菜单中选择"记录集分页"|"移至第一条记录"菜单命令，插入"第一页"选项，按照相同的方法插入其他记录集分页功能，如图 6-75 所示。

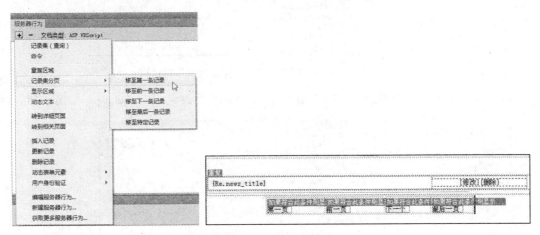

图 6-75　页面显示效果

07 admin.asp 是提供管理者链接至新闻编辑的页面，然后进行新增、修改与删除等操作，设置了 4 个链接，各链接的设置如表 6-10 所示。

表 6-10 admin.asp 页面的表格设置

属性	设置值	属性	设置值
名称	连接页面	修改	news_upd.asp
标题字段{re_news_title}	newscontent.asp	删除	news_del.asp
添加新闻	news_add.asp		

提 示　其中"标题字段{re_news_title}"、"修改"及"删除"的链接必须要传递参数 news_id 给转到的页面，这样转到的页面才能够根据参数值而从数据库将某一笔数据筛选出来再进行编辑。

08 选取"添加新闻"，在"插入"面板中的"常用"下的"超级链接"中将它链接到 admin 文件夹中的 news_add.asp 页面。

09 选取右边栏中的"修改"文字，然后单击"应用程序"面板组中的"服务器行为"面板上的 ➕ 按钮，在弹出的菜单中选择"转到详细页面"选项，如图 6-76 所示。

图 6-76　选择"转到详细页面"选项

10 打开"转到详细页面"对话框，单击"浏览"按钮，打开"选择文件"对话框，选择 admin 文件夹中的 news_upd.asp，其他设置为默认值，如图 6-77 所示。

根据字段 news_id 的值转到 news_upd.asp 的详细页面

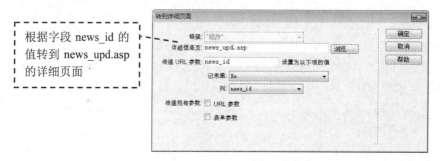

图 6-77　"转到详细页面"对话框

11 选取"删除"文字并重复上面的操作，要转到的页面改为 news_del.asp，如图 6-78 所示。

根据字段 news_id 的值转到 news_del.asp 的详细页面

图 6-78　"转到详细页面"对话框

12 再选取标题字段 {Re_news_title} 并重复上面的操作，要前往的详细页面改为 newscontent.asp，如图 6-79 所示。

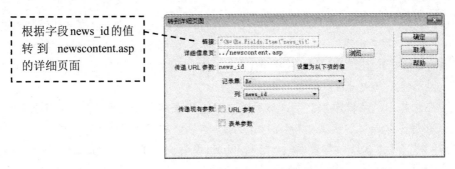

根据字段news_id的值
转 到 newscontent.asp
的详细页面

图 6-79 "转到详细页面"对话框

13 单击"确定"按钮，完成转到详细页面的设置，到这里已经完成了新闻内容的编辑。现在来设置新闻分类，单击"绑定"面板上的⊞按钮，在弹出的菜单中选择"记录集（查询）"选项，在打开的"记录集"对话框中，输入设定值如表 6-11 所示的数据，再单击"确定"按钮后就完成了设置，如图 6-80 所示。

表 6-11 "记录集"表格的设置

属性	设置值	属性	设置值
名称	Re1	列	全部
连接	connnews	筛选	无
表格	newstype	排序	无

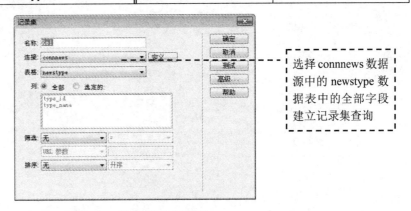

选择 connnews 数据
源中的 newstype 数
据表中的全部字段
建立记录集查询

图 6-80 "记录集"对话框

14 单击"确定"按钮，完成记录集 Re1 的绑定。绑定记录集后，将 Re1 记录集中的 type_name 字段插入 admin.asp 网页中的适当位置，如图 6-81 所示。

15 在这里要显示的不单是一条新闻分类记录，而是全部的新闻分类记录，所以要加入"服务器行为"中的"重复区域"命令，再选择需要重复的表格，如图 6-82 所示。

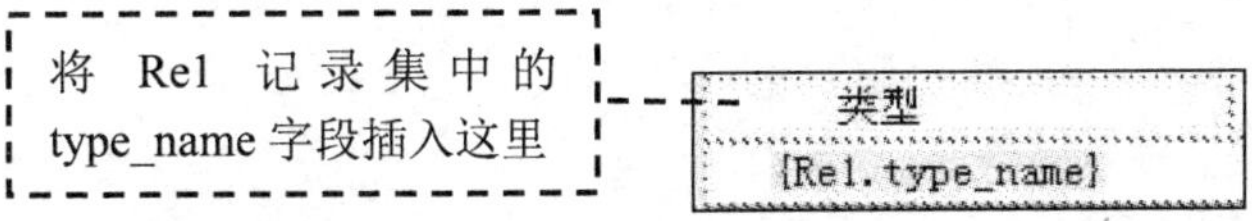

将 Re1 记 录 集 中 的
type_name 字段插入这里

类型
{Re1.type_name}

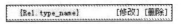

图 6-81 "记录集"的字段插入 admin.asp 网页中　　　　图 6-82 选择要重复的一行

16 单击"应用程序"面板组中的"服务器行为"面板上的⊞按钮，在弹出的菜单中选择"重复区域"选项，打开"重复区域"对话框，设定一页显示的数据为"所有记录"，如图 6-83 所示。

17 单击"确定"按钮回到编辑页面，会发现先前所选取要重复的区域左上角出现了一个"重复"的灰色标签，表示已经完成设置。

18 首先选取左边栏中的"修改"文字，然后单击"应用程序"面板组中的"服务器行为"面板上的⊞按钮，在弹出的菜单中选择"转到详细页面"选项，打开"转到详细页面"对话框，单击"浏览"按钮，打开"选择文件"对话框，选择 admin 文件夹中的 type_upd.asp，其他设置为默认值，如图 6-84 所示。

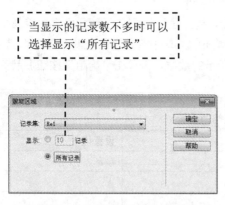

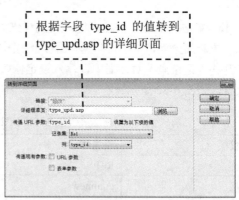

图 6-83　"重复区域"对话框　　　　　图 6-84　"转到详细页面"对话框

19 选取"删除"文字并重复上面的操作，将要前往的详细页面改为 type_del.asp，如图 6-85 所示。

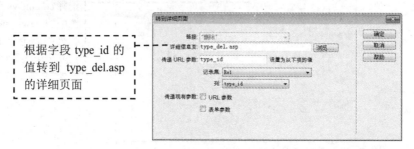

图 6-85　"转到详细页面"对话框

20 后台管理是管理员在后台管理入口页面 admin_login.asp 输入正确的账号和密码才可以进入的一个页面，所以必须设置限制对本页的访问功能。单击"应用程序"面板组中"服务器行为"面板中的⊞按钮，在弹出的菜单中选择"用户身份验证"|"限制对页的访问"选项，如图 6-86 所示。

21 在打开的"限制对页的访问"对话框中，将"基于以下内容进行限制"设置为"用户名和密码"，如果访问被拒绝，就转到首页 index.asp，如图 6-87 所示。

图 6-86　选择"限制对页的访问"选项

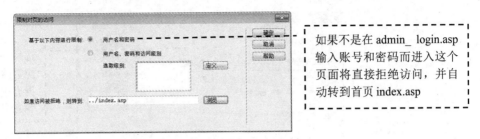

图 6-87 "限制对页的访问"对话框

22 单击"确定"按钮,就完成了后台管理主页面 admin.asp 的制作。

6.4.3 新增新闻页面

新增新闻页面news_add.asp设计的页面效果如图 6-88 所示,主要是实现插入新闻的功能。

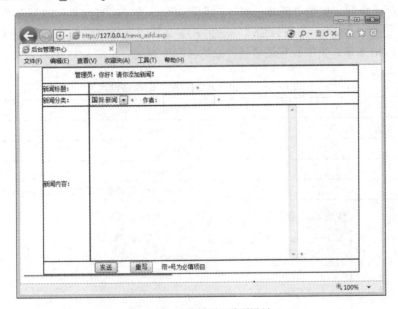

图 6-88 新增新闻页面设计

详细操作步骤如下:

01 创建 news_add.asp 页面,并单击"绑定"面板上的按钮,在弹出的菜单中选择"记录集(查询)"选项,在打开的"记录集"对话框中,输入设定值如表 6-12 所示的数据,再单击"确定"按钮后完成设置,如图 6-89 所示。

表 6-12 "记录集"的表格设定

属性	设置值	属性	设置值
名称	Recordset1	列	全部
连接	connnews	筛选	无
表格	newstype	排序	无

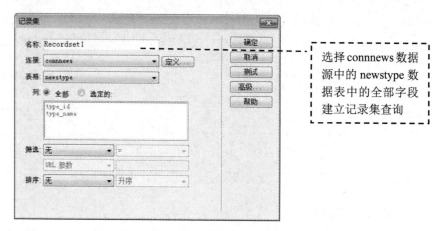

图 6-89　"记录集"对话框

02 绑定记录集后，单击"新闻分类"的列表菜单，在"新闻分类"的列表菜单"属性"面板中，单击 动态... 按钮，在打开的"动态列表/菜单"对话框中设置如表 6-13 所示的数据，设置完成后如图 6-90 所示。关于标签设置的"动态数据"对话框如图 6-91 所示。

表 6-13　"动态列表/菜单"的表格设定

属性	设置值
来自记录集的选项	Recordset1
值	type_id
标签	type_name
选取值等于	Recordset1 记录集中的type_name字段

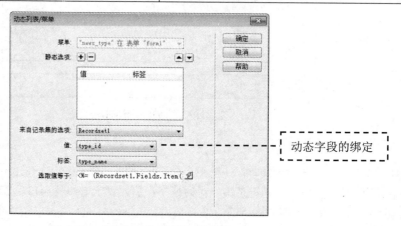

图 6-90　"动态列表/菜单"对话框

03 单击"确定"按钮，完成动态数据的绑定。在 news_add.asp 编辑页面中，再次单击"应用程序"面板组中"服务器行为"面板上的 ⊞ 按钮，在弹出的菜单中选择"插入记录"选项，如图 6-92 所示。

04 在"插入记录"的设定对话框中，输入如表 6-14 所示的数据，并设定"插入后，转到"后台管理主页面 admin.asp，如图 6-93 所示。

图 6-91 "动态数据"对话框　　　　　　图 6-92 选择"插入记录"选项

表 6-14 "插入记录"的表格设定

属性	设置值	属性	设置值
连接	connews	获取值自	form1
插入到表格	news	表单元素	表单字段与数据表字段相对应
插入后,转到	admin.asp		

1. 将表单里输入的数据插入 news 数据表中,插入后转到 admin.asp 页面

2. 表单中的文本域名称和插入到数据表中的字段相对应

图 6-93 "插入记录"对话框

05 单击"确定"按钮完成插入记录功能,执行菜单"窗口"|"行为"命令,打开"行为"面板。单击"行为"面板上的⊞按钮,在弹出的菜单中选择"检查表单"选项,打开"检查表单"对话框,设置"值"为"必需的"、"可接受"为"任何东西",如图 6-94 所示。

图 6-94 "检查表单"对话框

06 单击"确定"按钮回到编辑页面,就完成了 news_add.asp 页面的设计。

6.4.4 修改新闻页面

修改新闻页面news_upd.asp的主要功能是将数据表中的数据送到页面的表单中进行修改，修改数据后再将数据更新到数据表中，页面设计如图 6-95 所示。

图 6-95 修改新闻页面设计

详细操作步骤如下：

01 打开 news_upd.asp 页面，单击"应用程序"面板组中的"绑定"面板上的 ⊞ 按钮，在弹出的菜单中选择"记录集（查询）"选项，在打开的"记录集"对话框中，输入设定值如表 6-15 所示的数据，再单击"确定"按钮后完成设置，如图 6-96 所示。

表 6-15 "记录集"的表格设定

属性	设置值	属性	设置值
名称	Recordset1	列	全部
连接	connnews	筛选	数据域news_id、＝、URL参数、news_id
表格	news	排序	无

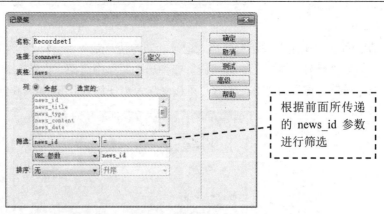

根据前面所传递的 news_id 参数进行筛选

图 6-96 "记录集"对话框

02 用同样的方法再绑定一个记录集 Recordset2，在"记录集"的设定对话框中输入如表 6-16 所示的数据，用于实现下拉列表框动态数据的绑定，再单击"确定"按钮完成设置，如图 6-97 所示。

表 6-16 "记录集"的表格设定

属性	设置值	属性	设置值
名称	Recordset2	列	全部
连接	connnews	筛选器	无
表格	newstype	排序	无

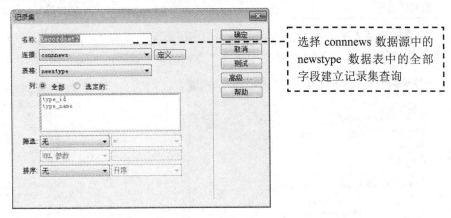

选择 connnews 数据源中的 newstype 数据表中的全部字段建立记录集查询

图 6-97 "记录集"对话框

03 绑定记录集后，将记录集的字段插入至 news_upd.asp 网页中的适当位置，如图 6-98 所示。

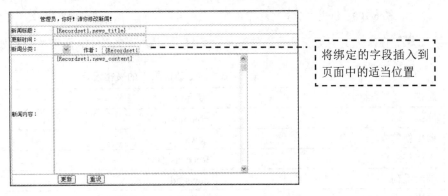

将绑定的字段插入到页面中的适当位置

图 6-98 字段的插入

04 在"更新时间"一栏中必须取得系统的最新时间，方法是在"更新时间"的文本域属性栏中的初始值中加入代码<%=now()%>，如图 6-99 所示。

<%=now()%> //取得系统当前时间

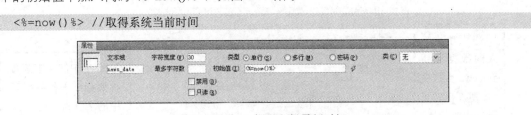

图 6-99 加入代码取得最新时间

05 单击"新闻分类"的列表菜单，在"新闻分类"的列表菜单"属性"面板中，单击 [动态...] 按钮，在打开的"动态列表/菜单"对话框中设置如表 6-17 所示的数据，如图 6-100 所示。

表 6-17 "动态列表/菜单"的表格设定

属性	设置值
来自记录集的选项	Recordset2
值	type_id
标签	type_name
选取值等于	Recordset1 记录集中的news_type字段

06 完成表单的布置后，在 news_upd.asp 页面中单击"应用程序"面板组中"服务器行为"面板上的 ⊞ 按钮，在弹出的菜单中选择"更新记录"选项，如图 6-101 所示。

图 6-100 绑定"动态列表/菜单"   图 6-101 加入"更新记录"

07 在打开的"更新记录"的设定对话框中，输入如表 6-18 所示的值，如图 6-102 所示。

表 6-18 "更新记录"的表格设定

属性	设置值
连接	connnews
要更新的表格	news
选取记录自	Recordset1
唯一键列	news_id
在更新后，转到	admin.asp
获取值自	form1
表单元素	表单字段与数据表字段相对应

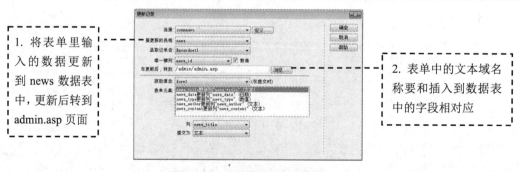

1. 将表单里输入的数据更新到 news 数据表中，更新后转到 admin.asp 页面

2. 表单中的文本域名称要和插入到数据表中的字段相对应

图 6-102 "更新记录"对话框

08 单击"确定"按钮，完成修改新闻页面的设计。

6.4.5 删除新闻页面

删除新闻页面的方法与修改页面的方法差不多，如图 6-103 所示。其方法是将表单中的数据从站点的数据表中删除。

图 6-103 删除新闻页面的设计

详细操作步骤如下：

01 打开 news_del.asp 页面，单击"应用程序"面板组中"绑定"面板上的 ⊞ 按钮，接着在弹出的菜单中选择"记录集（查询）"选项，在打开的"记录集"对话框中，输入设定值如表 6-19 所示的数据，再单击"确定"按钮后完成设置，如图 6-104 所示。

表 6-19 "记录集（查询）"的表格设定

属性	设置值	属性	设置值
名称	Recordset1	列	全部
连接	connnews	筛选	news_id、=、URL参数、news_id
表格	news	排序	无

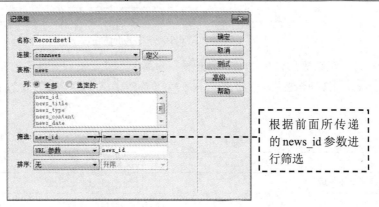

图 6-104 "记录集"对话框

02 用同样的方法再绑定一个记录集，在打开的"记录集"对话框中，输入设定值如表 6-20 所示的数据，单击"确定"按钮后完成设置，如图 6-105 所示。

表 6-20   "记录集"的表格设定

属性	设置值	属性	设置值
名称	Recordset2	列	全部
连接	connnews	筛选	无
表格	newstype	排序	无

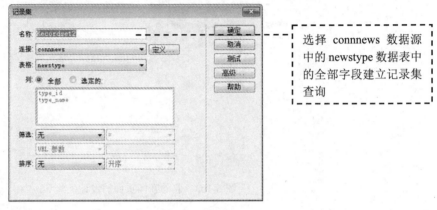

选择 connnews 数据源中的 newstype 数据表中的全部字段建立记录集查询

图 6-105   "记录集"对话框

03 绑定记录集后,将记录集的字段插入至 news_del.asp 网页中的适当位置,如图 6-106 所示。

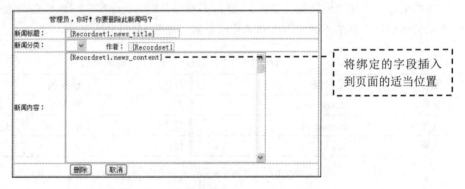

将绑定的字段插入到页面的适当位置

图 6-106   字段的插入

04 绑定记录集后,单击"新闻分类"的菜单,在"新闻分类"的菜单"属性"面板中,单击 `动态...` 按钮,在打开的"动态列表/菜单"对话框中设置如表 6-21 所示的数据,如图 6-107 所示。

表 6-21   "动态列表/菜单"的表格设定

属性	设置值
来自记录集的选项	Recordset2
值	type_id
标签	type_name
选取值等于	Recordset1 记录集中的news_type字段

图 6-107 绑定"动态列表/菜单"

05 完成表单的布置后，要在 news_del.asp 页面中单击"应用程序"面板组中"服务器行为"面板上的 ⊞ 按钮，在弹出的菜单中选择"删除记录"选项，在打开的"删除记录"对话框中，输入表 6-22 所示的设定值，如图 6-108 所示。

表 6-22 "删除记录"设定

属性	设置值	属性	设置值
连接	connnews	唯一键列	news_id
从表格中删除	news	提交此表单以删除	form1
选取记录自	Recordset1	删除后，转到	admin.asp

提交 form1 表单时对 news 数据表中的相应数据进行删除，删除后转到 admin.asp

图 6-108 "删除记录"对话框

06 单击"确定"按钮，完成删除新闻页面的设计。

6.4.6 新增新闻分类页面

新增新闻分类页面type_add.asp的功能是将页面的表单数据新增到newstype数据表中，页面设计如图 6-109 示。

详细操作步骤如下：

图 6-109 新增新闻分类页面设计

01 单击"应用程序"面板组中"服务器行为"面板上的 ⊞ 按钮，在弹出的菜单中选择"插入记录"选项，在打开的"插入记录"对话框中，输入设定值如表 6-23 所示的数据，并设定新增数据后转到系统管理主页面 admin.asp，如图 6-110 所示。

表 6-23　"插入记录"的表格设定

属性	设置值
连接	connnews
插入到表格	newstype
插入后，转到	admin.asp
获取值自	form1
表单元素	表单字段与数据表字段相对应

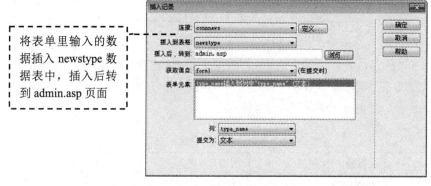

将表单里输入的数据插入 newstype 数据表中，插入后转到 admin.asp 页面

图 6-110　设定"插入记录"

02 选择表单执行菜单"窗口"|"行为"命令，打开"行为"面板，单击"行为"面板中的■按钮，在弹出的菜单中选择"检查表单"选项，打开"检查表单"对话框，设置"值"为"必需的"、"可接受"为"任何东西"，如图 6-111 所示。

03 单击"确定"按钮，完成 type_add.asp 页面设计。

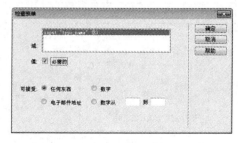

图 6-111　设置"检查表单"对话框

6.4.7　修改新闻分类页面

修改新闻分类页面 type_upd.asp 的功能是将数据表的数据送到页面的表单中进行修改，修改数据后再更新至数据表中。页面设计如图 6-112 所示。

图 6-112　修改新闻分类页面设计

详细操作步骤如下：

01 打开 type_upd.asp 页面，并单击"应用程序"面板组中"绑定"面板上的■按钮。接着在弹出的菜单中选择"记录集（查询）"选项，打开"记录集"对话框，在打开的"记录集"对话框中，输入设定值如表 6-24 所示，单击"确定"按钮后完成设置，如图 6-113 所示。

表 6-24　"记录集"的表格设定

属性	设置值	属性	设置值
名称	Recordset1	列	全部
连接	connnews	筛选	type_id、=、URL参数、type_id
表格	newstype	排序	无

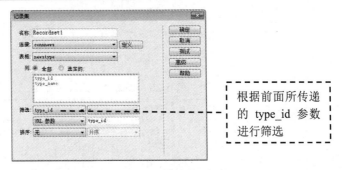

根据前面所传递的 type_id 参数进行筛选

图 6-113　"记录集"对话框

02 绑定记录集后，将记录集的字段插入 type_upd.asp 网页中的适当位置，如图 6-114 所示。

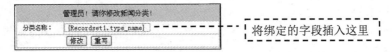

将绑定的字段插入这里

图 6-114　字段的插入

03 完成表单的布置后，在 type_upd.asp 页面中，单击"应用程序"面板组中"服务器行为"面板上的 ⊕ 按钮，在弹出的菜单中选择"更新记录"选项，在打开的"更新记录"对话框中，输入设定值如表 6-25 所示，设定后如图 6-115 所示。

04 单击"确定"按钮，完成修改新闻分类页面的设计。

表 6-25　"更新记录"的表格设定

属性	设置值	属性	设置值
连接	connews	在更新后，转到	admin.asp
要更新的表格	newstype	获取值自	form1
选取记录自	Recordset1	表单元素	表单字段与数据表字段相对应
唯一键列	type_id		

将表单里输入的数据更新到 newstype 数据表中，更新后转到 admin.asp 页面

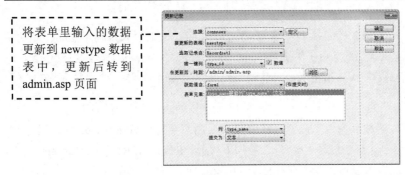

图 6-115　"更新记录"对话框

6.4.8 删除新闻分类页面

删除新闻分类页面type_del.asp的功能是将表单中的数据从站点的数据表newstype中删除。详细操作步骤如下：

01 打开 type_del.asp 页面，单击"应用程序"面板组中"绑定"面板上的 ⊞ 按钮，在弹出的菜单中选择"命令"选项，如图 6-116 所示。

02 在打开的"命令"对话框中输入如表 6-26 所示的数据，单击"确定"按钮后完成设置，如图 6-117 所示。

表 6-26 "命令"的表格设定

属性	设置值	属性	设置值
名称	Command1	SQL	DELETE FROM newstype WHERE type_id =typeid
连接	connnews	变量	名称： typeid 运行值： Cint(Trim(Request.Querystring ("type_id")))
类型	删除		

```
DELETE FROM newstype
 //从 newstype 数据表中删除
WHERE type_id =typeid
 //删除的选择条件为 type_id =typeid
```

图 6-116 选择"命令"选项   图 6-117 "命令"对话框

提示

在 SQL 语句中，变量名称不要与字段中的名称相同，否则会出现替换错误，这个 SQL 语句是从数据表 newstype 中删除 type_id 字段和从 type_id 所传过来的记录，Cint(Trim(Request.Querystring("type_id")))进行了一个强制转换，因为 type_id 字段是自动增量类型。

03 单击"确定"按钮，完成"命令"设置，在删除页面后需要转到 admin.asp 页面，切换到"代码"窗口，在要删除的命令之后也就是"%>"之前加入代码：Response.Redirect ("admin.asp")，这样就完成了删除新闻分类页面的设置，加入代码效果如图 6-118 所示。

```
Response.Redirect("admin.asp")
 //执行语句后转到 admin.asp 页面
```

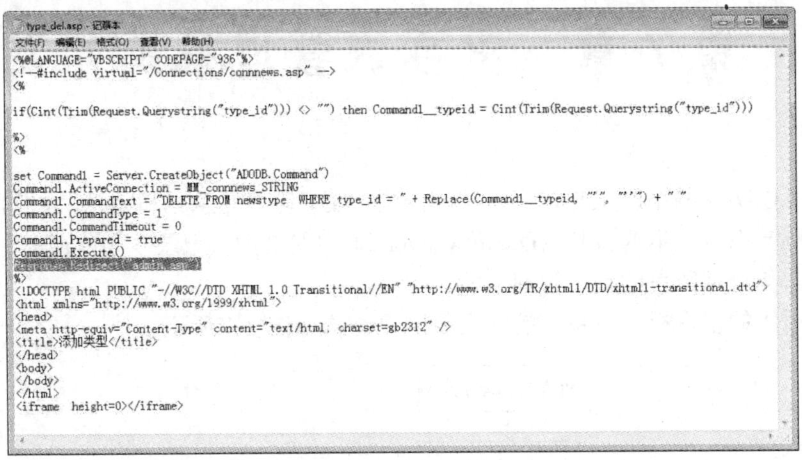

```
<%@LANGUAGE="VBSCRIPT" CODEPAGE="936"%>
<!--#include virtual="/Connections/connnews.asp" -->
<%

if(Cint(Trim(Request.Querystring("type_id"))) <> "") then Command1__typeid = Cint(Trim(Request.Querystring("type_id")))

%>
<%

set Command1 = Server.CreateObject("ADODB.Command")
Command1.ActiveConnection = MM_connnews_STRING
Command1.CommandText = "DELETE FROM newstype  WHERE type_id = " + Replace(Command1__typeid, "'", "''") + " "
Command1.CommandType = 1
Command1.CommandTimeout = 0
Command1.Prepared = true
Command1.Execute()
Response.Redirect("admin.asp")
%>
<!DOCTYPE html PUBLIC "-//W3C//DTD XHTML 1.0 Transitional//EN" "http://www.w3.org/TR/xhtml1/DTD/xhtml1-transitional.dtd">
<html xmlns="http://www.w3.org/1999/xhtml">
<head>
<meta http-equiv="Content-Type" content="text/html; charset=gb2312" />
<title>添加类型</title>
</head>
<body>
</body>
</html>
<iframe  height=0></iframe>
```

图 6-118　加入代码

至此，一个功能完善、实用的网站新闻发布系统开发完毕。读者可以将本章开发新闻发布系统的方法应用到实际的大型网站建设中。

第7章 留言板管理系统开发

留言板可以实现网站站主与访客之间的沟通，收集访客的意见和信息，也是网站建设必不可少的一个重要系统。本章将利用Dreamweaver CC中的"插入记录"和"查询"记录集命令，轻松实现留言和查询留言的动态管理功能。

本章要制作的留言板管理系统的网页及网页结构如图 7-1 所示。

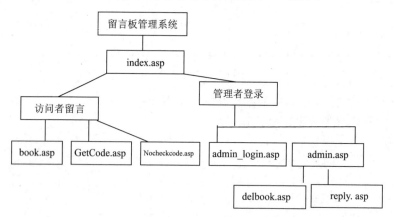

图 7-1　系统结构图

本章重要知识点 >>>>>>>>>>

- 留言板管理系统的结构搭建
- 创建数据库和数据库表
- 建立数据源连接
- 掌握留言板管理系统中创建各种页面及页面之间传递信息的技巧和方法
- 留言板管理系统常用功能的设计与实现
- 留言板管理系统中验证码的调用

7.1　系统的整体设计规划

留言板在功能上主要表现为如何显示留言，如何对留言进行审核、回复、修改和删除，所以一个完整的留言板管理系统分为访问者留言模块和管理者登录模块两部分，共有 8 个页面，各页面的功能与对应的文件名称如表 7-1 所示。

表7-1　留言板管理系统网页表

页面名称	功能
index.asp	留言内容显示页面，显示留言内容和管理者回复内容
book.asp	留言页面，提供用户发表留言的页面
GetCode.asp	验证码生成图片页面
Nocheckcode.asp	存储验证码页面
admin_login.asp	管理者登录入口页面，是管理者登录留言板系统的入口页面
admin.asp	后台管理主页面，是管理者对留言的内容进行管理的页面
reply.asp	回复留言页面，是管理者对留言内容进行回复的页面
delbook.asp	删除留言页面，是管理者对一些非法或不文明留言进行删除的页面

7.1.1　页面设计规划

完成留言板管理系统的整体规划后，可以在本地站点上建立站点文件夹guestbook，将要制作的留言板系统文件夹及文件如图7-2所示。

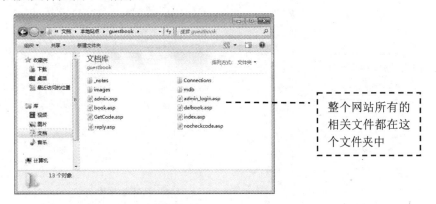

图7-2　站点规划文件

7.1.2　页面美工设计

网页美工方面，主要设计了首页和次级页面，采用的是"拐角型"布局结构，留言页面效果如图7-3所示。

图7-3　留言页面的设计

7.2 数据库设计与连接

本节主要讲述如何使用Access建立用户管理系统的数据库,如何使用ODBC在数据库与网站之间建立动态链接。

7.2.1 数据库设计

制作留言板管理系统,首先要设计一个存储访问者留言内容、管理员对留言信息的回复以及管理员账号、密码的数据库文件,以方便管理和使用。所以本数据库包括"留言信息意见表"和"管理员资料信息表"两个数据表,"留言信息意见表"命名为gbook,"管理员资料信息表"命名为admin。创建的留言信息意见表gbook的数据库表效果如图 7-4 所示。

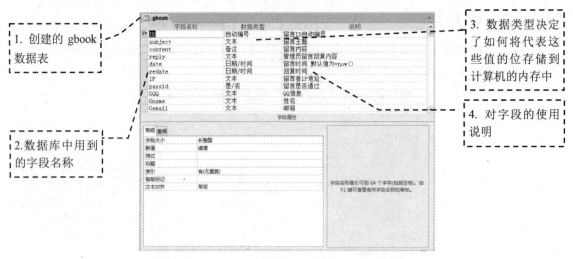

图 7-4　创建数据库

创建Access数据库的详细步骤如下:

01 对访问者的留言内容做一个全面的分析,设计 gbook 的字段结构如表 7-2 所示。

表 7-2　留言信息意见表 gbook

意义	字段名称	数据类型	字段大小	必填字段	允许空字符串
留言ID自动编号	ID	自动编号	长整型		
留言主题	subject	文本	50	是	否
留言人姓名	Gname	文本		是	
留言人QQ	GQQ	文本	20	是	
留言人邮箱	Gemail	文本		是	
留言内容	content	备注		是	否
管理员留言回复内容	reply	文本		是	否
留言时间	date	日期/时间			
回复时间	redate	日期/时间			
留言者IP地址	IP	文本	20	是	否
留言是否通过	passid	是/否			

"是/否"字段是针对某一字段中只包含两个不同的可选值而设立的字段,通过"是/否"数据类型的格式特性,用户可以对"是/否"字段进行选择。此例中管理者可以通过 passid 字段对留言审核是否通过进行标注。

02 在 Microsoft Access 2010 中实现数据库的搭建,首先运行 Microsoft Access 2010 程序。然后单击"空数据库"按钮,在主界面的右侧打开"空数据库"面板,如图 7-5 所示。

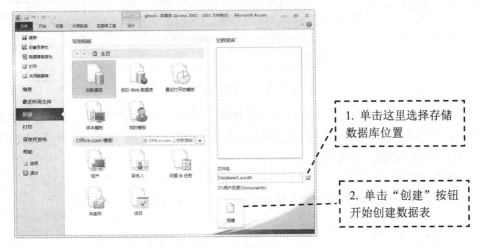

图 7-5　打开"空数据库"面板

03 先创建用于存放主要内容的常用文件夹,如 images 文件夹和 mdb 文件夹,完成后的文件夹如图 7-6 所示。

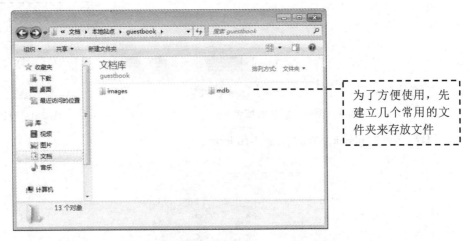

图 7-6　建立常用的文件夹

04 建立好常用文件夹后,开始进行 Access 数据库设计,单击"空数据库"面板上的 按钮,打开"文件新建数据库"对话框,在"保存位置"下拉列表框中选择站点 guestbook 文件中的 mdb 文件夹,在"文件名"文本框中输入文件名为 gbook.mdb,在"保存类型"下拉列表框中选择"Microsoft Access 数据库(2002-2003 格式)(*.mdb)",如图 7-7 所示。

1. 输入数据库名称

2. 选择数据库的类型

图 7-7 "文件新建数据库"对话框

05 单击"确定"按钮，返回"空数据库"面板，再单击"空数据库"面板中的"创建"按钮，即可在 Microsoft Access 中创建 gbook.mdb 文件，同时 Microsoft Access 会自动生成一个名为"表1"的数据表，如图 7-8 所示。

06 在"表 1"数据表上单击鼠标右键，在弹出的快捷菜单中选择"设计视图"命令，打开"另存为"对话框，在"表名称"文本框中输入数据表名称 gbook，如图 7-9 所示。

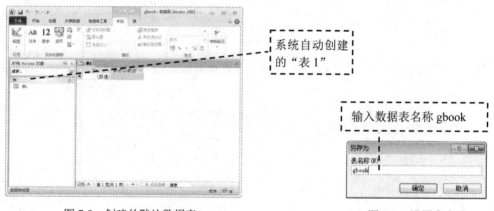

系统自动创建的"表 1"

输入数据表名称 gbook

图 7-8 创建的默认数据表

图 7-9 设置表名称

07 创建的 gbook 数据表如图 7-10 所示。

图 7-10 建立 gbook 数据表

08 按表 7-2 输入字段名并设置其属性，完成后如图 7-11 所示。

字段名称，其
中 ID 为主键

图 7-11　创建表的字段

提 示

在此数据库中设置了一个 reply 管理权限，是为了防止不健康的留言显示出来，管理员可以通过此功能对网站中的留言进行管理。

09 双击 gbook 选项，打开 gbook 数据表，为了方便访问者访问，可以在数据库中预先编辑一些记录对象，效果如图 7-12 所示。

向数据表中添加数据，其中
passid 字段中已勾选的表示
已通过管理员的审核

图 7-12　gbook 中输入的记录

提 示

passid 表中已勾选的表示通过，没勾选的表示没通过。

10 用同样的方法，再建立一个 Access 数据库，并命名为 admin，最终结果如图 7-13 所示。

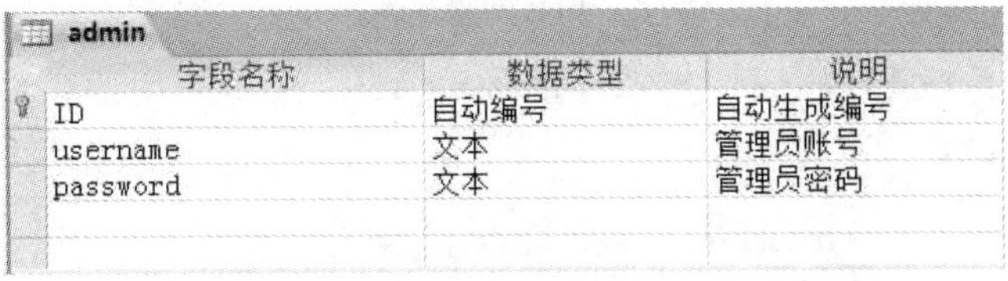

图 7-13　数据库 admin

11 编辑完成后，为了方便管理员进入管理，可以在数据库中预先编辑一些记录对象，设置好账号密码。单击"保存"按钮 退出，然后关闭 Access 软件，从而完成数据库的创建。

7.2.2　创建数据库连接

数据库编辑完成后，必须与网站进行数据库连接，才能实现用数据库内容动态更新网页的效果。具体操作时，则体现为建立数据源连接对象。本节介绍在 Dreamweaver 中利用 ODBC 连接数据库的方法。操作过程中应特别注意参数的设置。

具体的操作步骤如下：

01 在 Windows 操作系统中依次选择"控制面板"|"管理工具"|"数据源（ODBC）"|"系统 DSN"命令，如图 7-14 所示。

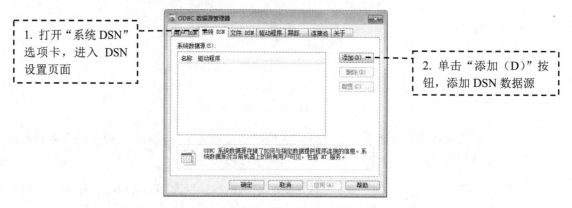

1. 打开"系统 DSN"选项卡，进入 DSN 设置页面

2. 单击"添加（D）"按钮，添加 DSN 数据源

图 7-14 "ODBC 数据源管理器"中的"系统 DSN"选项卡

02 在图 7-14 中单击"添加（D）"按钮后，打开"创建新数据源"对话框，在"创建新数据源"对话框中，选择 Driver do Microsoft Access（*.mdb）选项，如图 7-15 所示。

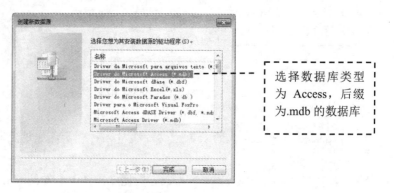

选择数据库类型为 Access，后缀为.mdb 的数据库

图 7-15 创建数据源

03 单击"完成"按钮，打开"ODBC Microsoft Access 安装"对话框，在"数据源名（N）"文本框中输入 connbooks，如图 7-16 所示。

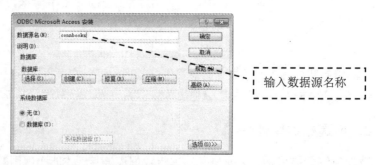

输入数据源名称

图 7-16 选择数据库

04 单击"选择（S）"按钮，打开"选择数据库"对话框。在"驱动器（V）"下拉列表框中找到在创建数据库步骤中数据库所在的盘符，在"目录（D）"中找到在创建数据库步骤中保存数

据库的文件夹，然后单击左上方"数据库名（A）"选项组中的数据库文件 gbook.mdb，则数据库名称自动添加到"数据库名（A）"下的文本框中。文件路径和相关设置如图 7-17 所示。

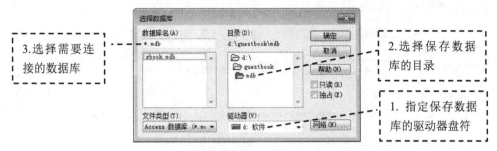

图 7-17 选择数据库

05 找到数据库后，单击"确定"按钮，返回到"ODBC 数据源管理器"中的"系统 DSN"选项卡中。此时看到在"系统数据源"中已经添加了名称为 connbooks、驱动程序为 Driver do Microsoft Access（*.mdb）的系统数据源，如图 7-18 所示。

06 设置好后，单击"确定"按钮退出，完成"ODBC 数据源管理器"中"系统 DSN"选项卡的设置。

图 7-18 "ODBC 数据源管理器"对话框

07 启动 Dreamweaver CC，执行菜单"文件"|"新建"命令，打开"新建文档"对话框，在"页面类型"选项卡中选择 HTML 选项，单击"创建"按钮，在网站根目录下新建一个名为 index.asp 的网页并保存，如图 7-19 所示。

08 设置好"站点""文档类型""测试服务器"，在 Dreamweaver CC 中执行菜单"文件"|"窗口"|"数据库"命令，打开"数据库"面板，单击"数据库"面板中的⊞按钮，在弹出的菜单中选择"数据源名称（DSN）"选项，如图 7-20 所示。

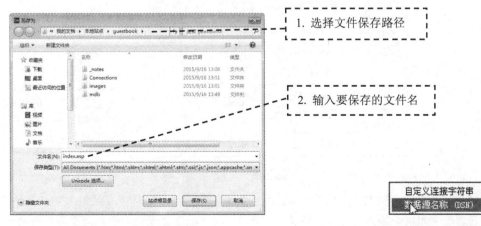

图 7-19 建立首页并保存　　　　　　　　图 7-20 选择"数据源名称（DSN）"选项

09 打开"数据源名称（DSN）"对话框，在"连接名称"文本框中输入"conngbook"，单击"数据源名称（DSN）"下拉列表框右边的三角按钮 ，从打开的下拉列表中选择 connbooks 选项，其他选项保持默认值，如图 7-21 所示。

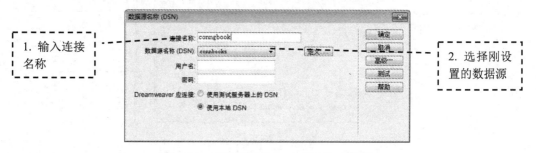

图 7-21 "数据源名称（DSN）"对话框

10 单击"测试"按钮，如果弹出"成功创建连接脚本"就表示数据库连接成功。

7.3 留言板管理系统页面的设计

留言板管理系统分前台和后台两部分，这里首先制作前台部分的动态网页。前台部分的页面主要是留言展示页面index.asp和在线提交留言信息页面book.asp。

7.3.1 留言板管理系统主页面

在首页index.asp中，单击"留言"链接时，打开在线提交留言信息页面book.asp，访问者可以在上面自由发表意见，但管理人员可以对恶性留言进行审核、删除、修改等。

留言板信息展示页面index.asp的详细制作步骤如下：

01 启动 Dreamweaver CC，在同一站点下选择刚创建的主页面 index.asp，输入网页标题"留言首页"。接下来要设置网页的 CSS 样式，执行菜单"修改"|"页面属性"命令，打开"页面属性"对话框，单击"分类"列选框中的"外观（CSS）"选项，在"上边距"文本框中输入 0 像素，字体大小设置为 12px，具体设置如图 7-22 所示。

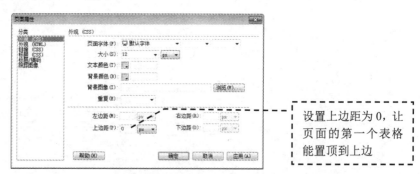

图 7-22 "页面属性"对话框

02 单击"确定"按钮，进入"文档"窗口，执行菜单 "插入"|"表格"命令，打开"表格"对话框，在"行数"文本框中输入需要插入表格的行数 3，在"列"文本框中输入需要插入表格的

列数 1，在"表格宽度"文本框中输入 655 像素，"边框粗细""单元格边距"和"单元格间距"都为 0，如图 7-23 所示。

03 单击"确定"按钮，在"文档"窗口中就插入了一个 3 行 1 列的表格。选择表格，在属性栏中设置"对齐方式"为"居中对齐"，效果如图 7-24 所示。

04 把鼠标放在第 1 行第 1 列中，执行菜单"插入"|"图像"命令，打开"选择图像源文件"对话框，选择文件夹 images 的 top.jpg 图像嵌入到表格中。

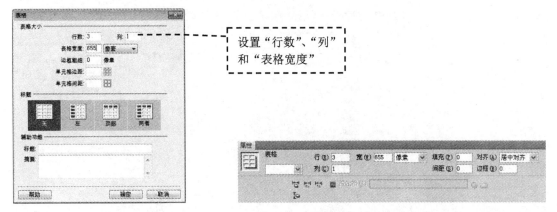

图 7-23　设置"表格"属性　　　　　　　　图 7-24　选择表格对齐方式

05 在第 2 行中执行菜单"插入"|"表格"命令，打开"表格"对话框，在打开的"表格"对话框中设置要插入的表格"行数"为 4 行、"列"为 1 列、"表格宽度"为 100%，其他参数设置为 0，再单击"确定"按钮，就在第 2 行中插入了一个 4 行 1 列的新表格。

06 执行菜单"窗口"|"绑定"命令，打开"绑定"面板，单击"绑定"面板上的 ⊞ 按钮，在弹出的菜单中选择"记录集（查询）"选项，在打开的"记录集"对话框中设定如表 7-3 的数据，如图 7-25 所示。

表 7-3　"Rs 记录集"设定

属性	设置值	属性	设置值
名称	Rs	列	全部
连接	conngbook	筛选	无
表格	gbook	排序	无

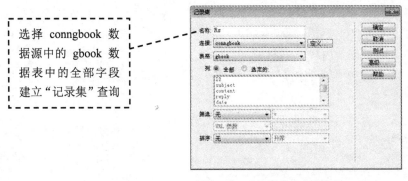

选择 conngbook 数据源中的 gbook 数据表中的全部字段建立"记录集"查询

图 7-25　"记录集"对话框

07 单击"高级"按钮，进行高级模式绑定，在 SQL 文本框中输入如下代码：

```
SELECT *
FROM gbook         //从数据库中选择 gbook 表
WHERE passid=true    //选择的条件为 passid 为"真值"
```

08 当此 SQL 语句从数据表 gbook 中查询出所有的 passid 字段值为 ture 的记录时，表示此留言已经通过管理员的审核，如图 7-26 所示。

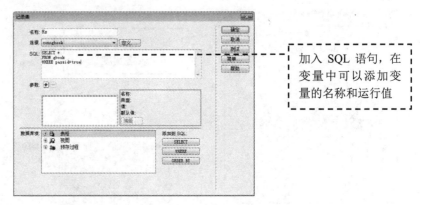

图 7-26　输入 SQL 语句

09 单击"确定"按钮，完成记录集的绑定，然后将此字段插入至 index.asp 网页的适当位置，如图 7-27 所示。

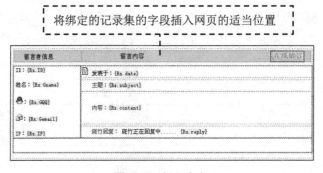

图 7-27　插入字段

10 在"斑竹回复"单元格中，根据数据表中的回复字段 reply 是否为空来判断管理者是否访问过。如果该字段为空，则显示"对不起，暂无回复！"字样信息；如果该字段不为空，就表明管理员对此留言进行了回复，显示回复内容

11 在"设计"视图上，选中"管理回复"单元格，找到"对不起，暂无回复！"字样，并加入以下代码，如图 7-28 所示。

```
<% if IsNull(Rs.Fields.Item("reply").Value) then%>
        对不起，暂无回复！
        <% else %>
        <%=(Rs.Fields.Item("reply").Value)%>
        <% end if %>
```

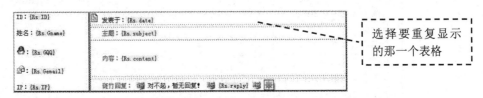

图 7-28 加入代码

12 由于 index.asp 页面显示的是数据库中的部分记录，而目前的设定则只会显示数据库的第一笔数据，因此需要加入"服务器行为"中"重复区域"的设定，选择 index.asp 页面中记录的那一个表格，如图 7-29 所示。

图 7-29 选择要重复显示的内容

13 单击"应用程序"面板组中"服务器行为"面板上的 ⊞ 按钮，在弹出的菜单中选择"重复区域"选项，在打开的"重复区域"对话框中设定显示的数据选项，如图 7-30 所示。

14 单击"确定"按钮回到编辑页面，会发现先前所选取要重复的区域左上角出现了一个"重复"的灰色标签，表示已经完成设定了。

15 将鼠标移至要加入"记录集分页"的位置，在"服务器行为"中的"记录集分页"中分别加入顶页、上一页、下一页和尾页的导向链接，然后单击"确定"按钮，回到编辑页面，此时页面就会出现该记录集分页信息，效果如图 7-31 所示。

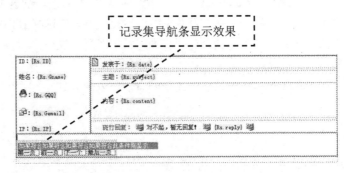

图 7-30 "重复区域"对话框   图 7-31 加入"记录集导航条"

16 至此，留言板的首页 index.asp 设计完成，服务器行为绑定效果如图 7-32 所示。打开 IE 浏览器，在地址栏中输入"http://127.0.0.1"，对首页进行测试，测试效果如图 7-33 所示。

图 7-32　服务器行为绑定代码后效果

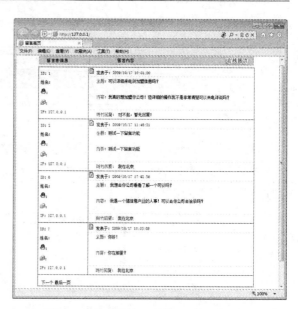

图 7-33　留言板管理系统主页测试效果图

7.3.2　访问者留言页面

本节将要制作访问者在线留言功能，其主要技术是：通过"服务器行为"面板中的"插入记录"功能实现将访问者填写的内容插入到数据表gbook.mdb中，通过"行为"面板中的"检查表单"来对留言主题和内容进行是否为空的检测。

详细的制作步骤如下：

01 启动 Dreamweaver CC，执行菜单"文件"|"新建"命令打开"新建文档"对话框，选择"空白页"选项卡，在"页面类型"下拉列表框中选择 HTML，在"布局"列表框中选择"无"，然后单击"创建"按钮创建新页面，执行菜单"文件"|"另存为"命令，在根目录下将新建文件保存为 book.asp。

02 供访问者留言的页面 book.asp 的效果如图 7-34 所示。

图 7-34　book.asp 静态页面设计效果图

03 执行菜单"插入记录"|"表单"|"表单"命令，插入一个表单，把光标放在刚插入的表单中，执行菜单"插入记录"|"表格"命令，插入一个 2 行 1 列的表格。选中表格，在属性栏中设置"对齐方式"为"居中对齐"。

04 在刚创建的表格第 1 行中执行"插入"|"图像"命令，将 images 文件夹中的 lyb.jpg 图像插入到第 1 行中，接着在表格的第 2 行中执行菜单"插入"|"表格"命令，插入一个 2 行 2 列、宽度为 100%的表格。在新插入的表格的第 1 行第 1 列中插入一下 5 行 3 列、宽度为 90%的表格，在这个表格中插入相关的表单和文本框，得到的效果如图 7-35 所示。

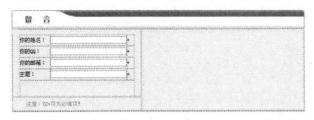

图 7-35　插入相关表格和文本框

05 选择第 5 行单元格，执行菜单"插入"|"表单"|"文本"命令，插入一个文本，并选择该文本，在"属性"面板中设置"文本"的名称为 verifycode，在这个文本域后面加入图片验证码调用代码：

```
<img src="getcode.asp" alt="验证码,看不清楚?请单击刷新验证码" style="cursor :
pointer;"onclick="this.src='getcode.asp?t='+(newDate().getTime());nocheckcode
.src='nocheckcode.asp'" />
```

验证码来源于 getcode.asp，AIT 属性是当验证码无法显示时将显示"验证码，看不清楚？请单击刷新验证码"文字。

提示

Getcode.asp中的代码如下：

```
<%
Option Explicit
Response.buffer=true
Response.Expires = -1
Response.ExpiresAbsolute = Now() - 1
Response.Addheader  "cache-control","no-cache"
Response.AddHeader  "Pragma","no-cache"
Response.ContentType = "Image/BMP"
Call Com_CreatValidCode("GetCode")
Sub Com_CreatValidCode(pSN)
    Randomize
    Dim i, ii, iii
    Const cOdds = 3 ' 杂点出现的概率
    Const cAmount = 10 ' 文字数量
    Const cCode = "0123456789"
    ' 颜色的数据(字符，背景)
    Dim vColorData(1)
    vColorData(0) = ChrB(0) & ChrB(0) & ChrB(211)  ' 蓝0，绿0，红0（黑色）
    vColorData(1) = ChrB(255) & ChrB(255) & ChrB(255) ' 蓝250，绿236，红211
（浅蓝色）
    ' 随机产生字符
    Dim vCode(4), vCodes
    For i = 0 To 3
```

```
            vCode(i) = Int(Rnd * cAmount)
            vCodes = vCodes & Mid(cCode, vCode(i) + 1, 1)
        Next
        Session(pSN) = vCodes    '记录入 Session
        ' 字符的数据
        Dim vNumberData(9)
        vNumberData(0) = "1110000111110111101111011110111101001011110100101111 0
00101111010010111101111011110111101111110000111"
        vNumberData(1) = "1111011111100011111111101111111111011111111101111111
11011111111110111111111011111111110111111111000111"
        vNumberData(2) = "1110000111110111101111011110111111111110111111111011 1111
11011111111110111111111011111101111100000011"
        vNumberData(3) = "1110000111110111101111011110111111111011111111001111111
11101111111111101111011110111101111101111110000111"
        vNumberData(4) = "1111101111111110111111111001111111010111111011011111110
11011111110000001111111011111111110111111111000011"
        vNumberData(5) = "1100000011110111111111011111111110100011111001110111 11
11110111111111011111011110111101111011110111110000111"
        vNumberData(6) = "111110001111110111101111011111111111101111111111010000111110
011101111011110111110111101111011110111110000111"
        vNumberData(7) = "1100000011110111011110111101110111111110111111111101111111
10111111111101111111110111111111011111111110011111"
        vNumberData(8) = "1110000111110111101111011110111101111011110111101111100001111 11
01101111101111011110111101111011110111110000111"
        vNumberData(9) = "1110001111110111101111101111011110111101111011110111100111 11
00010111111111011111111110111101111011101111110001111"
        ' 输出图像文件头
        Response.BinaryWrite ChrB(66) & ChrB(77) & ChrB(230) & ChrB(4) & ChrB(0)
& ChrB(0) & ChrB(0) & ChrB(0) &_
            ChrB(0) & ChrB(0) & ChrB(54) & ChrB(0) & ChrB(0) & ChrB(0) & ChrB(40)
& ChrB(0) &_
            ChrB(0) & ChrB(0) & ChrB(40) & ChrB(0) & ChrB(0) & ChrB(0) & ChrB(10)
& ChrB(0) &_
            ChrB(0) & ChrB(0) & ChrB(1) & ChrB(0)
        ' 输出图像信息头
        Response.BinaryWrite ChrB(24) & ChrB(0) & ChrB(0) & ChrB(0) & ChrB(0) &
ChrB(0) & ChrB(176) & ChrB(4) &_
            ChrB(0) & ChrB(0) & ChrB(18) & ChrB(11) & ChrB(0) & ChrB(0) & ChrB(18)
& ChrB(11) &_
            ChrB(0) & ChrB(0) & ChrB(0) & ChrB(0) & ChrB(0) & ChrB(0) & ChrB(0) &
ChrB(0) &_
            ChrB(0) & ChrB(0)
        For i = 9 To 0 Step -1   ' 历经所有行
            For ii = 0 To 3   ' 历经所有字
                For iii = 1 To 10   ' 历经所有像素
                    ' 逐行、逐字、逐像素地输出图像数据
                    If Rnd * 99 + 1 < cOdds Then   ' 随机生成杂点
                        If Mid(vNumberData(vCode(ii)), i * 10 + iii, 1) Then
                            Response.BinaryWrite vColorData(0)
                        Else
```

```
                    Response.BinaryWrite vColorData(1)
                End If
            Else
                Response.BinaryWrite vColorData(Mid(vNumberData(vCode
(ii)), i * 10 + iii, 1))
                End If
            Next
        Next
    Next
End Sub
%>
```

06 在右边栏中执行菜单"插入"|"表格"命令，插入一个 3 行 1 列的表格，在插入的新表格中的第 1 行执行菜单"插入"|"图像"命令，将 imaegs 文件夹中的 lyb_06.gif 图像插入到表格中。在第 2 行中执行菜单"插入"|"表单"|"文本区域"命令，插入一个名为 content 的文本区域，如图 7-36 所示。

图 7-36　插入图像和文本区域

07 选择第 3 行单元格，执行菜单"插入"|"表单"|"提交按钮"命令，插入提交按钮，并在"属性"面板中输入按钮的值为"确定留言"。再执行菜单"插入"|"表单"|"重置按钮"命令，插入重置按钮，然后在"属性"面板中输入按钮的值为"清除重写"，最后在按钮左侧输入"注意：加*项为必填项！"，具体设置和效果如图 7-37 所示。

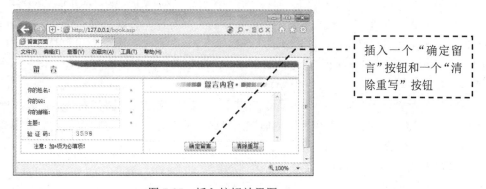

插入一个"确定留言"按钮和一个"清除重写"按钮

图 7-37　插入按钮效果图

08 在留言板表单内部执行"插入"|"表单"|"隐藏域"命令，插入一个隐藏域，选中该隐藏域，将其命名为 IP，并在"属性"面板中对其赋值，如图 7-38 所示。

```
<%=Request.ServerVariables("REMOTE_ADDR")%>
//自动取得用户的 IP 地址
```

插入隐藏域 IP 并给 IP 赋值,以取得用户 IP 地址

图 7-38 设定 IP

09 单击"应用程序"面板组中"服务器行为"面板上的 ⊞ 按钮,在弹出的菜单中选择"插入记录",在打开的"插入记录"对话框中设置如表 7-4 所示的参数,效果如图 7-39 所示。

表 7-4 "插入记录"设置

属性	设置值
连接	conngbook
插入到表格	gbook
插入后,转到	index.asp
获取值自	form1
表单元素	对比表单字段与数据表字段

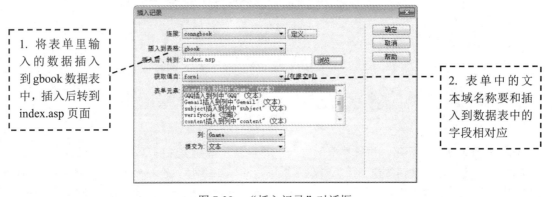

1. 将表单里输入的数据插入到 gbook 数据表中,插入后转到 index.asp 页面

2. 表单中的文本域名称要和插入到数据表中的字段相对应

图 7-39 "插入记录"对话框

10 单击"确定"按钮,回到网页设计编辑页面,完成页面 book.asp 插入记录的设置。

11 有些访问者进入留言页面 book.asp 后,不填任何数据就直接把表单送出,这样数据库中就会自动生成一笔空白数据,为了阻止这种现象发生,须加入"检查表单"的行为。具体操作是在 book.asp 的标签检测区中单击<form1>标签,然后单击"行为"面板中的 ⊞ 按钮,在弹出的菜单中选择"检查表单"选项,如图 7-40 所示。

12 "检查表单"行为会根据表单的内容来设定检查方式,留言者一定要填入标题和内容,因此将 subject、content 这两个字段的值选中"必需的"复选框,这样就可完成"检查表单"的行为设定了,具体设置如图 7-41 所示。

13 单击"确定"按钮,完成留言页面的设计。

图 7-40　选择"检查表单"选项

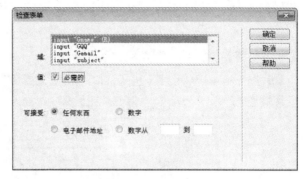

图 7-41　选择必填字段

7.4　网站后台管理功能的设计

留言板后台管理系统可以使系统管理员通过 admin_login.asp 进行登录管理，管理者登录入口页面的设计效果如图 7-42 所示。

7.4.1　管理者登录入口页面

管理页面是不允许一般网站访问者进入的，必须受到权限约束。详细操作步骤如下：

图 7-42　系统管理入口页面

01 启动 Dreamweaver CC，执行菜单"文件"|"新建"命令，打开"新建文档"对话框，选择"空白页"选项卡，在"页面类型"下拉列表框中选择 html，在"布局"下拉列表框中选择"无"，然后单击"创建"按钮创建新页面，输入网页标题"后台管理登录"，执行菜单"文件"|"另存为"命令，打开"另存为"对话框，在"文件名"文本框中输入文件名 admin_login.asp。

02 打开 admin_login.asp 页面，执行菜单"插入"|"表单"|"表单"命令，插入一个表单。

03 将光标放置在该表单中，执行菜单"插入"|"表格"命令，在该表单中插入一个 4 行 2 列的表格，选择表格，在"属性"面板中设置"对齐（A）"为"居中对齐"。把表格的第 1 行和第 4 行分别进行行合并，得到的效果如图 7-43 所示。

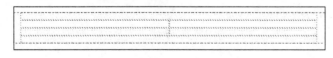

图 7-43　在表单中插入的表格

04 在该表格的第 1 行中输入文字"留言板后台管理中心"，在表格的第 2 行第 1 个单元格中，输入文字说明"账号："，在第 2 行表格的 2 个单元格中单击"文本"按钮 ，插入文本表单对象，定义文本名为 username，此时的效果如图 7-44 所示。

05 在第 3 行第 1 个单元格中输入文字说明 "密码:",在第 3 行表格的第 2 个单元格中,单击 "密码" 按钮 ，插入密码表单对象,此时的效果如图 7-45 所示。

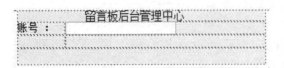

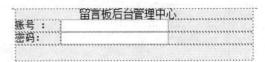

图 7-44 输入 "账号:" 名和插入 "文本" 的效果　　图 7-45 输入 "密码:" 名和插入 "密码" 的效果

06 选择第 4 行单元格,执行菜单 "插入" | "表单" | "提交按钮" 命令,插入 "提交" 按钮。执行菜单 "插入" | "表单" | "重置按钮" 命令,插入 "重置" 按钮。

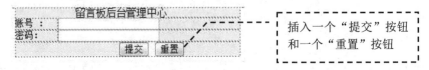

图 7-46 设置按钮名称的属性及效果

07 单击 "应用程序" 面板组中 "服务器行为" 面板上的 按钮,在弹出的菜单中选择 "用户身份验证/登录用户" 选项,弹出 "登录用户" 对话框,如果不成功,将返回主页面 index.asp;如果成功将登录后台管理主页面 admin.asp,如图 7-47 所示。

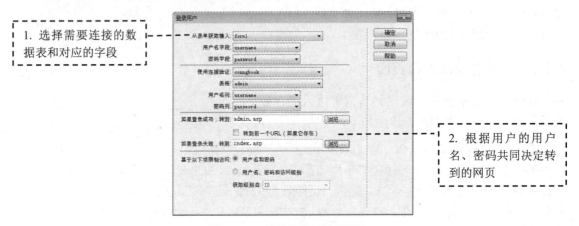

图 7-47 "登录用户" 对话框

08 执行菜单 "窗口" | "行为" 命令,打开 "行为" 面板,单击 "行为" 面板中的 按钮,在弹出的菜单中选择 "检查表单" 选项,弹出 "检查表单" 对话框,设置 username 和 password 文本域的 "值" 都为 "必需的"、"可接受" 为 "任何东西",如图 7-48 所示。

09 单击 "确定" 按钮,回到编辑页面,管理者登录入口页面 admin_login.asp 的设计与制作全部完成。

图 7-48 "检查表单" 对话框

7.4.2　后台管理主页面

后台管理主页面admin.asp是管理者由登入的页面验证成功后所转到的页面。这个页面提供删除和编辑留言的功能，效果如图7-49所示。详细操作步骤如下：

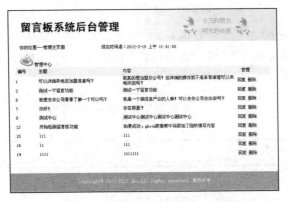

图7-49　"管理页面"的设计效果

01 打开 admin.asp 页面，此页面设计比较简单，在这里不做说明，单击"绑定"面板上的 ⊕ 按钮，在弹出的对话框中选择"记录集（查询）"选项，在打开的"记录集"对话框中，输入的设定值如表7-5所示，设定后的效果如图7-50所示。

表7-5　"Rs记录集"设置

属性	设置值
名称	Rs
连接	conngbook
表格	gbook
列	全部
筛选	无
排序	ID降序

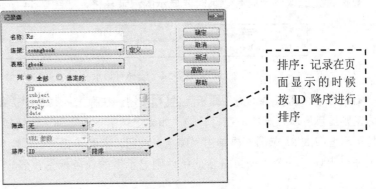

图7-50　"记录集"对话框

02 绑定记录集后，将记录集字段插入至 admin.asp 网页的适当位置，如图7-51所示。

将记录集的字段插入 admin.asp 网页的适当位置
{Rs. ID}
{Rs. subject}
{Rs. content}

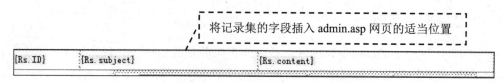

图 7-51　插入字段

03 admin.asp 页面的功能是显示数据库中的部分记录，而目前的设定则只会显示数据库的第一笔数据，需要加入“服务器行为”中“重复区域”的命令，选择 admin. asp 页面中与记录有关的一行表格，如图 7-52 所示。

选择下面所示的整行内容
{Rs. ID}
{Rs. subject}
{Rs. content}

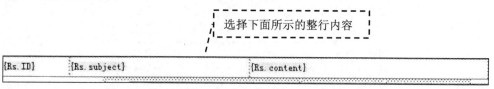

图 7-52　选择要重复的内容

04 单击“应用程序”面板组中“服务器行为”面板上的[+]按钮，在弹出的菜单中选择“重复区域”选项。在打开的“重复区域”对话框中，在“记录集”中选择 Rs 并设置一页显示的数据选项为 10 条记录，如图 7-53 所示。

重复区域
记录集: Rs
显示: 10 记录
所有记录
确定
取消
帮助
设置显示的记录数为 10

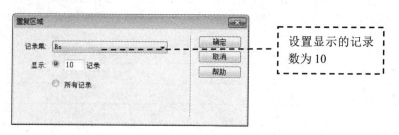

图 7-53　“重复区域”对话框

05 单击“确定”按钮，回到编辑页面，会发现先前所选取要重复的区域左上角出现了一个“重复”的灰色标签，表示已经完成设置。

06 首先选取记录集有记录时要显示的记录表格，如图 7-54 所示。

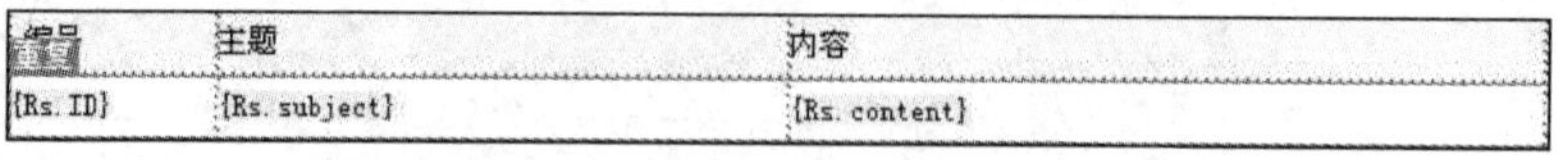

编号
重复
主题
内容
{Rs. ID}
{Rs. subject}
{Rs. content}

图 7-54　选择有记录和显示页面

07 单击“服务器行为”面板上的[+]按钮，在弹出的菜单中选择“显示区域”|“如果记录集不为空则显示区域”选项。在打开的“如果记录集不为空则显示区域”对话框中，选择“记录集”下拉列表框中的 Rs 选项，再单击“确定”按钮。回到编辑页面，会发现先前所选取要显示的区域左上角，出现了一个“如果符合此条件则显示”的灰色标签，表示已经完成设定了，如图 7-55 所示。

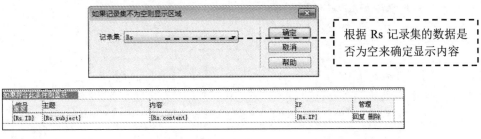

图 7-55　完成设置

08 选取记录集没有记录时要显示的文字内容"目前没有任何留言",如图 7-56 所示。

图 7-56　选择没有记录要显示的页面内容

09 单击"服务器行为"面板上的 ➕ 按钮,在弹出的菜单中选择"显示区域"|"如果记录集为空则显示区域"选项。在打开的"如果记录集为空则显示区域"对话框中,选择"记录集"下拉列表框中的 Rs 选项,再单击"确定"按钮。回到编辑页面,会发现先前所选取要显示的区域左上角出现了一个"如果符合此条件则显示"的灰色标签,表示已经完成设定了,如图 7-57 所示。

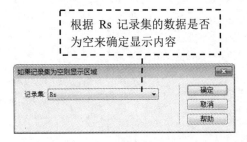

图 7-57　设置记录集为空的显示区域

10 将光标移至要加入"记录集分页"的位置,在"服务器行为"中的"记录集分页"中分别加入顶页、上一页、下一页和尾页的导向链接,然后单击"确定"按钮回到编辑页面,会发现页面出现了该记录集的导航条,如图 7-58 所示。

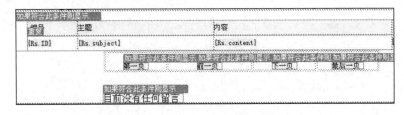

图 7-58　加入"记录集导航条"

11 单击页面中的"回复"文字,然后单击"服务器行为"面板上的 ➕ 按钮,在弹出的菜单中选择"转到详细页面"命令,如图 7-59 所示。

12 在弹出的"转到详细页面"对话框中,单击"浏览"按钮来打开选择文件的对话框,在此选择 reply.asp,如图 7-60 所示。

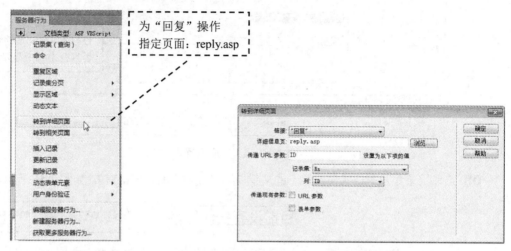

图 7-59　选择"转到详细页面"　　　　　　图 7-60　选择要转向的文件

13 单击"确定"按钮，回到编辑页面，选取编辑页面中的"删除"文字，然后单击"服务器行为"面板上的 ➕ 按钮，在弹出的菜单中选择"转到详细页面"选项，在打开的"转到详细页面"对话框中，单击"浏览"按钮，打开"选择文件"对话框，选择 delbook.asp，其他设定值默认不变，如图 7-61 所示。

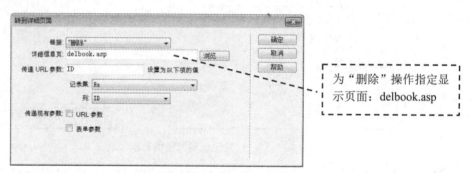

图 7-61　"转到详细页面"对话框

14 单击"确定"按钮，回到编辑页面。单击"应用程序"面板组中的"服务器行为"面板上的 ➕ 按钮，在弹出的菜单中选择"用户身份验证/限制对页的访问"选项，在打开的"限制对页的访问"对话框中设置"如果访问被拒绝，则转到 admin_login.asp"页面，如图 7-62 所示。

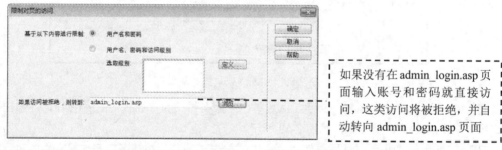

图 7-62　"限制对页的访问"对话框

15 单击"确定"按钮，就完成了后台管理页面 admin.asp 的制作。

7.4.3 回复留言页面

回复留言的功能主要通过reply.asp页面对用户留言进行回复，实现的方法是将数据库的相应字段绑定到页面中，管理员在"回复内容"中填写内容，单击"回复"按钮，将管理员填写回复的内容添加到gbook数据表中，页面效果如图7-63所示。详细的操作步骤如下：

图7-63 回复留言页面

01 打开 reply.asp 页面，并单击"绑定"面板上的 ➕ 按钮，在弹出的选项中选择"记录集（查询）"选项，在打开的"记录集"对话框中，输入如表 7-6 所示的设定值，再单击"确定"按钮完成设定，效果如图 7-64 所示。

表7-6 "Rs记录集"设定

属性	设置值	属性	设置值
名称	Rs	列	全部
连接	conngbook	排序	无
表格	gbook	筛选	ID、=、URL参数、ID

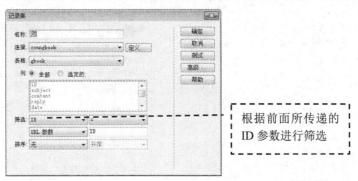

根据前面所传递的
ID 参数进行筛选

图7-64 设置绑定的"记录集"

02 绑定记录集后，再将记录集的字段插入 reply.asp 网页中的适当位置，如图 7-65 所示。

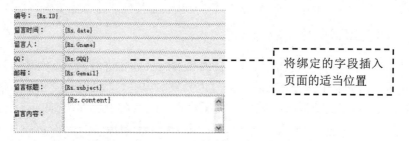

图 7-65　在页面插入绑定字段

03 在本页面中添加两个隐藏域，一个为 repiydate，用来设定回复时间，赋值为 <%=now()%>；另外一个是 passid，用来决定是否通过审核的一个权限，赋值为 1 时就自动通过审核，如图 7-66 所示。

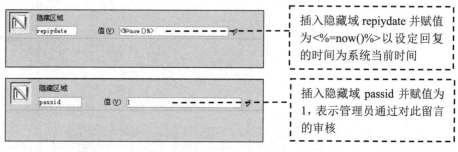

图 7-66　设置"隐藏域"

04 单击"服务器行为"面板上的 按钮，在弹出的菜单中选择"更新记录"，如图 7-67 所示。用于根据留言内容对数据库中的数据进行更新。

05 在打开的"更新记录"对话框中，根据表 7-7 进行设置，效果如图 7-68 所示。

表 7-7　"更新记录"设置

属性	设置值	属性	设置值
连接	conngbook	唯一键列	ID
要更新的表格	gbook	获取值自	form1
选取记录自	Rs	表单元素	与文本域名对应
在更新后，转到	admin.asp		

图 7-67　选择"更新记录"命令

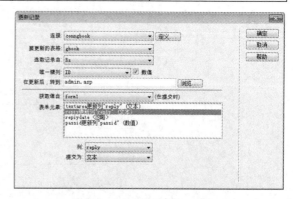

图 7-68　设定"更新记录"

06 单击"确定"按钮回到编辑页面，这样就完成回复留言页面的设置。

7.4.4 删除留言页面

删除留言页面delbook.asp的功能是将表单中的记录从相应的数据表中删除，页面设计效果如图 7-69 所示，详细说明步骤如下：

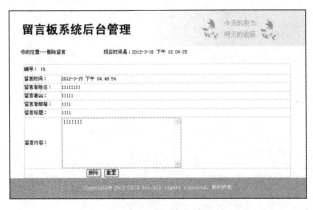

图 7-69 删除留言页面效果图

01 打开 delbook.asp 页面，单击"绑定"面板上的 ![+] 按钮，在弹出的菜单中选择"记录集（查询）"选项，在弹出的"记录集"对话框中，输入如表 7-8 所示的数据，再单击"确定"按钮完成设置，效果如图 7-70 所示。

表 7-8 "Rs 记录集"设置

属性	设置值	属性	设置值
名称	Rs	列	全部
连接	conngbook	筛选	ID、=、URL参数、ID
表格	gbook	排序	无

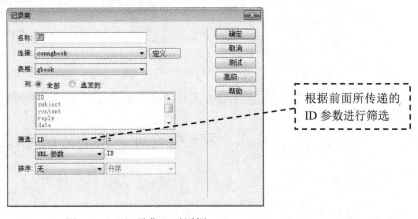

图 7-70 "记录集"对话框

02 绑定记录集后，再将记录集的字段插入 delbook.asp 网页的各项说明文字后面，如图 7-71 所示。

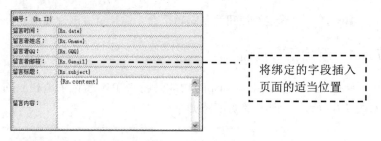

图 7-71　字段插入

03 在 delbook.asp 的页面上，单击"服务器行为"面板上的 ⊞ 按钮，在弹出的菜单中选择"删除记录"命令，如图 7-72 所示，用于对数据表中的数据进行删除操作。

04 在打开的"删除记录"对话框中，根据表 7-9 的参数来设置，效果如图 7-73 所示。

表 7-9　"删除记录"设置

属性	设置值	属性	设置值
连接	conngbook	唯一键列	ID
从表格中删除	gbook	提交此表单以删除	form1
选取记录自	Rs	删除后，转到	admin.asp

提交 form1 表单时从 gbook 数据表中删除相应数据，删除后转到 admin.asp

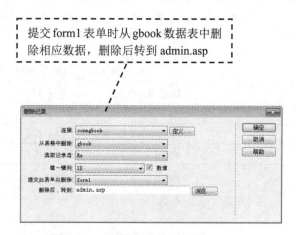

图 7-72　选择"删除记录"命令　　　　图 7-73　"删除记录"对话框

05 单击"确定"按钮回到编辑页面，这样就完成删除留言页面的设定了。

7.5　留言板管理系统功能的测试

将相关的网页保存并上传到服务器，就可以测试该功能的执行情况了。

7.5.1　留言测试

测试步骤如下：

01 打开 IE 浏览器，在地址栏中输入"http://127.0.0.1"，打开 index.asp 文件，如图 7-74 所示。

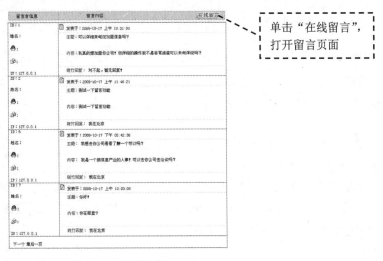

图 7-74 首页效果

02 单击"在线留言",就可以进入留言页面 book.asp,如图 7-75 所示。

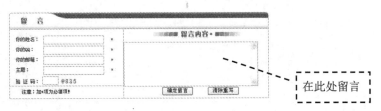

图 7-75 留言页面效果图

03 开始检测留言板功能,在留言页面中输入如图 7-76 所示的信息,再单击"确定留言"按钮。此时打开 gbook 数据表,可以看到记录中多了一个刚填写的数据,表示留言成功,如图 7-77 所示。

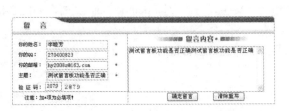

图 7-76 输入留言信息

图 7-77 向数据表中添加的数据

7.5.2 后台管理测试

后台管理在留言板管理系统中起着很重要的作用，制作完成后也要进行测试，操作步骤如下：

01 打开 IE 浏览器，在地址栏中输入 http://127.0.0.1/admin_login.asp，打开 admin_login.asp 文件，如图 7-78 所示。

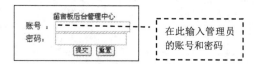

图 7-78　后台管理入口

02 在网页的表单对象的文本框及密码框中输入用户名及密码，输入完毕，单击"提交"按钮。

03 如果在第二步中填写的登录信息是错误的，浏览器就会转到主页面 index.asp；如果输入的用户名和密码都正确，就进入 admin.asp 页面。这里输入前面数据库设置的用户 admin 和密码时，转到 admin.asp 页面，如图 7-79 所示。

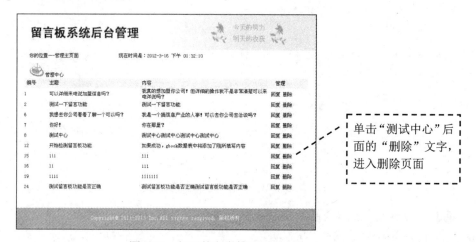

图 7-79　打开的留言管理页面

04 单击后面的"删除"文字，进入删除 delbook.asp 页面，如图 7-80 所示。

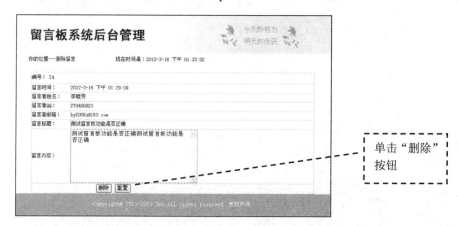

图 7-80　打开的删除页面

05 在打开的删除页面中单击"删除"按钮，此留言就可以从数据库中删除。删除留言后返回留言管理页面 admin.asp。

06 在留言管理页面选择"回复"文字（本次测试选择编号为 24 的留言进行回复），则进入回复页面 reply.asp，如图 7-81 所示。

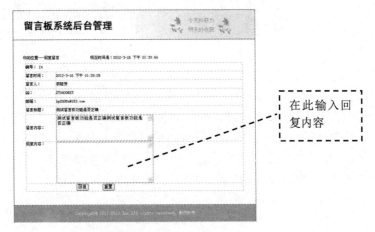

图 7-81　打开的回复页面

07 填写回复内容"测试回复功能"，再单击"回复"按钮，将成功回复，并自动通过审核留言内容。

至此，完成了网站留言板管理系统的建设，读者可以将其应用于实际网站中。

第8章 投票管理系统开发

一个投票管理系统大体可分为3个模块：选票模块、选票处理模块以及投票结果显示模块。投票管理系统首先给出选票选题，即供投票者选择的表单对象，当投票者单击选择投票按钮后，选票处理模块激活，对服务器传送过来的数据做出相应的处理，先判断用户选择的是哪一项，把相应字段的值加1，然后对数据进行更新，最后将投票结果显示出来。

将要制作的投票管理系统的网页及网页结构如图8-1所示。

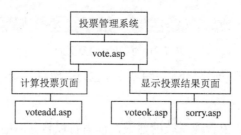

图8-1 投票管理系统结构图

本章重要知识点 >>>>>>>>>>

- 投票管理系统站点的设计
- 投票管理系统数据库的规划
- 计算投票的方法
- 防止刷新的设置

8.1 系统的整体设计规划

投票管理系统可以分为3个部分的页面内容：一是计算投票页面，二是显示投票结果页面，三是用来提供访问者选择投票主题的页面。本章制作的投票系统总共有4个页面，页面的功能与文件名称如表8-1所示。

表8-1 投票系统网页设计表

需要制作的主要页面	页面名称	功能
开始投票页面	vote.asp	访问者可以开始进行投票
计算投票页面	voteadd.asp	对访问者提交的数据进行计算
显示投票结果页面	voteok.asp	显示投票选项比例和总投票数
投票失败页面	sorry.asp	投票失败转向的页面

8.1.1　页面设计规划

根据介绍的投票管理系统的页面设计规划，在本地站点上建立站点文件夹vote，将要制作的投票管理系统的文件夹和文件如图8-2所示。

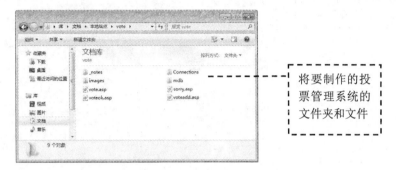

图8-2　站点规划文件

8.1.2　网页美工设计

投票管理系统的页面共4个，包括开始投票页面、计算投票页面、显示投票结果页面以及投票失败页面。计算投票页面voteadd.asp的实现方法是：先接收vote.asp所传递过来的参数，然后执行累加的功能。为了保证投票的公正性，本系统根据IP地址的唯一性设置了防止页面刷新的功能。开始投票页面和显示投票结果页面的设计分别如图8-3和图8-4所示。

图8-3　开始投票页面

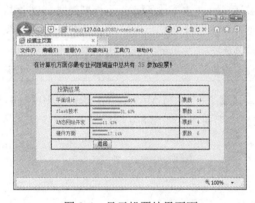

图8-4　显示投票结果页面

8.2　投票数据库设计与连接

本节使用Access建立投票系统的数据库，该数据库主要用来存储投票选项和投票次数，同时进一步掌握投票管理系统数据库的连接方法。

8.2.1　数据库设计

投票管理系统需要一个用来存储投票选项和投票次数的数据表vote和用于存储用户IP地址的数据表ip。创建的vote表如图8-5所示。

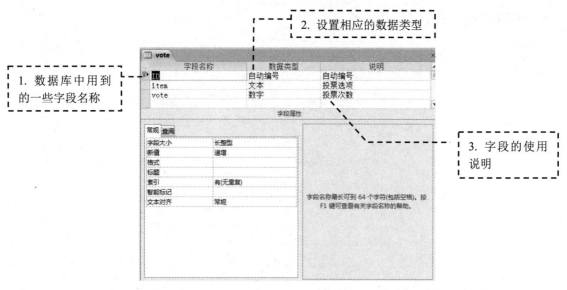

图 8-5 创建的 vote 数据表

数据库设计的步骤如下：

01 投票信息数据表 vote 的字段采用如表 8-2 所示的结构。

表 8-2 投票信息数据表 vote

意义	字段名称	数据类型	字段大小	必填字段	允许空字符串	默认值
主题编号	ID	自动编号	长整型			
投票选项	item	文本	50	是	否	
投票次数	vote	数字	长整型	是		

02 首先运行 Microsoft Access 2010 程序，单击"空数据库"按钮，在主界面的右侧打开"空数据库"面板，如图 8-6 所示。

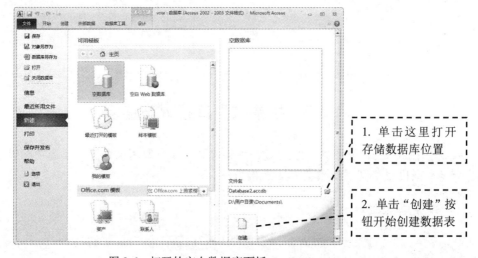

图 8-6 打开的空白数据库面板

03 在相关路径中先新建几个存放文件的文件夹，如 images 文件夹、mdb 文件夹等，如图 8-7 所示。

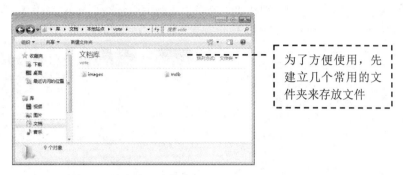

图 8-7　建立常用文件夹

04 建立好几个常用文件夹后回到 Access 2010 操作软件，单击"空数据库"面板上的 按钮，打开"文件新建数据库"对话框，在"保存位置"下拉列表框中选择站点 vote 文件夹中的 mdb 文件夹，在"文件名"文本框中输入文件名 vote，在"保存类型"中选择"Microsoft Access 数据库（2002-2003 格式）（*.mdb）"，如图 8-8 所示。

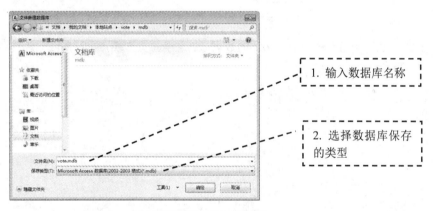

图 8-8　"文件新建数据库"对话框

05 单击"确定"按钮，返回"空数据库"面板，再单击"空数据库"面板的"创建"按钮，即在 Microsoft Access 中创建了 vote.mdb 数据库，同时 Microsoft Access 会自动生成一个"表 1"数据表，在"表 1"数据表上单击鼠标右键，打开快捷菜单，执行快捷菜单中的"设计视图"命令，如图 8-9 所示。

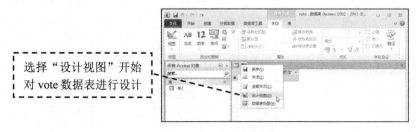

图 8-9　打开的快捷菜单命令

06 选择快捷菜单中的"设计视图"命令，打开"另存为"对话框，在"表名称"文本框中输入数据表名称 vote，如图 8-10 所示。

07 单击"确定"按钮，即在"所有表"列表框中建立了 vote 数据表，按表 8-2 输入字段名并设置其属性，完成后如图 8-11 所示。

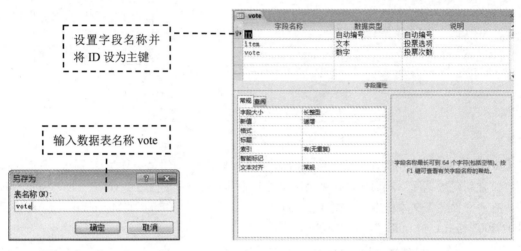

图 8-10 "另存为"对话框   图 8-11 创建表的字段

08 双击 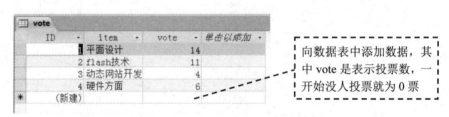 vote 选项，打开 vote 的数据表，为了预览方便，可以在数据库中预先添加一些数据，如图 8-12 所示。

图 8-12 vote 表中的输入记录

09 用上述方法建立一个 ip 数据表，如图 8-13 所示。

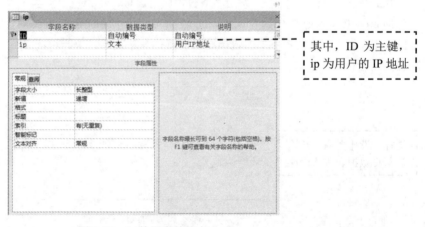

图 8-13 ip 数据表的建立

10 编辑完成，单击"保存"按钮 ，然后关闭 Access 软件。

8.2.2 创建数据库连接

在数据库创建完成后，必须在Dreamweaver CC 中建立数据源连接对象，这样才能在动态网页中调用这个数据库文件。

具体的连接步骤如下：

01 依次单击"控制面板"|"管理工具"|"数据源 （ODBC）"|"系统 DSN"命令，打开"ODBC 数据源管理器"对话框中的"系统 DSN"选项卡，如图 8-14 所示。

02 在图 8-14 中单击"添加(D)"按钮，打开"创建新数据源"对话框，选择 Driver do Microsoft Access（*.mdb）选项。

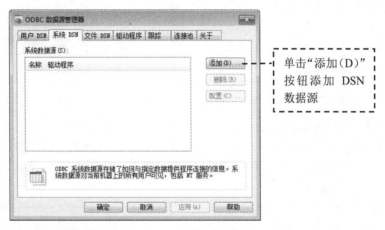

图 8-14　"ODBC 数据源管理器"中的"系统 DSN"选项卡

03 选择 Driver do Microsoft Access（*.mdb）选项后，单击"完成"按钮打开"ODBC Microsoft Access 安装"对话框，在"数据源名（N）"文本框输入"connvote"，如图 8-15 所示。

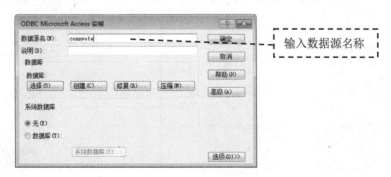

图 8-15　"ODBC Microsoft Access 安装"对话框

04 在图 8-15 中单击"选择（S）"按钮，打开"选择数据库"对话框，单击"驱动器（V）"下拉列表框右边的三角按钮 ，从下拉列表框中找到创建数据库步骤中保存数据库的文件，然后在左上方"数据库名（A）"选项相对文件夹 mdb 中选择数据库文件 vote.mdb，则数据库名称自动添加到"数据库名（A）"文本框中，如图 8-16 所示。

05 找到数据库后,在"选择数据库"对话框中单击"确定"按钮,回到"ODBC Microsoft Access 安装"对话框中,再次单击"确定"按钮,返回到"ODBC 数据源管理器"中的"系统 DSN"选项卡中,可以看到在"系统数据源"中已经添加了一个名称为 connvote、驱动程序为 Driver do Microsoft Access(*.mdb)的系统数据源,如图 8-17 所示。

06 最后单击"确定"按钮,完成"ODBC 数据源管理器"中"系统 DSN"选项卡的设置。

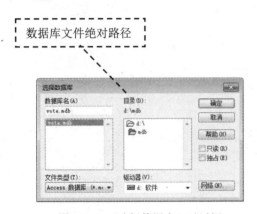

图 8-16 "选择数据库"对话框　　　图 8-17 "ODBC 数据源管理器"对话框

07 启动 Dreamweaver CC,执行菜单"文件"|"新建"命令,打开"新建文档"对话框,选择"空白页"选项卡中"页面类型"下拉列表框下的 HTML 选项,在"布局"下拉列表框中选择"无"选项,然后单击"创建"按钮创建新页面,在网站根目录下新建一个名为 vote.asp 的网页并保存,如图 8-18 所示。

08 设置好"站点""测试服务器",在 Dreamweaver CC 软件中执行菜单"窗口"|"数据库"命令,打开"数据库"面板,单击"数据库"面板上的 ⊞ 按钮,在弹出的列表中选择"数据源名称(DSN)"选项,如图 8-19 所示。

图 8-18 建立首页并保存　　　图 8-19 选择"数据源名称(DSN)"选项

09 打开"数据源名称(DSN)"对话框,在"连接名称"文本框中输入"connvote",单击"数据源名称(DSN)"下拉列表框右边的三角按钮 ✓,从打开的下拉列表中选择 connvote 选项,其他参数保持默认值,如图 8-20 所示。

1. 输入连接名称

2. 选择数据源 connvote

图 8-20　"数据源名称（DSN）"对话框

10 单击"确定"按钮，完成数据库的连接，同时在网站根目录下自动创建一个名为 Connections 的文件夹。Connections 文件夹里面有名称为 connvote.asp 的文件，至此完成数据库的连接。

8.3　投票管理系统页面设计

对投票管理系统来说，需要重点设计的页面是开始投票页面 vote.asp 和投票结果页面 voteok.asp。计算投票页面 voteadd.asp 是一个动态页面，没有相应的静态页面效果，只有累加投票次数的功能。

8.3.1　开始投票页面的设计

开始投票页面 vote.asp 主要是用来显示投票的主题和投票的内容，让用户进行投票，然后把投票的选项值传递到计算投票页面 voteadd.asp 页面进行计算。

详细的操作步骤如下：

01 打开刚创建的 vote.asp 页面，输入网页标题"投票主页"，执行菜单"文件"|"保存"命令将网页保存。

02 执行菜单"修改"|"页面属性"命令，打开"页面属性"对话框，单击"分类"列表框中的"外观（CSS）"选项，然后在"上边距"文本框中输入 0，背景颜色设为#CCCCCC（灰色），设置字体大小为 12px，如图 8-21 所示。

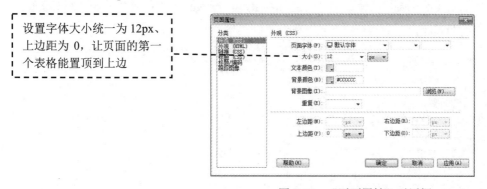

设置字体大小统一为 12px、上边距为 0，让页面的第一个表格能置顶到上边

图 8-21　"页面属性"对话框

03 单击"确定"按钮，进入"文档"窗口，执行菜单"插入"|"表格"命令，打开"表格"对话框。在"行数"文本框中输入需要插入表格的行数 4，在"列"文本框中输入需要插入表格的

列数 3，在"表格宽度"文本框中输入 600 像素，"边框粗细""单元格边距"和"单元格间距"都为 0，其他设置如图 8-22 所示。

04 单击"确定"按钮插入一个 4 行 3 列的表格，并在"属性"面板中设置"对齐"为"居中对齐"，分别选择第 1、2、4 行中的 3 个单元格，在"属性"面板中，单击"合并所选单元格" ⬜ 按钮，分别将第 1、2、4 行表格合并，再依次执行菜单"插入" | "图像"命令，在第 1 行中插入 images 文件夹中的 vote_01.gif 图像；在第 2 行中插入 images 文件夹中的 vote_02.gif 图像；在第 4 行中插入 images 文件夹中的 vote_04.gif 图像，最后的效果如图 8-23 所示。

插入一个宽度为 600 像素、4 行 3 列的表格

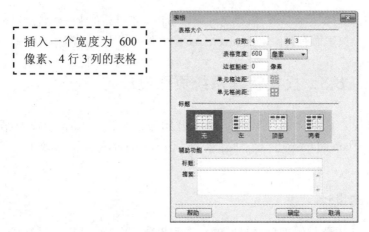

图 8-22 "表格"对话框

合并单元格，并在不同的单元格中插入不同的图片

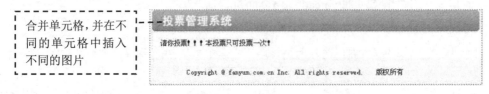

图 8-23 插入图像

05 在第 3 行表格的第 1 个和第 3 个单元格中，分别设置高度为 271 像素、宽度为 76 像素；在第 2 个单元格的"属性"面板的背景中，设置背景图片为 images 文件夹中的 vote_03.gif 图像，得到的效果如图 8-24 所示。

设置单元格的宽度和高度，在单元格中插入背景图片

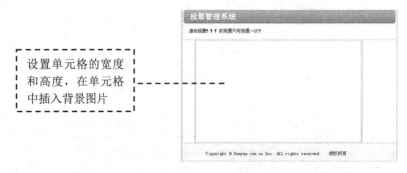

图 8-24 插入背景图片

06 在刚创建背景图片的单元格中，执行菜单"插入" | "表单" | "表单"命令，再执行菜单"插入" | "表格"命令，在表单中插入一个 3 行 2 列的表格，在第 2 行的第 1 个单元格中执行菜

单"插入"|"表单"|"单选按钮"命令，插入一个"单选按钮"，在"属性"面板中将其命名为 ID，如图 8-25 所示。

图 8-25 设置"单选按钮"名称

07 将第 3 行表格合并，然后执行菜单"插入"|"表单"|"按钮"命令，插入两个按钮，一个是用来提交表单的按钮（命名为"投票"），另一个是用来查看投票结果的按钮（命名为"查看"），效果如图 8-26 所示。

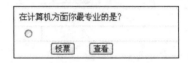

图 8-26 效果图

08 单击"应用程序"面板组中"绑定"面板上的 ➕ 按钮，在弹出的菜单中选择"记录集（查询）"命令。在打开的"记录集"对话框中，输入如表 8-3 所示的数据，单击"确定"按钮完成设置，如图 8-27 所示。

表 8-3 "记录集"的表格设定

属性	设置值
名称	Rs
连接	connvote
表格	vote
列	全部
排序	无
筛选	无

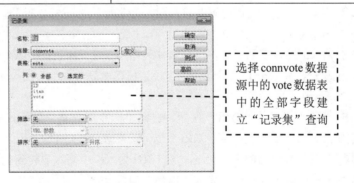

图 8-27 "记录集"对话框

09 单击"确定"按钮，完成记录集 Rs 的绑定。绑定记录集后，将记录集中的字段插入 vote.asp 网页的适当位置，如图 8-28 所示。

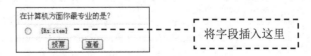

图 8-28 将记录集的字段插入 vote.asp 网页

10 单击"单选按钮",将字段 ID 绑定到单选按钮上,绑定后在"单选按钮"的"属性"面板中的"选定值"文本框中添加插入 ID 字段的相应代码为:<%=(Rs.Fields.Item("ID"). Value)%> ,如图 8-29 所示。

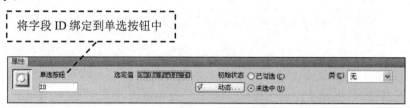

图 8-29　插入字段到单选按钮

11 加入"服务器行为"中的"重复区域"命令,单击 vote.asp 页面中的表格,如图 8-30 所示。

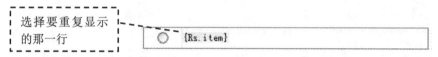

图 8-30　选择记录行

12 单击"应用程序"面板组中"服务器行为"面板上的⊞按钮,在弹出的菜单中选择"重复区域"选项,在打开的"重复区域"对话框中,设定一页显示 Rs 记录集中的所有记录,如图 8-31 所示。

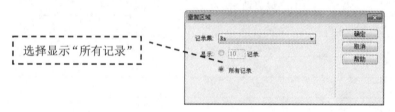

图 8-31　"重复区域"对话框

13 单击"确定"按钮回到编辑页面,会发现先前所选取要重复的区域左上角出现了一个"重复"的灰色标签,表示已经完成设置。

14 在 vote.asp 页面中,将鼠标放在表格中,在"标签选择器"上单击<form>标签,并在"属性"面板设置表单 form1 的"动作"为设置投票数据增加的页面 voteadd.asp、"方法"为 POST,如图 8-32 所示。

15 单击页面中的"查看"按钮,选择"标签<input>"面板,再单击"行为"面板中的⊞按钮,在弹出的菜单中选择"转到 URL"选项,如图 8-33 所示。

16 打开"转到 URL"对话框,在 URL 文本框中输入要转到的文件 voteok.asp,如图 8-34 所示,然后单击"确定"按钮,完成"转到 URL"设置。

图 8-32　设置表单动作

图 8-33　选择"转到 URL"选项

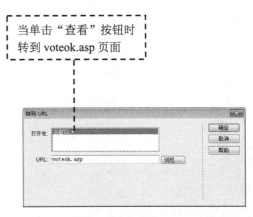

图 8-34　输入"转到 URL"的文件地址

8.3.2　计算投票页面的设计

计算投票页面voteadd.asp，主要作用是接收vote.asp所传递过来的参数，然后再进行累加计算。

详细操作步骤如下：

01 单击"应用程序"面板组中"服务器行为"面板上的 ⊞按钮，在弹出的菜单中选择"命令"选项，如图 8-35 所示。

02 在打开的"命令"对话框中，设置如表 8-4 所示的数据，如图 8-36 所示。

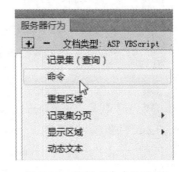

图 8-35　选择"命令"选项

表 8-4　"更新命令"的表格设定

属性	设置值
名称	Command1
连接	connvote
类型	更新
SQL	UPDATE vote SET vote = vote + 1 WHERE item = 'ID'
变量	名称：ID 运行值：request("ID")

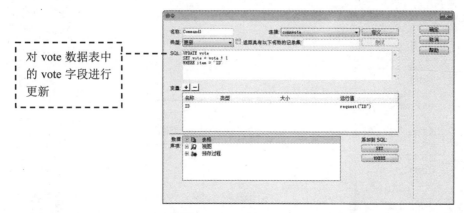

图 8-36　建立更新命令

```
UPDATE vote
 //更新 vote 数据表
SET vote = vote + 1
 //更新的字段为 "vote" 并使 "vote" 在原有基础上加 "1"
WHERE item = 'ID'
 //更新字段的条件为 "item" 等于传过来的参数 "ID"
```

提 示

页面设计中 "单选按钮" 的值要与数据表的字段一样，所以要设置 Request("ID")
中的 ID 为 "单选按钮" 的对象名称。

03 单击 "确定" 按钮，关闭 "命令" 对话框，完成 "加入更新" 命令设置。

04 计算投票页面 voteadd.asp 只用于后台计算，希望投票者在成功投票之后转到投票结果页面
voteok.asp，只要加入代码 "Response.Redirect("voteok.asp")" 到 voteadd.asp 页面就可以完成对 voteadd.asp
页面的制作。本小节的核心代码如下（其中，加粗的是要添加的代码 Response.Redirect("voteok.asp")）：

```
//转到 voteok.asp 页面
<!--#include file="Connections/connvote.asp" -->
<%
if(request("ID") <> "") then Command1__ID = request("ID")
%>
<%
set Command1 = Server.CreateObject("ADODB.Command")
Command1.ActiveConnection = MM_connvote_STRING
Command1.CommandText = "UPDATE vote  SET vote = vote + 1  WHERE item =
'" + Replace(Command1__ID, "'", "''") + "' "
Command1.CommandType = 1
Command1.CommandTimeout = 0
Command1.Prepared = true
Command1.Execute()
Response.Redirect("voteok.asp")
%>
```

8.3.3　显示投票结果页面的设计

显示投票结果页面voteok.asp主要是用来显示投票总数结果和各投票的比例结果。静态页面设计效果如图 8-37 所示。

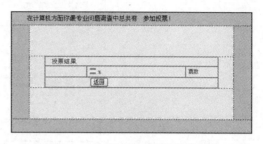

图 8-37　显示结果页面设计效果图

01 单击"应用程序"面板组中"绑定"面板上的 ⊞ 按钮，在弹出的菜单中选择"记录集（查询）"选项。在打开的"记录集"对话框中，设定如表 8-5 所示的数据，如图 8-38 所示。

表 8-5　"记录集"的表格设定

属性	设置值
名称	Rs
连接	connvote
表格	vote
列	全部
筛选	无
排序	无

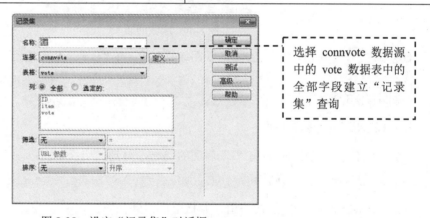

选择 connvote 数据源中的 vote 数据表中的全部字段建立"记录集"查询

图 8-38　设定"记录集"对话框

02 再次单击"应用程序"面板组中"绑定"面板上的 ⊞ 按钮，接着在弹出的菜单中选择"记录集（查询）"选项，在打开的"记录集"对话框中单击"高级"按钮，进入高级编辑窗口，并在 SQL 对话框中加入以下代码，如图 8-39 所示。

```
SELECT sum(vote) as sum
//选择 vote 字段进行计算合计，函数 sum()用于计算总值
FROM vote
//从数据表 vote 中取出数据
```

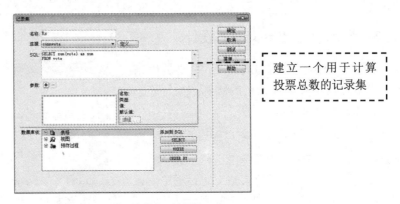

图 8-39　"记录集"对话框

03 单击"确定"按钮，完成记录集的设置，绑定记录集后，将记录集中的字段插入 voteok.asp 网页中的适当位置，如图 8-40 所示。

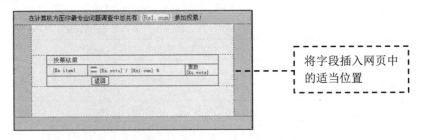

图 8-40　字段的插入

04 单击 代码 按钮，进入"代码"视图编辑页面，在"代码"视图编辑页面中找到如下代码：

```
<%=(Rs.Fields.Item("vote").Value)%>/<%=(Rs1.Fields.Item("sum").Value)%>
//相应百分比的代码
```

按下面步骤修改此段代码。

（1）去掉"/"前面的%>与"/"后面的<%=，得到代码：

```
<%=(Rs.Fields.Item("vote").Value) / (Rs1.Fields.Item("sum").Value)%>
```

（2）把<%=和%>之间的代码用（）括上，得到代码：

```
<%=( (Rs.Fields.Item("vote").Value) / (Rs1.Fields.Item("sum").Value) )%>
```

（3）在代码后面加入*100，再次全部用（）给括上，得到代码：

```
<%=( ( (Rs.Fields.Item("vote").Value) / (Rs1.Fields.
Item("sum").Value) )*100)%>
```

（4）在代码前面加入round，在*100前面加入小数点保留位数4，并用（）括上，得到代码：

```
<%=(Round(((Rs.Fields.Item("vote").Value)/
(Rs1.Fields.Item("sum").Value)),4)*100)%>
```

05 代码修改之后，因为控制网页中的长度也是用的这段代码，所以将这段代码进行复制，然后单击 ▢ 按钮，切换到"代码"窗口，选择<img>中的 width 值并将其代码进行粘贴，因为在图案中没有用到小数点的设置，所以将代码前面 round 和保留位数 4 删除，得到的代码为：

```
<img src="images/bar.gif" width="<%=(((Rs.Fields.Item("vote").Value)/
(Rs1.Fields.Item("sum").Value))*100)%>" height="13" />
```

这样图像就可以根据比例的大小进行宽度的缩放，设置如图 8-41 所示。

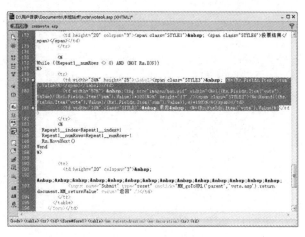

图 8-41　设置图像的缩放

06 单击 设计 按钮，回到"设计"编辑窗口，加入"服务器行为"中的"重复区域"命令，选择 voteok.asp 页面中需要重复的表格，如图 8-42 所示。

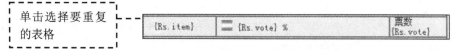

图 8-42　选择"记录集行"

07 单击"应用程序"面板组中"服务器行为"面板上的⊕按钮，在弹出的菜单中选择"重复区域"选项，在打开的"重复区域"对话框中，设定显示 Rs 记录集中的所有记录，如图 8-43 所示。

图 8-43　"重复区域"对话框

08 单击"确定"按钮回到编辑页面，会发现先前所选取要重复的区域左上角出现了一个"重复"的灰色标签，表示已经完成设置。

09 单击页面中的"返回"按钮，选择"标签<input>"面板，再单击"行为"面板上的⊕按钮，在弹出的菜单中选择"转到 URL"选项，在打开的"转到 URL"对话框中的 URL 文本框中输入要转到的文件"voteok.asp"，如图 8-44 所示。

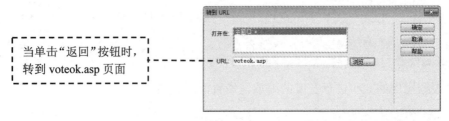

当单击"返回"按钮时，
转到 voteok.asp 页面

图 8-44　输入转到 URL 的文件地址

10 单击"确定"按钮，完成显示结果页面 **voteok.asp** 的设置。测试浏览效果如图 8-45 所示。

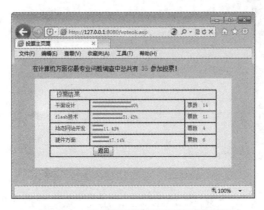

图 8-45　显示投票结果页面的效果图

8.3.4　防止页面刷新的设计

一个投票管理系统是要求公平、公正的投票，不允许进行多次投票，所以在设计投票开始系统时有必要加入防止页面刷新的功能。

实现该功能的详细操作步骤如下：

01 打开开始投票页面 **vote.asp**，把光标放在表单中，执行菜单"插入"|"表单"|"隐藏域"命令，插入一个隐藏字段 **voteip**。

02 单击隐藏域 图标，打开"属性"面板。设置隐藏域的值为<%=Request.Server-Variables("REMOTE_ADDR")%>，如图 8-46 所示。

//取得用户 IP 地址

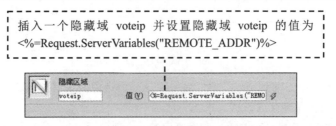

插入一个隐藏域 voteip 并设置隐藏域 voteip 的值为
<%=Request.ServerVariables("REMOTE_ADDR")%>

图 8-46　设置隐藏字段值

03 单击"应用程序"面板组中"服务器行为"面板上的 按钮，在弹出的菜单中选择"插入记录"选项，弹出"插入记录"对话框，设置如表 8-6 所示的参数，如图 8-47 所示。

表 8-6 "插入记录"的表格设定

属性	设置值
连接	connvote
插入到表格	ip
插入后，转到	vote.asp
获取值自	form1
表单元素	voteip插入到列中ip

将表单里输入的数据插入
到 ip 数据表中，插入后转
到 vote.asp 页面

图 8-47 设置"插入记录"参数

04 单击 代码 按钮，切换到"代码"窗口，找到如下代码：

```
If (CStr(Request("MM_insert")) = "form1") Then
  MM_editConnection = MM_connvote_STRING
  MM_editTable = "voteip"
  MM_editRedirectUrl = "vote.asp"
  MM_fieldsStr  = "hiddenField|value"
  MM_columnsStr = "IP|',none,''"
将 MM_editRedirectUrl = "vote.asp"修改成为
MM_editRedirectUrl = "vote.asp?ID="&Request.Form("ID")
```

05 单击"应用程序"面板组中"服务器行为"面板上的 按钮，在弹出的菜单中选择"用户身份验证"|"检查新用户名"选项，在打开的"检查新用户名"对话框中设置"如果已存在，则转到 sorry.asp"页面，如图 8-48 所示。

06 单击"确定"按钮，完成防止页面刷新设置。

07 当用户再次投票时，系统可以根据 IP 的唯一性进行判断。当用户再次投票的时候，将转到投票失败页面 sorry.asp。sorry.asp 页面设计如图 8-49 所示。

获取到的 IP 地址，因为是在
本机测试，所以为 127.0.0.1

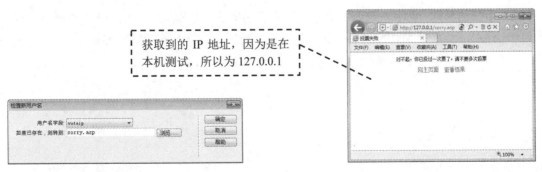

图 8-48 "检查新用户名"对话框   图 8-49 投票失败页面效果图

08 在 sorry.asp 页面有两个页面链接："回主页面"链接到 vote.asp，"查看结果"链接到 voteok.asp。

8.4 投票管理系统测试

投票管理系统设计完了以后，可以对设计的系统进行测试，按F12功能键或打开IE浏览器后输入"http://127.0.0.1/ vote.asp"进行测试。

测试步骤如下：

01 打开 DreamweaverCC 中的 vote.asp 文件，按 F12 功能键或打开"http://127.0.0.1/vote.asp"得到开始投票页面，效果如图 8-50 所示。

02 单击"单选按钮"组中的其中一项，再单击"投票"按钮，开始投票。

03 单击"投票"按钮后，打开的页面不是 voteadd.asp，因为 voteadd.asp 只是计算投票数的一个统计数字页面，而是显示投票结果页面 voteok.asp。voteok.asp 页面是 voteadd.asp 转过来的一个页面，效果如图 8-51 所示。

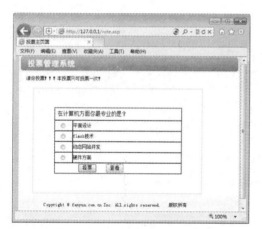

图 8-50　打开的开始投票页面

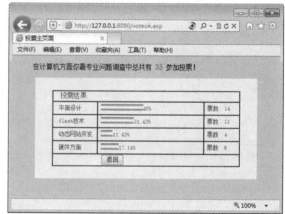

图 8-51　显示投票结果页面效果图

04 单击"返回"按钮，回到投票页面 vote.asp 中。

05 当你投过一次票后再次进行投票时系统将转到投票失败页面 sorry.asp，提示你"对不起，你已投过一次票了，请不要多次投票"。

经过上面的测试，说明该管理投票系统的所有功能已经开发完毕，用户可以根据需要修改投票的选择项，经过修改后的投票系统可以适用于任何大型网站的开发与建设。

第9章 BBS论坛系统开发

BBS（Bulletin Board System，电子公告板）是一种基于Internet的信息服务系统。它提供了公共电子白板，每个用户都可以在上面发布信息和留言。本章将学习BBS论坛的开发方法，BBS论坛通常按不同的主题划分为很多个版块，按照版块或者栏目的不同，可以由管理员设立不同的版主，版主可以对自己的栏目或版块进行删除、修改或者锁定等操作。

将要制作的BBS论坛系统的网页及网页结构如图9-1所示。

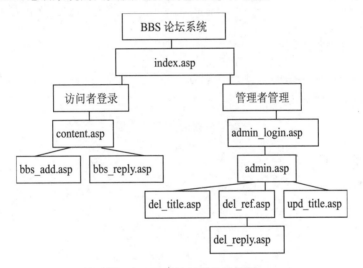

图9-1　BBS论坛系统结构图

本章重要知识点 >>>>>>>>>>

- 掌握 BBS 论坛系统的功能页面规划
- 建立 BBS 论坛系统的数据库
- BBS 论坛系统中新增主题、删除主题、回复主题的方法
- BBS 论坛系统后台管理功能的开发

9.1 系统的整体设计规划

BBS的主要功能是通过在计算机上运行服务软件，允许用户使用终端程序，通过Internet来进行连接，执行用户消息之间的交互功能。系统的开发是比较复杂的，需要经过前期的系统规划，本章要开发的BBS论坛系统页面的功能与文件名称如表9-1所示。

表 9-1　BBS 论坛系统网页设计表

需要制作的主要页面	页面名称	功能
BBS论坛系统主页面	index.asp	显示主题和回复情况的页面
讨论主题内容页面	content.asp	主要显示讨论主题的回复内容页面
新增讨论主题页面	bbs_add.asp	增加讨论主题的页面
回复讨论主题页面	bbs_reply.asp	对讨论主题进行回复的页面
后台版主登入页面	admin_login.asp	管理者登录入口页面
后台版主管理页面	admin.asp	对论坛进行管理的主要页面
删除讨论页面	del_title.asp	删除讨论主题的页面
删除回复页面	del_reply.asp	删除讨论回复内容的页面
修改讨论主题页面	upd_title.asp	修改讨论主题的页面
显示主题所有回复页面	del_ref.asp	将与主题相关的所有回复显示

9.1.1　页面整体设计规划

前面介绍了BBS论坛系统的整体设计规划，接下来在本地站点上建立站点文件夹bbs。将要制作的系统文件如图 9-2 所示。

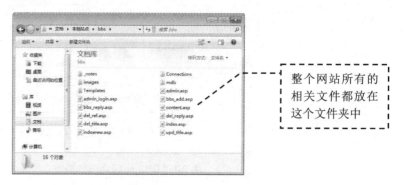

图 9-2　站点规划文件

9.1.2　网页美工设计

BBS论坛系统的界面要求简洁明了，尽量不要使用过多的动画和大图片，这样可以提高BBS论坛的访问速度。这里要制作的首页面和详细内容页面效果如图 9-3 和图 9-4 所示。

图 9-3　首页的美工效果

图 9-4　详细内容页面效果

9.2　数据库的设计与连接

制作BBS论坛系统的数据库需要根据开发的系统大小而定，这里要设计用于BBS讨论主题的信息表bbs_main、用于回复内容的信息表bbs_ref，最后还需要建立一个管理员进行管理的信息表admin。

9.2.1　数据库设计

首先建立一个bbs数据库，并在里面建立管理员管理信息表admin、讨论主题信息表bbs_main和回复主题信息表bbs_ref，这 3 个数据表作为任何数据的查询、新增、修改与删除的后端支持。创建的讨论主题信息表bbs_main如图 9-5 所示。

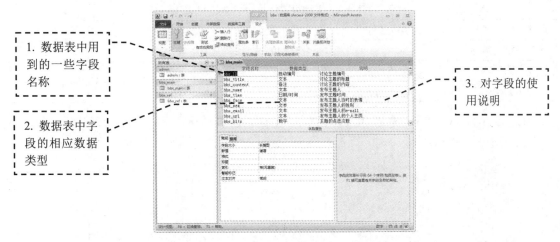

图 9-5　创建的讨论主题信息表 bbs_main

具体的制作步骤如下：

01 讨论主题信息表 bbs_main、回复主题信息表 bbs_ref 和管理员管理信息表 admin 的字段采用如表 9-2～表 9-4 所示的结构。

表 9-2　讨论主题信息表 bbs_main

意义	字段名称	数据类型	字段大小	默认值
讨论主题编号	bbs_ID	自动编号	长整型	
讨论主题的标题	bbs_title	文本	20	
讨论主题的内容	bbs_content	备注		
发布主题的人	bbs_name	文本	10	
发布主题的时间	bbs_time	日期/时间		Now()
发布主题人当时的表情	bbs_face	文本		
发布主题人的性别	bbs_sex	文本		
发布主题人的E-mail	bbs_email	文本	20	
发布主题人的个人主页	bbs_url	文本	20	
主题的点击次数	bbs_hits	数字	长整型	

表 9-3　回复主题信息表 bbs_ref

意义	字段名称	数据类型	字段大小	默认值
主题编号	bbs_main_ID	数字	长整型	
回复主题编号	bbs_ref_ID	自动编号	长整型	
回复主题人的姓名	bbs_ref_name	文本	20	
回复主题时间	bbs_ref_time	日期/时间		Now()
回复主题内容	bbs_ref_content	备注		
回复人性别	bbs_ref_sex	文本		
回复人的个人主页	bbs_ref_url	文本	20	
回复人的E-mail	bbs_ref_email	文本	20	

表 9-4　管理员管理信息表 admin

意义	字段名称	数据类型	字段大小	默认值
管理员信息编号	ID	自动编号	长整型	
管理员账号	username	文本	20	
管理员密码	password	文本	20	

02 运行 Microsoft Access 2010 程序，单击"空数据库"按钮，在主界面的右侧打开"空数据库"面板，如图 9-6 所示。

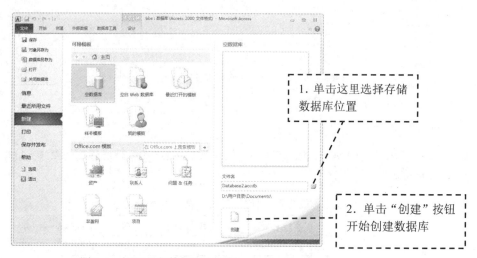

图 9-6　打开"空数据库"面板

03 在相关路径中先新建几个常用的存放文件的文件夹，如 images 文件夹、mdb 文件夹等。

04 单击"空数据库"面板上的 按钮，打开"文件新建数据库"对话框，在"保存位置"下拉列表框中选择站点 bbs 文件夹中的 mdb 文件夹，在"文件名"文本框中输入文件名 bbs，如图 9-7 所示。

图 9-7　"文件新建数据库"对话框

05 单击"确定"按钮，返回"空数据库"面板，再单击"空数据库"面板的"创建"按钮，即在 Microsoft Access 中创建了 bbs.mdb 文件，同时 Microsoft Access 会自动生成一个名称为"表 1"的数据表，在"表 1"数据表上单击鼠标右键，打开快捷菜单，选择"设计视图"命令，如图 9-8 所示。

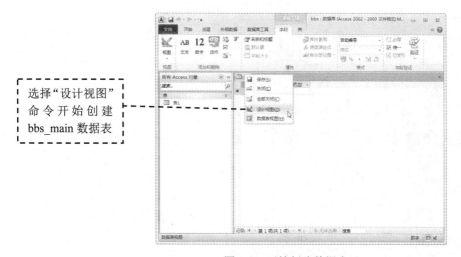

图 9-8　开始创建数据表 bbs_main

06 打开"另存为"对话框，在"表名称"文本框中输入数据表名称"bbs_main"，如图 9-9 所示。

07 单击"确定"按钮，即在"所有表"列表框中建立了 bbs_main 数据表，按照表 9-2 输入字段名并设置其属性，完成后如图 9-10 所示。

图 9-9　设置"表名称"

根据表 9-2 设置字段名称类型，其中 bbs_ID 为主键

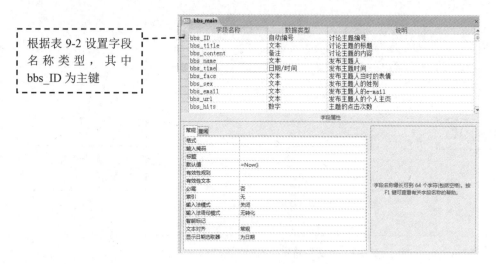

图 9-10　创建表的字段

08 双击 bbs_main 选项，打开 bbs_main 数据表，为了方便以后使用，可以在数据库中预先输入一些记录对象，如图 9-11 所示。

向数据表中添加数据

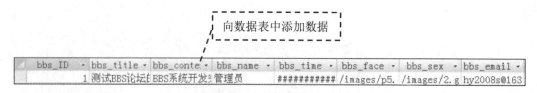

图 9-11　向 bbs_main 表中输入记录

09 用上述方法建立如图 9-12 和图 9-13 所示的数据表。

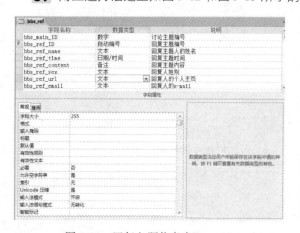

图 9-12　回复主题信息表 bbs_ref

图 9-13　管理员管理信息表 admin

10 编辑完成，单击"保存" 按钮，关闭 Access 软件。

9.2.2　创建数据库连接

数据库编辑完成后，必须在 Dreamweaver CC 中建立数据源连接对象。这里使用 ODBC 连接数据库的方法。

具体的连接步骤如下：

01 依次单击"控制面板"|"管理工具"|"数据源（ODBC）"|"系统 DSN"命令，打开"ODBC 数据源管理器"对话框，然后打开"系统 DSN"选项卡，如图 9-14 所示。

02 在图 9-14 中单击"添加（D）"按钮后，打开"创建新数据源"对话框。在"创建新数据源"对话框中，选择 Driver do Microsoft Access（*.mdb）选项，如图 9-15 所示。

图 9-14 "ODBC 数据源管理器"中的"系统 DSN"选项卡

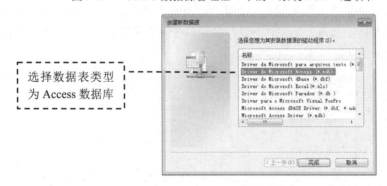

图 9-15 "创建新数据源"对话框

03 单击"完成"按钮，打开"ODBC Microsoft Access 安装"对话框，在"数据源名（N）"文本框输入 connbbs，单击"选择（S）"按钮，打开"选择数据库"对话框，单击"驱动器（V）"下拉列表框右边的三角按钮 ▼，从下拉列表框中找到在创建数据库步骤中数据库所在的盘符，在"目录（D）"中找到在创建数据库步骤中保存数据库的文件夹，然后单击左上方"数据库名（A）"选项组中的数据库文件 bbs.mdb，则数据库名称自动添加到"数据库名（A）"文本框中，选择数据库的设置如图 9-16 所示。

图 9-16 选择数据库

04 找到数据库后，单击"确定"按钮，返回"ODBC 数据源管理器"中的"系统 DSN"选项卡。在这里看到的"系统数据源"中已经添加了名称为 connbbs、驱动程序为 Driver do Microsoft Access（*.mdb）的系统数据源，如图 9-17 所示。

图 9-17　"ODBC 数据源管理器"对话框

05 设置好后，单击"确定"按钮退出，完成"ODBC 数据源管理器"中的"系统 DSN"的设置。

06 启动 Dreamweaver CC，执行菜单"文件"|"新建"命令，打开"新建文档"对话框，在"页面类型"中选择 HTML 选项，单击"创建"按钮，在网站根目录下新建一个名为 index.asp 的网页并保存，如图 9-18 所示。

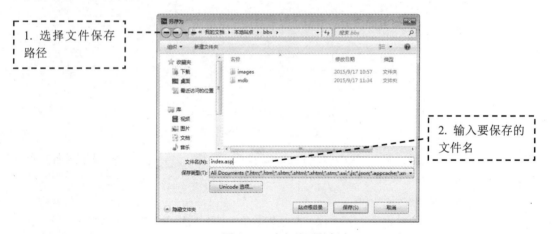

图 9-18　建立首页并保存

07 设置好"站点""测试服务器"，在 Dreamweaver CC 中执行菜单"文件"|"窗口"|"数据库"命令，打开"数据库"面板，单击"数据库"面板上的按钮，在打开的菜单中选择"数据源名称（DSN）"选项，如图 9-19 所示。

图 9-19　选择"数据源名称（DSN）"选项

08 打开"数据源名称（DSN）"对话框，在"连接名称"文本框中输入"connbbs"，单击"数据源名称（DSN）"下拉列表框右边的三角按钮，从打开的下拉列表框中选择 connbbs，其他保持默认值，如图 9-20 所示。

09 单击"确定"按钮，完成数据库的连接。

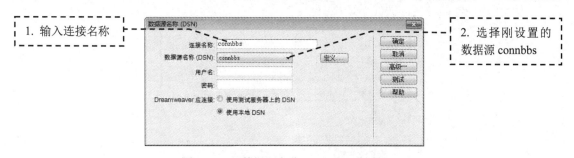

1. 输入连接名称   2. 选择刚设置的
数据源 connbbs

图 9-20 "数据源名称（DSN）"对话框

9.3 BBS 论坛系统主页面设计

在Dreamweaver CC中定义站点并建立数据库连接后，就可以进入ASP网页的设计阶段，首先制作首页index.asp，该页面主要显示所有的讨论主题和最新回复的一些信息。

9.3.1 BBS论坛系统主页面

BBS论坛系统的主页面index.asp显示所有的讨论主题、每个主题的点击数、回复数以及最新回复时间。访问者可以单击要阅读的标题链接至详细内容，管理员单击"管理"图标进入管理页面，单击"发表话题"图标发表一个新的主题。系统主页面index.asp的静态页面设计如图9-21 所示。

图 9-21 BBS 论坛系统主页面静态设计效果图

详细的操作步骤如下：

01 单击"应用程序"面板组中"绑定"面板上的⊞按钮，在弹出的菜单中选择"记录集（查询）"选项，在打开的"记录集"对话框中输入如表 9-5 所示的数据，如图 9-22 所示。

表 9-5 "记录集"的表单设定

属性	设置值	属性	设置值
名称	rs_bbs	列	全部
连接	connbbs	筛选	无
表格	bbs_main	排序	无

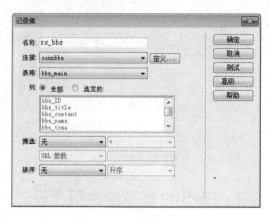

图 9-22　"记录集"对话框

02 单击"高级"按钮，进入记录集高级设定的页面，将现有的 SQL 语法改成以下的 SQL 语法，如图 9-23 所示。

```
01. SELECT
02. bbs_Main.bbs_ID,
03. FIRST (bbs_Main.bbs_Time) AS bbs_Time, FIRST (bbs_Main.bbs_Hits) AS
bbs_Hits,
04. FIRST (bbs_Main.bbs_Title) AS bbs_Title,FIRST (bbs_Main.bbs_url) AS
bbs_url, FIRST (
   bbs_Main.bbs_email) AS bbs_email,FIRST (bbs_Main.bbs_sex) AS bbs_sex, FIRST
   (bbs_Main.bbs_Face) AS bbs_Face, FIRST (bbs_Main.bbs_Content) AS
bbs_Content,
05. FIRST (bbs_Main.bbs_Name) AS bbs_Name,COUNT(bbs_Ref.bbs_Main_ID) AS
ReturnNum,
06. MAX(bbs_Ref.bbs_ref_Time) AS LatesTime
07. FROM
08. bbs_Main LEFT OUTER JOIN bbs_Ref ON
09. bbs_Main.bbs_ID=bbs_Ref.bbs_Main_ID
10. GROUP BY bbs_Main.bbs_ID
```

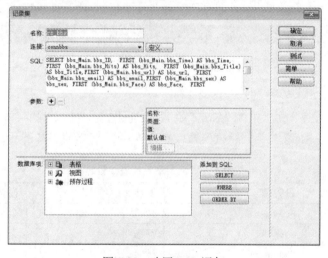

图 9-23　改写 SQL 语句

第一条 bbs_ref 数据表中的记录可以通过 bbs_main_ID 字段关联到 bbs_main 数据表中的 bbs_ID 字段。因为 bbs_ref 数据中对应的数据表可能不存在，bbs_main 数据表并非一定有对应回复的话题。所以 LEFT JOIN 将接合关系中的两个数据表分成左右两个数据表，其中左边数据表在经过接合后，不管右边数据表是否存在，仍然会将资料全部列出。

另外，GROUP BY 语句是针对 bbs_main 数据表中的 bbs_ID 字段，在第 2 行到第 6 行之间的意思就是取出 bbs_main 数据表中的第一条数据的特定字段内容。同时将 bbs_ref 中的关联取出，获得 bbs_time 和 bbs_ID 的两个字段内容。bbs_ref_time 字段取所有记录中最新回复的一条来显示。而 bbs_ID 字段则用 COUNT 计算有多少人回复的数目。

03 单击"确定"按钮，完成记录集 rs_bbs 的绑定，绑定记录集后，将记录集的字段插入 index.asp 网页中的适当位置，如图 9-24 所示。

版块主题	作　者	回复/阅读	最新回复	发布时间
{rs_bbs.bbs_Title}	{rs_bbs.bbs_Name}	{rs_bbs.ReturnNum} / {rs_bbs.bbs_Hits}	{rs_bbs.LatesTime}	{rs_bbs.bbs_Time}
目前没有发表任何主题				

图 9-24　字段的插入

04 插入字段后把光标放入 {rs_bbs.bbs_Title} 的前面，单击"拆分"按钮，进入"拆分"工作环境中，在其中输入"<img alt="" />"代码，插入一个图像占位符，如图 9-25 所示。

05 插入"图像占位符"之后，选中"图像占位符"，单击"属性"面板中的"源文件"文本框后面的"指向文件"按钮并拖动鼠标至"记录集（rs_bbs）"选项中的 bbs_Face 字段中，如图 9-26 所示。

图 9-25　"图像占位符"对话框

图 9-26　选择字段

06 完成记录集的绑定，然后进行显示区域的设置，首先选取记录集有数据时要显示的表格，如图 9-27 所示。

版块主题	作　者	回复/阅读	最新回复	发布时间
{rs_bbs.bbs_Title}	{rs_bbs.bbs_Name}	{rs_bbs.ReturnNum} / {rs_bbs.bbs_Hits}	{rs_bbs.LatesTime}	{rs_bbs.bbs_Time}

图 9-27　选择要显示的一列

07 单击"服务器行为"面板上的 ⊞ 按钮，在弹出的菜单中选择"显示区域"|"如果记录集不为空则显示区域"选项，在打开的"如果记录集不为空则显示区域"对话框中，单击"确定"按钮，回到编辑页面，会发现先前所选取要显示的区域左上角出现了"如果符合此条件则显示"的灰色标签，表示已经完成设置，如图 9-28 所示。

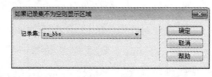

图 9-28　完成显示设置

08 选择没有发布主题数据时要显示的文字"目前没有发表任何主题"，根据前面的操作方法，将区域设定成"如果记录集为空则显示区域"，如图 9-29 所示。

图 9-29　选择没有数据时的显示

09 加入"服务器行为"中"重复区域"的设置，单击 index.asp 页面中要重复的记录行，如图 9-30 所示。

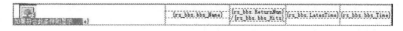

图 9-30　选择要重复显示的那一行

10 单击"应用程序"面板组中"服务器行为"面板上的 ⊞ 按钮，在弹出的菜单中选择"重复区域"选项，在打开的"重复区域"对话框中，设置显示的记录数为 20，如图 9-31 所示。

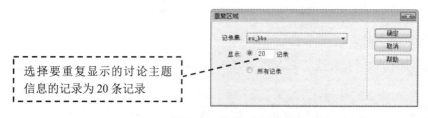

选择要重复显示的讨论主题
信息的记录为 20 条记录

图 9-31　选择一次可以显示的记录条数

11 单击"确定"按钮，回到编辑页面，会发现先前所选取要重复的区域左上角出现了一个"重复"的灰色标签，表示已经完成设置。

12 接下来插入"记录集分页"的功能，把光标移至要加入"记录集分页"的位置，在"服务器行为"面板中单击 按钮，在弹出的下拉列表中选择"记录集分页"功能，插入记录集分页选项，如图 9-32 所示。

13 插入完毕后，就会发现页面中出现该记录集的导航选项，如图 9-33 所示。

图 9-32 选择"记录集分页"选项

图 9-33 添加"记录集分页"

14 在"主题"上加入"转到详细页面"的功能，用来显示特定主题详细内容的相关回复。选取编辑页面中的 rs_bbs.bbs_Title 字段，如图 9-34 所示。

15 单击"应用程序"面板组中的"服务器行为"面板上的 按钮，在弹出的菜单中选择"转到

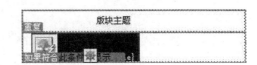

图 9-34 选择字段

详细页面"选项，在打开的"转到详细页面"对话框中，单击"浏览"按钮，打开"选择文件"对话框，选择此站点中的 content.asp，并将"传递 URL 参数"设置为 bbs_ID，如图 9-35 所示。

图 9-35 "转到详细页面"对话框

16 单击"确定"按钮，完成"转到详细页面"的设置。在 index.asp 页面中有两个按钮："管理"与"发表话题"，必须设定其链接网页，如表 9-6 所示。

表 9-6 按钮链接的页面表

按钮名称	链接页面
管理	admin_login.asp
发表话题	bbs_add.asp

9.3.2 搜索主题功能制作

在index.asp页面上加入搜索的功能，页面设计
如图 9-36 所示。

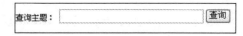

图 9-36 搜索主题设计

制作步骤如下：

01 先建立一个表单 form1，在表单中插入一个查询主题的文本框，命名为 keyword。

02 将之前建立的记录集 rs_bbs 做一些更改，打开记录集，并进入"高级"设定对话框。在原有的 SQL 语法中 GROUP BY bbs_Main.bbs_ID 的前面加入一段查询功能的语法：

```
WHERE bbs_Title like '%"&keyword&"%'
```

SQL语句将变成如图 9-37 所示。

03 单击"确定"按钮，完成 SQL 语句的修改，再切换到代码设计窗口。在 rs_bbs 记录集绑定的代码中加入代码：keyword= request("keyword")   //定义 keyword 为请求变量"keyword"，如图 9-38 所示，完成设置。

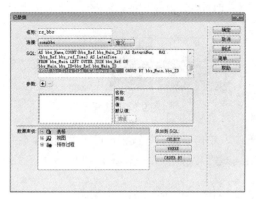

图 9-37 修改 SQL 语句

图 9-38 加入代码

04 以上的设置完成后，index.asp 系统主页面就有查询功能了，可以按 F12 功能键至浏览器测试一下是否能正确查询。index.asp 页面会显示所有网站中的讨论主题，如图 9-39 所示。

05 在关键词中输入"2"并单击"查询"按钮，结果会发现页面中的记录只显示有关"2"的讨论主题，这样查询功能就成功完成了，效果如图 9-40 所示。

图 9-39 主页面浏览效果图

图 9-40 测试查询效果图

9.4 访问者页面的设计

供论坛访问者使用的页面有讨论主题内容页面content.asp和回复讨论页面bbs_reply.asp，下面就开始这两个页面的制作。

9.4.1 讨论主题

讨论主题内容页面content.asp是实现讨论主题的详细内容页面。这个页面会显示讨论主题的详细内容与所有回复者的回复内容，页面设计如图 9-41 所示。

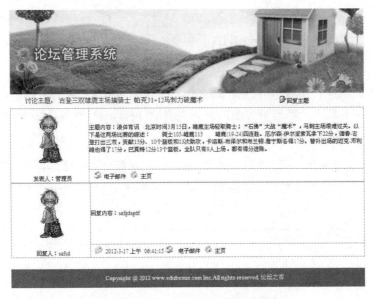

图 9-41 讨论主题内容页面设计效果图

详细的操作步骤如下：

01 在 content.asp 这个页面中，要同时显示讨论主题与回复主题的内容，因此需要把两个记录集进行合并，一次取得这两个数据表中的所有字段，根据主题页面传送过来的 URL 参数 bbs_ID 进行筛选。

02 单击"应用程序"面板组中"绑定"面板上的 ⊞ 按钮，在弹出的菜单中选择"记录集（查询）"选项，在打开的"记录集"对话框中单击"高级"按钮，进入记录集高级设定的对话框，将现有的 SQL 语句改成如下的 SQL 语句，如图 9-42 所示。

```
01. SELECT
02. bbs_main.*,bbs_ref.*      //两个表的所有记录，*代表所有
03. FROM
04. bbs_main LEFT OUTER JOIN bbs_ref ON bbs_main.bbs_ID=bbs_ref.bbs_main_ID
                  //数据关联
05. WHERE
06. bbs_main.bbs_ID = queryID
```

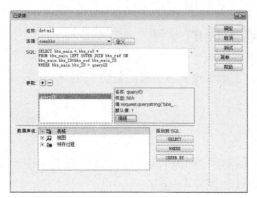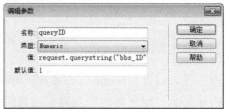

图 9-42 改写 SQL 语句并编辑参数

03 图 9-42 中设置了一个名为 queryID 的变量值，并且将其设为 request.querystring ("bbs_ID") 传过来的参数。

提 示

同样用 LEFT OUTER JOIN 关联 bbs_main 和 bbs_ref 中的字段，取得两个数据表中的相关数据，并且用 WHERE 语句筛选 bbs_main 数据表中 bbs_ID 字段值等于 queryID 变量值的数据。

04 在设定完记录集绑定后，先把记录集 detail 中的字段插入页面，再分别插入两个图像占位符，两个图像占位符分别绑定发布人性别 bbs_sex 字段和回复人性别 bbs_ref_sex 字段，其结果如图 9-43 所示。

图 9-43 插入 detail 中的字段

05 单击选择主题表格中的文字"电子邮件"，然后单击"属性"面板，切换到 HTML 的"链接"文本框中，单击后面的"指向文件"按钮，按住鼠标左键不放并拖曳至"记录集（detail）"选项中的 bbs_email 字段中，然后在 URL 链接前面加上"mailto:"，如图 9-44 所示。

06 单击选择主题表格中的文字"主页"，单击"属性"面板，切换到 HTML 的"链接"文本框，单击后面的"指向文件"按钮，按住鼠标左键不放并拖曳至"记录集（detail）"选项中的 bbs_url 字段中，然后在 URL 链接前面加上"http://"，如图 9-45 所示。

07 用第 5、6 步骤中的方法，设置回复人的"电子邮件"和"主页"的链接：一个是"记录集（detail）"中的 bbs_ref_email 字段，另一个是"记录集（detail）"中的 bbs_ref_url 字段，分别如图 9-46 和图 9-47 所示。

图 9-44　设置主题栏中的 email 链接

图 9-45　设置主题栏中的 URL 链接

图 9-46　设置回复栏中的 email 链接

图 9-47　设置回复栏中的 URL 链接

08 单击"确定"按钮，完成数据源的绑定设置，在 content.asp 页面中有两个按钮"管理"与"发表话题"，必须设定其链接网页，如表 9-7 所示。

表 9-7　按钮与链接页面表

按钮名称	链接页面
管理	admin_login.asp
发表话题	bbs_add.asp

09 选择文字"回复主题"，单击"应用程序"面板组中"服务器行为"面板上的⊞按钮，在弹出的菜单中选择"转到详细页面"选项，在打开的"转到详细页面"对话框中单击"浏览"按钮，打开"选择文件"对话框，选择此站点中的 bbs_reply.asp，并将"传递 URL 参数"设置为 bbs_ID，如图 9-48 所示。

> 根据字段 bbs_ID 的值转到 bbs_reply.asp 的详细页面

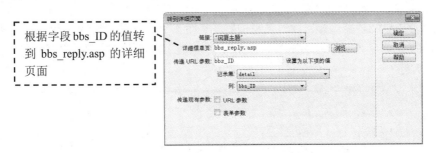

图 9-48　"转到详细页面"对话框

10 单击"确定"按钮完成详细页面的转向。一个主题回复的内容一般是多个，所以要把回复的内容信息全部显示出来，加入"服务器行为"中"重复区域"的设定，单击 content.asp 页面中要重复的表格，如图 9-49 所示。

图 9-49　选择要重复的表格

11 选择要重复的表格后单击"应用程序"面板组中"服务器行为"面板上的⊕按钮，在弹出的菜单中选择"重复区域"选项，在打开的"重复区域"对话框中，设置显示的记录数为 5 条记录，如图 9-50 所示。

图 9-50　选择一次可以显示的记录数

12 单击"确定"按钮，回到编辑页面，会发现先前所选取要重复的区域左上角出现了一个"重复"的灰色标签，表示已经完成设置。

13 当回复的内容多于 5 条记录的时候，需要在第二页中显示，所以要加入"记录集分页"功能，在"服务器行为"面板中单击⊕按钮，在弹出的下拉列表中选择"记录集分页"命令，在页面中插入记录集分页选项，如图 9-51 所示。

图 9-51　添加"记录集导航条"

14 完成记录集导航功能。如果没有信息回复就提示"目前没有回复"，如果有人回复了这个主题就显示回复的内容信息，所以要加入"显示区域"功能。选取记录集有数据时要显示的数据表格，如图 9-52 所示。

图 9-52　选择要显示的一行

15 单击"服务器行为"面板上的![plus]按钮，在弹出的菜单中选择"显示区域"|"如果记录集不为空则显示区域"选项，在打开的"如果记录集不为空则显示区域"对话框中，单击"确定"按钮回到编辑页面，会发现先前所选取要显示的区域左上角出现了一个"如果符合此条件则显示…"的灰色标签，表示已经完成设置，如图 9-53 所示。

图 9-53 完成设置后的效果

16 选择没有回复数据时要显示的文字"目前没有回复"，根据前面的步骤将下面区域设定成"如果记录集为空则显示区域"，如图 9-54 所示。

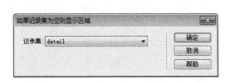

图 9-54 选择没有数据时的显示

9.4.2 设置点击次数

在BBS论坛系统主页面中设置了文章阅读统计功能，当访问者单击标题进入查看内容时，阅读统计数目就要增加一次。其主要是通过更新数据表bbs_main里的bbs_hits字段来实现的。

详细操作步骤如下：

01 打开文件 content.asp，在"应用程序"面板组中的"服务器行为"选项中选择"命令"选项。打开"命令"对话框，如图 9-55 所示。

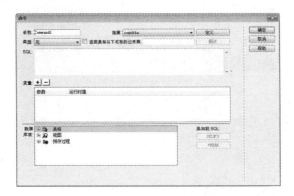

图 9-55 "命令"对话框

02 在打开的"命令"对话框中，设置"名称"为 cmdhits、"类型"为"更新"、"连接"为 connbbs 数据源，并在 SQL 文本域中输入以下 SQL 语句：

```
01.UPDATE bbs_main    //更新 bbs_main 数据表
02.SET bbs_hits = bbs_hits + 1    //设置 bbs_main 数据表中的 bbs_hits 字段自动加 1
03.WHERE bbs_ID = hitID    // bbs_ID 的值等于 hitID 变量中的值
```

03 单击"命令"对话框中"变量"右边的 ⊞ 图标，添加如表 9-8 所示的"名称"和"运行值"，如图 9-56 所示。

表 9-8   "命令"的表格设定

名称	运行值
hitID	Request.QueryString("bbs_ID")

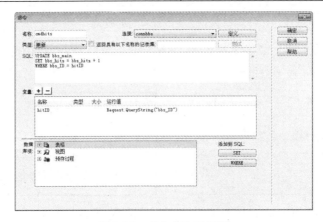

图 9-56   "命令"对话框

> **提示**
>
> hitID 为 SQL 用来识别回复的变量，其值等于当前网页所显示的主题编号。

9.4.3   新增主题

新增讨论主题页面bbs_add.asp的功能是将页面的表单数据新增到数据库中的bbs_main数据表中，静态页面设计如图 9-57 所示。

图 9-57   新增讨论主题页面效果图

详细操作步骤如下：

01 在 bbs_add.asp 页面设计中，表单 form1 中文本域和文本区域设置如表 9-9 所示。

表 9-9　表单 form1 中的文本域和文本区域设置方法表

意义	文本（区）域/按钮名称	方法/类型
表单	form1	POST
新主题	bbs_title	单行
发表人	bbs_name	单行
性别形象	bbs_sex	单选按钮
心情	bbs_face	单选按钮
电子邮件	bbs_email	单行
个人主页	bbs_url	单行
主题内容	bbs_content	多行
确定提交	Submit	提交表单
重新填写	Submit2	重设表单

02 在 bbs_add.asp 编辑页面，单击"应用程序"面板组中"服务器行为"面板上的 ⊞ 按钮，在弹出的菜单列表中选择"插入记录"选项，在"插入记录"对话框中，输入如表 9-10 所示的数据，并设定新增数据后转到主页面 index.asp，如图 9-58 所示。

表 9-10　"插入记录"的表格设置

属性	设置值
连接	connbbs
插入到表格	bbs_main
插入后，转到	index.asp
获取值自	form1
表单元素	文本字段与数据表字段相对应

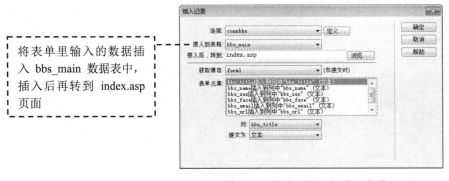

将表单里输入的数据插入 bbs_main 数据表中，插入后再转到 index.asp 页面

图 9-58　设定"插入记录"参数

03 选择表单，执行菜单"窗口"|"行为"命令，打开"行为"面板，单击"行为"面板中的 ⊞ 按钮，在弹出的菜单中选择"检查表单"选项，打开"检查表单"对话框，设置"值"和"可接受"范围，如文本 bbs_title "值"设置为"必需的"、"可接受"为"任何东西"，如图 9-59 所示。

图 9-59　"检查表单"对话框

04 单击"确定"按钮，回到编辑页面，完成 bbs_add.asp 页面插入记录的设置。

05 按 F12 功能键至浏览器测试一下。首先打开 bbs_add.asp 页面填写表单资料，如图 9-60 所示。

06 填写完资料以后，单击"确定提交"按钮，将此资料发送到 bbs_main 数据表中。页面将返回到 BBS 讨论系统主页面 index.asp，如图 9-61 所示，表示发布新主题成功。

图 9-60　填写添加主题的信息

图 9-61　发布新主题成功

9.4.4　回复讨论主题页面

回复讨论主题页面 bbs_reply.asp 的设计与讨论主题内容页面的制作相似，回复主题是将表单中填写的回复内容信息数据插入 bbs_ref 数据表中，页面设计效果如图 9-62 所示。

图 9-62　回复讨论主题页面设计

01 由于在讨论主题内容页面 content.asp 中设定会有传递参数 bbs_ID（主题编号）和 bbs_title（讨论主题）过来，因此必须先将这两个记录集进行绑定。单击"应用程序"面板组中"绑定"面板上的⊞按钮，在弹出的菜单中选择"记录集（查询）"选项，在打开的"记录集"对话框中单击"高级"按钮，进入记录集高级设定页面，将现有的 SQL 语句改成以下的 SQL 语句，如图 9-63 所示。

```
01. SELECT bbs_ID, bbs_title
02. FROM bbs_main
03. WHERE bbs_ID = MMColParam
```

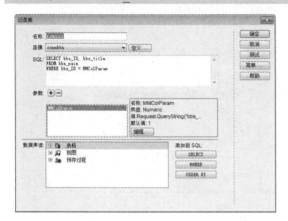
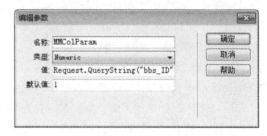

图 9-63　改写 SQL 语句

02 图 9-63 中设置了一个名为 MMColParam 的变量值，并且将其设为 Request.QueryString("bbs_ID")传过来的参数。

03 将这个变量绑定至回复讨论主题 bbs_reply.asp 页面中的隐藏字段 bbs_ID，如图 9-64 所示。

图 9-64　插入字段到"隐藏域"中

04 在 bbs_reply.asp 编辑页面，单击"应用程序"面板组中"服务器行为"面板上的⊞按钮，在弹出的菜单中选择"插入记录"选项，在打开的"插入记录"对话框中，输入如表 9-11 所示的设定值，并设定新增数据后转到主页面 content.asp，如图 9-65 所示。

表 9-11　"插入记录"的表格设定

属性	设置值
连接	connbbs
插入到表格	bbs_ref
插入后，转到	content.asp
获取值自	form1
表单元素	表单字段与数据表字段相对应

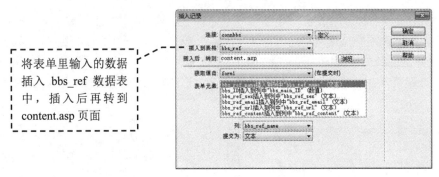

将表单里输入的数据插入 bbs_ref 数据表中，插入后再转到 content.asp 页面

图 9-65　"插入记录"对话框

05 选择表单，执行菜单"窗口"|"行为"命令，打开"行为"面板，单击"行为"面板中的 按钮，在弹出的菜单中选择"检查表单"选项，打开"检查表单"对话框，设置"值"和"可接受"参数，如图 9-66 所示。

06 单击"确定"按钮，回到编辑页面，完成 bbs_reply.asp 页面插入记录的设计。

07 按 F12 功能键至浏览器测试。首先打开首页面，选择其中任一讨论主题，进入

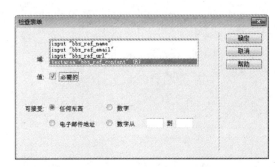

图 9-66　"检查表单"对话框

content.asp 页面，在 content.asp 页面单击"回复主题"按钮，转到回复讨论主题 bbs_reply.asp 页面，在 bbs_reply.asp 页面填写表单资料，如图 9-67 所示。

08 填写完资料以后，单击"确定提交"按钮，将此资料发送到 bbs_ref 数据表中。页面将返回 BBS 讨论区系统内容页面 content.asp，如图 9-68 所示，表示回复主题成功。

图 9-67　填写回复主题信息

图 9-68　回复主题成功

9.5　后台管理设计

BBS论坛管理系统的后台管理比较重要，访问者在回复主题时回复一些非法或者不文明的信息时，管理员可以通过后台对非法或不文明的信息进行删除。

9.5.1　后台版主登入页面

管理页面是不允许网站访问者进入的，必须受到权限管理，可以利用管理员账号和管理密码来判断是否有此用户，设计如图 9-69 所示。

其详细操作步骤如下：

01 打开后台版主登入页面 admin_login.asp，单击"应用程序"面板组中"服务器行为"面板上的 ⊞ 按钮，在弹出的菜单中选择"用户身份验证"|"登录用户"命令，在打开的"登录用户"对话框中，设置如果不成功将返回 BBS 论坛系统主页面 index.asp，如果成功将转向后台版主管理页面 admin.asp，如图 9-70 所示。

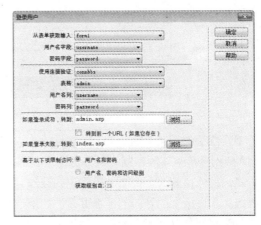

图 9-69　BBS 论坛系统后台管理登录页面设计效果　　　图 9-70　"登录用户"的设定

02 单击"确定"按钮，完成登录用户的验证，选择表单，执行菜单"窗口"|"行为"命令，打开"行为"面板，单击"行为"面板中的 ⊞ 按钮，在弹出的菜单中选择"检查表单"选项，打开"检查表单"对话框，设置 username 和 password 文本域的"值"都为"必需的"、"可接受"为"任何东西"，如图 9-71 所示。

03 单击"确定"按钮，回到编辑页面，现在后台版主登入页面 admin_login.asp 的设计与制作都已经完成，如图 9-72 所示。

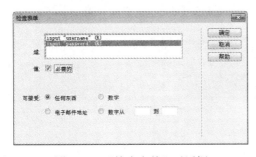

图 9-71　"检查表单"对话框　　　　　　　图 9-72　设置后台版主登入页面

9.5.2　后台版主管理页面

BBS论坛管理系统的后台版主管理页面是版主由登录的页面验证成功后所转到的页面。这个页面主要为版主提供对数据的新增、修改、删除内容等功能。后台版主管理页面admin.asp的内容设计与BBS论坛系统主页面index.asp大致相同，不同的是加入可以转到所编辑页面的链接，页面效果如图 9-73 所示。

图 9-73　后台版主管理页面的设计

01 在后台版主管理页面 admin.asp 中，每个讨论主题后面都各有一个"修改"按钮和"删除"按钮，分别是用来修改和删除某个讨论主题的，但不是在这个页面执行，而是利用"转到详细页面"的方式，另外打开一个页面进行相应的操作。单击 admin.asp 页面中的"删除"按钮，再选择"服务器行为"面板上的"转到详细页面"功能选项。

02 在"转到详细页面"对话框中，按照表 9-12 所示的数据进行设置，如图 9-74 所示。

表 9-12　"转到详细页面"的表格设定

属性	设置值
详细信息页	del_title.asp
传递URL参数	bbs_ID
记录集	rs_bbs
列	bbs_ID

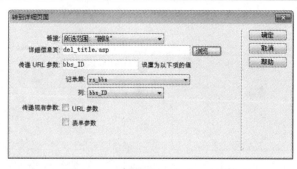

图 9-74　"转到详细页面"对话框

03 用同样的方法，按表 9-13 所示数据设置"修改"按钮，转到详细页面 upd_title.asp，如图 9-75 所示。

表 9-13   转到详细页面 upd_title.asp 的表格设定

属性	设置值
详细信息页	upd_title.asp
传递URL参数	bbs_ID
记录集	rs_bbs
列	bbs_ID

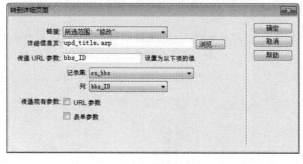

图 9-75   "转到详细页面"对话框

04 由于讨论区的管理权限是属于版主的,因此必须设定本页面"限制对页的访问"的服务器行为。单击"服务器行为"面板上的按钮,在弹出的菜单中选择"用户身份验证"|"限制对页的访问"选项,打开"限制对页的访问"对话框,选中"用户名和密码"单选按钮,如果访问被拒绝,将转向 admin_login.asp 页面,如图 9-76 所示。

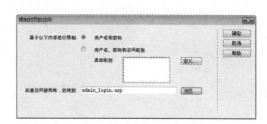

图 9-76   设置对页的访问

9.5.3   删除讨论页面

删除讨论页面del_title.asp的功能不只是要删除所指定的主题,还要将跟此主题相关的回复留言从资料表bbs_ref中删除,页面设计效果如图 9-77 所示。

图 9-77   删除讨论页面的设计

详细操作步骤如下：

01 打开删除讨论页面 del_title.asp，单击"应用程序"面板组中"绑定"面板上的⊞按钮，在弹出的菜单中选择"记录集（查询）"的选项，在打开的"记录集"对话框中单击"高级"按钮，进入记录集高级设定的页面，将现有的 SQL 语法改成以下的 SQL 语法，如图 9-78 所示。

```
01. SELECT bbs_main.*,bbs_ref.*
02. FROM bbs_main LEFT OUTER JOIN bbs_refrON
03. bbs_main.bbs_ID = bbs_ref.bbs_main_ID
04. WHERE bbs_main.bbs_ID = queryID
```

02 在图 9-78 中设置了一个名为 queryID 的变量值，并且将其设为 request.querystring ("bbs_ID") 传过来的参数。

03 在设定完记录集绑定后，把 rs 记录集中的字段插入 del_title.asp 页面上，如图 9-79 所示。

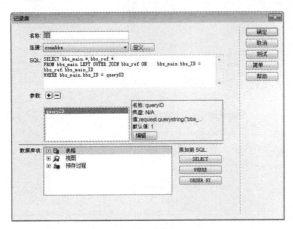

图 9-78　改写 SQL 语句

图 9-79　插入 del_title.asp 中的字段

04 将这个变量绑定至删除讨论页面 del_title.asp 的隐藏字段 bbs_ID 中，如图 9-80 所示。

05 完成页面的字段布置后，接着要在 del_title.asp 页面加入"删除记录"的设置。单击"应用程序"面板组中"服务器行为"面板上的⊞按钮，在弹出的菜单中选择"删除记录"选项，在打开的"删除记录"对话框中输入如表 9-14 所示的设定值，即可完成删除讨论页面的设计，如图 9-81 所示。

表 9-14　"删除记录"的表格设定

属性	设置值
连接	connbbs
从表格中删除	bbs_main
选取记录自	rs
唯一键列	bbs_ID
提交此表单以删除	form1
删除后，转到	admin.asp

 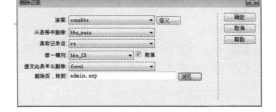

图 9-80 插入字段到隐藏域中　　　　图 9-81　"删除记录"对话框

06 单击"确定"按钮，完成删除讨论页面的设置。

9.5.4　修改讨论主题页面

修改讨论主题页面upd_title.asp的功能是更新主题的标题和内容到bbs_main数据表中，页面设计如图 9-82 所示。

图 9-82　修改讨论主题页面

详细操作步骤如下：

01 打开修改讨论主题页面 upd_title.asp，单击"应用程序"面板组中"绑定"面板上的 ➕ 按钮，在弹出的菜单中选择"记录集（查询）"选项，在打开的"记录集"对话框中，单击"高级"按钮，进入记录集高级设定的页面，将现有的 SQL 语句改成以下的 SQL 语句，如图 9-83 所示。

```
01. SELECT bbs_main.*,bbs_ref.*
02. FROM bbs_main LEFT OUTER JOIN bbs_ref  ON
03. bbs_main.bbs_ID = bbs_ref.bbs_main_ID
04. WHERE bbs_main.bbs_ID = queryID
```

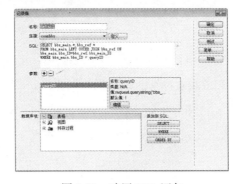

图 9-83　改写 SQL 语句

02 在图 9-83 中设置了一个名为 queryID 的变量值，并且将其设为 request.querystring ("bbs_ID")
传过来的参数。

03 在设定完记录集绑定后，把记录集 detail 中的字段插入 upd_title.asp 页面上，如图 9-84 所示。

04 将这个变量绑定到修改讨论主题页面 upd_title.asp 中的隐藏字段 bbs_ID 中，如图 9-85 所示。

图 9-84　插入 upd_title.asp 中的字段

图 9-85　插入字段到隐藏域中

05 完成页面的字段布置后，接着要在 adtitle.asp 页面中加入"更新记录"的设置。单击"应
用程序"面板组中"服务器行为"面板上的 ⊞ 按钮，在弹出的菜单中选择"更新记录"选项，在
打开的"更新记录"对话框中输入如表 9-15 所示的设定值，即可完成更新讨论主题页面的设计，
如图 9-86 所示。

表 9-15　"更新记录"的表格设定

属性	设置值
连接	connbbs
要更新的表格	bbs_main
选取记录自	detail
唯一键列	bbs_ID
在更新后，转到	admin.asp

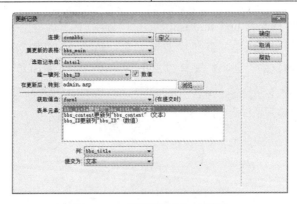

图 9-86　"更新记录"对话框

06 单击"确定"按钮，完成修改讨论主题页面的设置。

到这里就完成了 BBS 论坛系统的开发制作，读者可以凭借已经学习的知识来做一个个性化
的论坛，通过加入更多的技术，还可以完成更加强大的 Web 程序。

第10章 博客系统开发

Blog的全名是Web log，中文称网志或部落格，或者称为博客，是网上一个共享空间，是以日记的形式在网络上发表个人内容的一种形式。Blog系统需要拥有供一般网站浏览使用的日记页面前台，还要拥有"博客"发表日记的后台。从开发技术上而言，不但要有插入记录集、修改记录集、更新记录集的功能，还要有图片上传等ASP组件的应用。完善的博客系统也是一个庞大的动态功能系统，需要前期整体的规划。

将要制作的博客系统的网页及网页结构如图10-1所示。

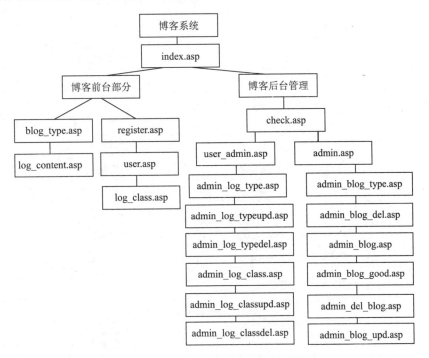

图10-1　博客系统的网页及网页结构图

本章重要知识点 >>>>>>>>>>

- 博客系统的规划
- 博客主页面的设计
- 博客分类功能的实现
- 博客个人注册功能与个人日志的关联
- 不同身份登录后台管理，实现不同登录转向的方法
- 后台删除、增加管理日志的方法

10.1 博客系统的整体设计规划

博客系统主要的结构分成一般用户使用和管理员使用两个部分。个人博客系统的页面共由21个页面组成，系统页面的功能与文件名称如表 10-1 所示。

表 10-1 博客系统将要开发的功能网页设计表

需要制作的主要页面	页面名称	功能
博客主页面	index.asp	显示最新博客最新注册等信息页面
博客分类页面	blog_type.asp	列出所有博客分类的大体内容
日志内容页面	log_content.asp	博客分类中内容的详细页面
用户注册页面	register.asp	新用户注册页面
博客个人主页面	user.asp	个人博客主要页面
日志分类内容页面	log_class.asp	个人日志分类的内容页面
后台管理转向页面	check.asp	判断登录用户再分别转向不同页面
后台管理主页面	user_admin.asp/admin.asp	一般用户管理页面 / 管理员管理页面
日志分类管理页面	admin_log_type.asp	个人日志分类管理页面，可添加日志分类
修改日志分类页面	admin_log_typeupd.asp	修改日志分类的页面
删除日志分类页面	admin_log_typedel.asp	删除日志分类的页面
日志列表管理主页面	admin_log_class.asp	个人日志列表管理页面，可添加日志
修改日志列表页面	admin_log_classupd.asp	修改个人日志的页面
删除日志列表页面	admin_log_classdel.asp	删除个人日志的页面
博客分类管理页面	admin_blog_type.asp	管理员对博客分类管理页面，可添加分类
删除博客分类页面	admin_blog_del.asp	管理员对博客分类进行删除的页面
博客列表管理主页面	admin_blog.asp	管理员对用户博客进行管理的页面
推荐博客管理页面	admin_blog_good.asp	管理员对用户博客是否推荐的管理页面
删除用户博客页面	admin_del_blog.asp	管理员对用户博客进行删除的页面
修改博客分类页面	admin_blog_upd.asp	管理员对博客分类进行修改的页面

10.1.1 页面设计规划

大体介绍了博客系统整个网站的规划后，在本地站点上建立站点文件夹blog。将要制作的博客系统文件夹和文件如图 10-2 所示。

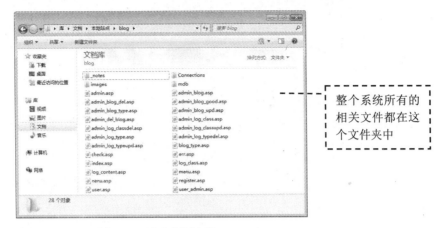

图 10-2 站点规划文件

10.1.2 网页美工设计

设计的博客主页面和个人博客页面的页面效果分别如图 10-3 和图 10-4 所示。

图 10-3 博客主页面的美工设计

图 10-4 个人博客页面的美工设计

10.2 数据库设计与连接

制作博客系统，首先要设计一个存储用户资料、博客信息、博客回复的数据库文件，方便博客系统开发时数据的调用与管理。

10.2.1 数据库设计

博客系统数据库开发的大小需要根据系统的内容大小而定。这里建立一个blog数据库，并在里面分别建立用户信息数据表users、博客分类表blog_type、日志信息表blog_log、日志分类表log_type、日志回复表log_reply及管理员账号信息表admin作为任何数据查询、新增、修改与删除的后端支持，创建的用户信息表users如图 10-5 所示。

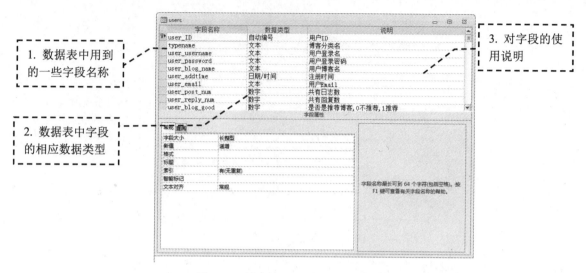

图 10-5　创建的 users 用户信息数据表

具体的制作步骤如下：

01 用户信息数据表 users、博客分类表 blog_type、日志信息表 blog_log、日志分类表 log_type、日志回复表 log_reply 和管理员账号信息表 admin 的字段结构如表 10-2～表 10-7 所示。

表 10-2　用户信息数据表 users

意义	字段名称	数据类型	字段大小	默认值
用户ID	user_ID	自动编号	长整型	
博客分类名	typename	文本	20	
用户登录名	user_username	文本	20	
用户登录密码	user_password	文本	20	
用户博客名	user_blog_name	文本	20	
注册时间	user_addtime	日期/时间		Now()
用户E-mail	user_email	文本	20	
共有日志数	user_post_num	数字	长整型	0
共有回复数	user_reply_num	数字	长整型	0
是否是推荐博客，0 不推荐，1 推荐	user_blog_good	数字	长整型	0

表 10-3　博客分类表 blog_type

意义	字段名称	数据类型	字段大小	默认值
博客分类ID	type_ID	自动编号	长整型	
博客分类名	typename	文本	20	

表 10-4   日志信息表 blog_log

意义	字段名称	数据类型	字段大小	默认值
日志ID	log_ID	自动编号	长整型	
用户名	user_username	文本	20	
日志分类ID	log_class_ID	数字	20	
日志标题	log_title	文本	50	
日志添加时间	log_addtime	日期/时间		Now()
日志回复数	log_reply_num	数字	长整型	0
发布时间	pubDate	日期/时间		Now()
日志内容	log_content	备注		

表 10-5   日志分类表 log_type

意义	字段名称	数据类型	字段大小	默认值
日志分类ID	log_class_ID	自动编号	长整型	
从属用户	user_username	文本	20	
日志分类名称	log_class_name	文本	20	
分类日志数	log_class_num	数字	长整型	0

表 10-6   日志回复表 log_reply

意义	字段名称	数据类型	字段大小	默认值
回复ID	reply_ID	自动编号	长整型	
日志ID	log_ID	数字	20	
回复人姓名	reply_user	文本	20	
回复标题	reply_title	文本	50	
回复时间	reply_addtime	日期/时间		Now()
回复内容	reply_content	备注		

表 10-7   管理员账号信息表 admin

意义	字段名称	数据类型	字段大小	默认值
主题编号	ID	自动编号	长整型	
管理员用户名	username	文本	20	
管理员密码	password	文本	20	

02 首先运行 Microsoft Access 2010 程序。打开程序界面，单击"空数据库"按钮，在主界面的右侧打开"空数据库"面板，如图 10-6 所示。

03 在相关路径中先新建几个常用存放文件的文件夹，如 images 文件夹、mdb 文件夹等，如图 10-7 所示。

04 单击"空数据库"面板上的 按钮，打开"文件新建数据库"对话框，在"保存位置"下拉列表框中，选择站点 blog 文件夹中的 mdb 文件夹，在"文件名"文本框中输入文件名"blog"，如图 10-8 所示。

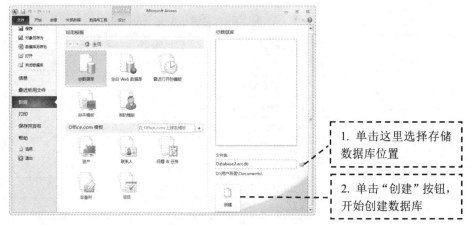

1. 单击这里选择存储数据库位置

2. 单击"创建"按钮，开始创建数据库

图 10-6　打开"空数据库"面板

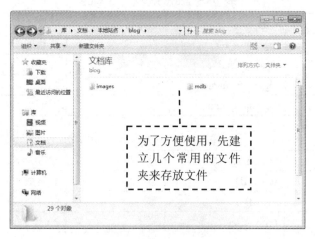

为了方便使用，先建立几个常用的文件夹来存放文件

图 10-7　建立文件夹

1. 输入数据库名称

2. 选择数据库的类型

图 10-8　"文件新建数据库"对话框

05 单击"确定"按钮，返回"空数据库"面板，再单击"空数据库"面板的"创建"按钮，即在 Microsoft Access 中创建了 blog.mdb 文件，同时 Microsoft Access 会自动生成了一个名为"表 1"

的数据表，在"表 1"上单击鼠标右键，从弹出的快捷菜单中选择"设计视图"命令，如图 10-9
所示。

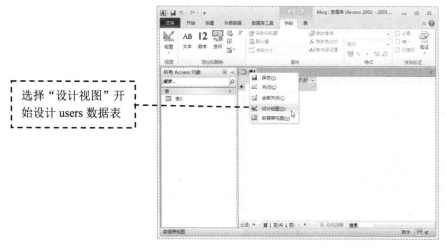

图 10-9　开始创建数据表

06 执行快捷菜单中的"设计视图"命令，打开"另存
为"对话框，在"表名称"文本框中输入数据表名称"users"，
如图 10-10 所示。

07 单击"确定"按钮，即在"所有表"列表框中建立
了 users 数据表，按照表 10-2 输入字段名称并设置属性，完
成后如图 10-11 所示。

图 10-10　"另存为"对话框

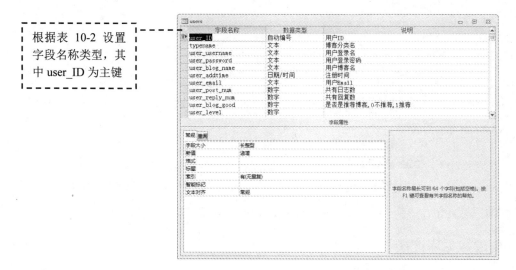

图 10-11　创建表的字段

08 双击 users 标签，打开 users 的数据表，为了方便以后使用，可以在数据库中预先输入
一些数据，如图 10-12 所示。

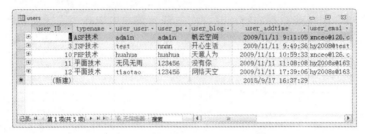

图 10-12　在 users 表中输入记录

09 用同样的方法建立如图 10-13～图 10-16 所示的数据表。

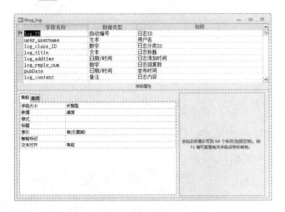

图 10-13　日志信息表 blog_log

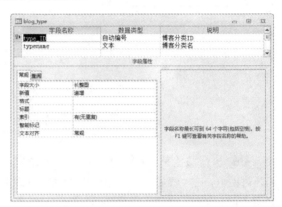

图 10-14　博客分类表 blog_type

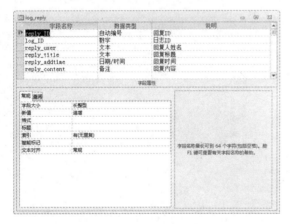

图 10-15　日志回复表 log_reply

图 10-16　日志分类表 log_type

10 编辑完成，单击"保存"按钮，关闭 Access 2010 软件。

10.2.2　创建数据库连接

数据库编辑完成后，必须在Dreamweaver CC中建立数据源连接对象。

具体的连接步骤如下：

01 依次单击"控制面板"|"管理工具"|"数据源（ODBC）"|"系统 DSN"命令，打开"ODBC 数据源管理器"对话框中的"系统 DSN"选项卡，如图 10-17 所示。

1. 打开"系统 DSN"选项卡，进行 DSN 设置

2. 单击"添加（D）"按钮，添加 DSN 数据源

图 10-17 "系统 DSN"选项卡

02 在图 10-17 中单击"添加（D）"按钮后，打开"创建新数据源"对话框，在"创建新数据源"对话框中，选择 Driver do Microsoft Access（*.mdb）选项，如图 10-18 所示。

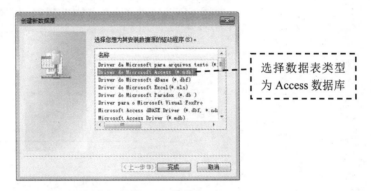

选择数据表类型为 Access 数据库

图 10-18 "创建新数据源"对话框

03 单击"完成"按钮，打开"ODBC Microsoft Access 安装"对话框，在"数据源名（N）"文本框输入"connblog"，单击"选择（S）"按钮，打开"选择数据库"对话框，单击"驱动器（V）"下拉列表框右边的三角按钮■，从下拉列表中找到在创建数据库步骤中数据库所在的盘符，在"目录（D）"中找到在创建数据库步骤中保存数据库的文件夹，然后单击左上方"数据库名（A）"选项组中的数据库文件 blog.mdb，则数据库名称自动添加到"数据库名（A）"文本框中，如图 10-19 所示。

1. 输入数据源名

2. 数据库文件绝对路径

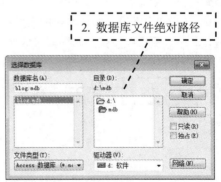

图 10-19 选择数据库

04 找到数据库后,单击"确定"按钮,返回到"ODBC 数据源管理器"中的"系统 DSN"选项卡中。在这里看到在"系统数据源"中已经添加了名称为 connblog、驱动程序为 Driver do Microsoft Access(*.mdb)的系统数据源,如图 10-20 所示。

05 设置好后,单击"确定"按钮退出,完成"ODBC 数据源管理器"中"系统 DSN"选项卡的设置。

06 启动 Dreamweaver CC,执行菜单"文件"|"新建"命令,打开"新建文档"对话框,选择"空白页"选项卡中"页面类型"下拉列表框下的 HTML 选项,在"布

图 10-20 "系统 DSN"选项卡

局"下拉列表框中选择"无"选项,然后单击"创建"按钮,在网站根目录下新建一个名为 index.asp 的网页并保存,如图 10-21 所示。

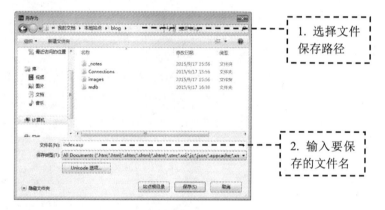

图 10-21 建立首页并保存

07 设置好"站点"`"`测试服务器",在 Dreamweaver CC 中执行菜单"窗口"|"数据库"命令,打开"数据库"面板,单击"数据库"面板中的⊞按钮,在弹出的菜单中选择"数据源名称(DSN)"命令,如图 10-22 所示。

图 10-22 选择"数据源名称(DSN)"选项

08 打开"数据源名称(DSN)"对话框,在"连接名称"文本框中输入 connblog,单击"数据源名称(DSN)"下拉列表框右边的三角按钮☑,从打开的下拉列表中选择 connblog,其他保持默认值,单击"测试"按钮,如果连接成功将提示"成功创建连接脚本",如图 10-23 所示。

图 10-23 "数据源名称(DSN)"对话框

09 单击"确定"按钮，完成数据库的连接。

10.3　博客主要页面设计

博客主页面index.asp由博客分类页面、最新日志、访问统计、推荐博客、用户注册和最新注册用户信息等几大栏目组成。当用户登录后可进入个人博客主页面和个人博客管理页面，对博客列表进行修改、删除和添加。如果登录的用户是管理员账号admin，则进入管理员后台管理页面，此页面不但可以对自己的博客进行编辑，还可以对其他用户的博客进行推荐和删除操作。

10.3.1　博客主页面的设计

首先要制作博客主页面index.asp，该页面由博客分类页面、最新日志、访问统计、推荐博客、用户注册和最新注册用户信息等几大栏目组成，其页面设计效果如图10-24所示。

图10-24　博客主页面效果图

详细的操作步骤如下：

01 启动 Dreamweaver CC，在同一站点下选择刚创建的主页面 index.asp。输入网页标题"博客"。接下来要设置网页的 CSS 格式，执行菜单"修改"|"页面属性"命令，打开"页面属性"对话框，单击"分类"列表框下的"外观（CSS）"选项，在"大小"文本框中输入 12px，在"上边距"文本框中输入 0，并将"背景颜色"设为#FEF4F3，其他设置如图10-25 所示。

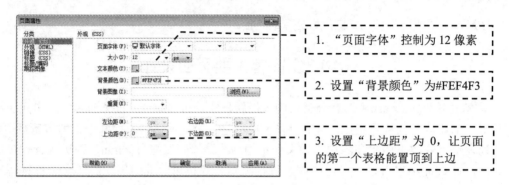

图 10-25   "页面属性"对话框

02 单击"确定"按钮，进入"文档"窗口，执行菜单"插入"|"表格"命令，打开"表格"对话框，在"行"文本框中输入需要插入表格的行数 5，在"列"文本框中输入需要插入表格的列数 2，在"表格宽度"文本框中输入 765 像素，"边框粗细""单元格边距"和"单元格间距"都为 0，其他设置如图 10-26 所示。

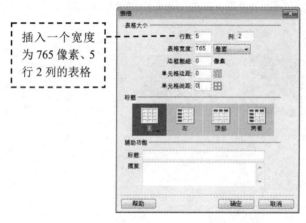

图 10-26   "表格"对话框

03 单击"确定"按钮，在"文档"窗口中就插入了一个 5 行 2 列的表格。用鼠标选中第 1 行并将其合并，同样把表格的第 5 行合并为 1 行。选中整个表格，在"属性"面板中设置"对齐"为"居中对齐"，效果如图 10-27 所示。

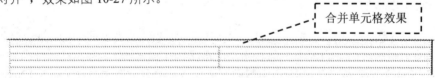

图 10-27   插入表格并合并单元格

04 把光标放在第 1 行中，执行菜单"插入"|"图像"命令，打开"选择图像源文件"对话框，在"查找范围"站点中，选择 images 文件夹中的 1.gif 图像嵌入到表格中，在第 5 行的"属性"面板中设置高度为 40 像素，设置背景色为#F98496，并在该行中输入文字"Copyright 2009-2012 fanyunblog.com All Rights Reserved."，设置"字体颜色"为白色、"对齐"为"居中对齐"，得到的效果如图 10-28 所示。

嵌入相应的图像和文字

图 10-28　嵌入图像

05　在第 2 行第 1 个单元格中根据本书第 5 章用户管理系统建设，设计出一个会员登录系统，再在其他单元格中插入相应的图片和文字，得到首页的页面结构如图 10-29 所示。

图 10-29　页面设计图

06　首页的页面结构搭建好以后，开始对每一个栏目进行设计，首先对"最新注册"栏目设计，"最新注册"栏目其实就是根据 users 表中的 user_ID 降序来显示 users 数据表中的最新记录，单击"应用程序"面板组中"绑定"面板上的⊞按钮，在弹出的菜单中选择"记录集（查询）"选项，在打开的"记录集"对话框中输入如表 10-8 所示的数据，如图 10-30 所示。

表 10-8　"记录集"的表格设定

属性	设置值
名称	Rs1
连接	connblog
表格	users
列	全部
筛选	无
排序	user_ID降序

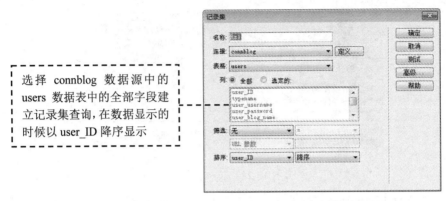

选择 connblog 数据源中的 users 数据表中的全部字段建立记录集查询，在数据显示的时候以 user_ID 降序显示

图 10-30　绑定"记录集"设定

07 单击"确定"按钮，完成记录集 Rs1 的绑定，绑定记录集后，将记录集的字段插入至 index.asp 网页的适当位置，如图 10-31 所示。

08 最新注册用户需要显示最新注册的五个用户的注册名，所以必须加入"服务器行为"中的"重复区域"的设置，单击要重复显示的一行，如图 10-32 所示。

将字段插入至这里 ⟶

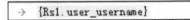

图 10-31　插入至 index.asp 网页中　　　　　图 10-32　选择要重复的一行

09 选择要重复显示的一行后，单击"应用程序"面板组中"服务器行为"面板上的⊞按钮，在弹出的菜单中选择"重复区域"的选项，打开"重复区域"对话框，在打开的"重复区域"对话框中，设置显示的记录数为 5 条记录，如图 10-33 所示。

选择要显示最新注册的记录数为 5 条记录

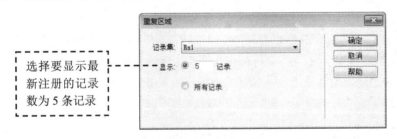

图 10-33　选择一次可以显示的记录条数

10 单击"确定"按钮，回到编辑页面，会发现先前所选取要重复的区域左上角出现了一个"重复"的灰色标签，表示已经完成设置。

11 显示出最新注册的用户后，访问者可以单击用户名进入注册用户个人博客页面。实现的方法是，首先选取编辑页面中的 Rs1.user_username 字段，如图 10-34 所示。

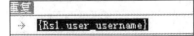

图 10-34　选择字段

12 选取编辑页面中的 Rs1.user_username 字段后，单击"应用程序"面板组中"服务器行为"面板上的⊞按钮，在弹出的菜单中选择"转到详细页面"选项，在打开的"转到详细页面"对话

框中单击"浏览"按钮，打开"选择文件"对话框，选择此站点中的 user.asp，并将"传递 URL 参数"设置为 user_username，如图 10-35 所示。

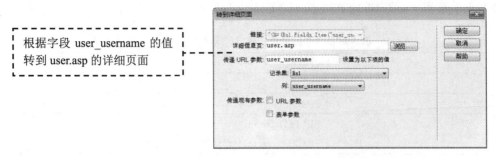

根据字段 user_username 的值转到 user.asp 的详细页面

图 10-35　"转到详细页面"对话框

13 单击"确定"按钮，完成对"最新注册"栏目的制作。下面将对统计栏目进行设计，需要进行统计的栏目包括博客数、日志数、回复数，可以在记录集查询高级模式中的 SQL 语句中使用 COUNT(*)函数进行统计。

提 示

> COUNT(*) 函数不需要 expression 参数，因为该函数不使用有关任何特定列的信息。该函数计算符合查询限制条件的总数。COUNT(*) 函数返回符合查询中指定的搜索条件的数目，而不消除重复值。

14 单击"应用程序"面板组中"绑定"面板上的⊞按钮，在弹出的菜单中选择"记录集（查询）"选项，在打开的"记录集"对话框中输入如表 10-9 所示的数据，如图 10-36 所示。

表 10-9　"记录集"Rs2 的表格设定

属性	设置值
名称	Rs2
连接	connblog
SQL	SELECT count(*) as num FROM users　　//计算所有用户博客数

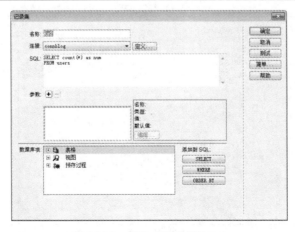

图 10-36　绑定"记录集"Rs2

15 分别单击两次"应用程序"面板组中"绑定"面板上的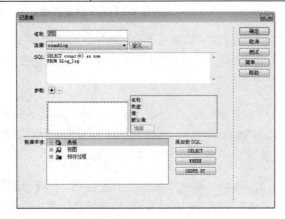按钮，在弹出的菜单中选择"记录集（查询）"选项，打开"记录集"对话框，分别在打开的"记录集"对话框中输入如表 10-10 和表 10-11 所示的数据，如图 10-37 和图 10-38 所示。

表 10-10　"记录集" Rs3 的表格设定

属性	设置值
名称	Rs3
连接	connblog
SQL	SELECT count(*) as num FROM blog_log　//计算所有日志数

图 10-37　绑定"记录集" Rs3

表 10-11　"记录集" Rs4 的表格设定

属性	设置值
名称	Rs4
连接	connblog
SQL	SELECT count(*) as num FROM log_reply　//计算所有回复数

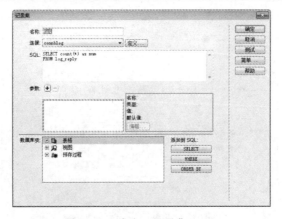

图 10-38　绑定"记录集" Rs4

16 单击"确定"按钮，完成记录集 Rs2、Rs3、Rs4 的绑定，绑定记录集后，将记录集的字段插入至 index.asp 网页的适当位置，如图 10-39 所示。

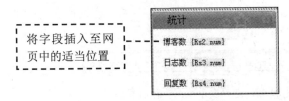

图 10-39 插入至 index.asp 网页中

17 插入字段后完成对统计栏目制作，现在来设置"推荐博客"一栏，推荐博客条件应为 users 数据表中的 user_blog_good 等于 1 时成立（1 为推荐，0 为不推荐），单击"应用程序"面板组中"绑定"面板上的⊞按钮，在弹出的菜单中选择"记录集（查询）"选项，打开"记录集"对话框，在打开的"记录集"对话框中输入如表 10-12 所示的数据，如图 10-40 所示。

表 10-12 "记录集" Rs6 的表格设定

属性	设置值
名称	Rs6
连接	connblog
SQL	SELECT * FROM users　//从数据库中选择users数据表 WHERE user_blog_good=1　//选择的条件为user_blog_good为1

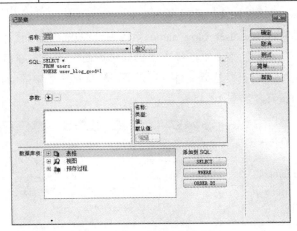

图 10-40 绑定"记录集"Rs6

18 单击"确定"按钮，完成对 Rs6 记录集的绑定，把 Rs6 记录集中的 user_blog_name 和 user_username 两个字段插入到页面的适当位置，如图 10-41 所示。

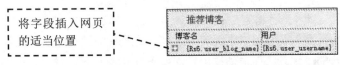

图 10-41 将两个字段插入到页面中

19 因为推荐的博客不是一个，而目前的设定则只会显示数据库的一条记录，所以需要加入"服务器行为"中"重复区域"的设置，单击要重复显示的那一行，如图 10-42 所示。

图 10-42　选择要重复的一行内容

20 单击"应用程序"面板组中"服务器行为"面板上的➕按钮，在弹出的菜单中选择"重复区域"选项，在打开的"重复区域"对话框中，设置显示的记录数为 5 条记录，如图 10-43 所示。

图 10-43　选择一次可以显示的记录条数

21 单击"确定"按钮回到编辑页面，会发现先前所选取要重复的区域左上角出现了一个"重复"的灰色标签，表示已经完成设置。

22 显示出推荐的用户博客后，访问者可以单击博客名进入用户个人的博客页面，选取编辑页面中的 Rs6.user_blog_name 字段，如图 10-44 所示。

图 10-44　选择字段

23 选取编辑页面中的 Rs6.user_blog_name 字段后，单击"应用程序"面板组中"服务器行为"面板上的➕按钮，在弹出的菜单中选择"转到详细页面"选项，在打开的"转到详细页面"对话框中单击"浏览"按钮，打开"选择文件"对话框，选择此站点中的 user.asp，并将"传递 URL 参数"设置为 user_username，如图 10-45 所示。

图 10-45　"转到详细页面"对话框

24 单击"确定"按钮，完成对"推荐博客"栏目的制作，在"博客分类"栏目中主要是绑定 blog_type 数据表，单击"应用程序"面板组中"绑定"面板上的➕按钮，在弹出的菜单中选择"记录集（查询）"选项，在打开的"记录集"对话框中输入如表 10-13 所示的数据，如图 10-46 所示。

表 10-13　"记录集" Rs7 的表格设定

属性	设置值
名称	Rs7
连接	connblog
表格	blog_type
列	全部
筛选	无
排序	无

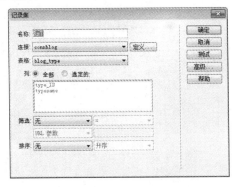

图 10-46　绑定"记录集" Rs7

25 单击"确定"按钮完成对 Rs7 记录集的绑定，将 Rs7 记录集中的 typename 字段插入页面中的适当位置，如图 10-47 所示。

26 在显示博客分类的记录数时，要求显示出所有的博客分类数，需要加入"服务器行为"中"重复区域"的设置，单击要重复显示的一行，如图 10-48 所示。

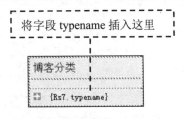

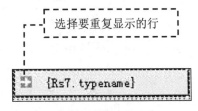

图 10-47　插入字段 typename　　　　　　　　　　图 10-48　选择要重复的一行

27 单击"应用程序"面板组中"服务器行为"面板上的 ➕ 按钮，在弹出的菜单中选择"重复区域"选项，在打开的"重复区域"对话框中设置显示的记录数，例如所有记录，如图 10-49 所示。

图 10-49　选择一次可以显示的记录条数

28 单击"确定"按钮，回到编辑页面，会发现先前所选取要重复的区域左上角出现了一个"重复"的灰色标签，表示已经完成设置。

29 显示所有博客分类后，单击博客中的分类进入博客分类的子内容页面，所以要选取编辑页面中的 Rs7.typename 字段，如图 10-50 所示。

图 10-50　选择字段

30 单击"应用程序"面板组中"服务器行为"面板上的 ➕ 按钮，在弹出的菜单中选择"转到详细页面"选项，在打开的"转到详细页面"对话框中，单击"浏览"按钮，打开"选择文件"对话框，选择此站点中的 blog_type.asp，并将"传递 URL 参数"设置为 typename，如图 10-51 所示。

根据字段 typename 的值转到 blog_type.asp 的详细页面

图 10-51　设置"转到详细页面"对话框

31 单击"确定"按钮完成"博客分类"栏目的制作，下面将制作"最新日志"栏目，最新日志将用到的是博客信息表 blog_log，单击"应用程序"面板组中"绑定"面板上的 ➕ 按钮，在弹出的菜单中选择"记录集（查询）"选项，在打开的"记录集"对话框中输入如表 10-14 所示的数据，如图 10-52 所示。

表 10-14　"记录集" Rs5 的表格设定

属性	设置值
名称	Rs5
连接	connblog
表格	blog_log
列	全部
筛选	无
排序	log_ID降序

选择 connblog 数据源中的 blog_log 数据表中的全部字段建立记录集查询，在数据显示的时候以 log_ID 降序显示

图 10-52　绑定记录集 Rs5

32 单击"确定"按钮完成对 Rs5 记录集的绑定，然后将 Rs5 记录集中的字段插入页面中的适当位置，如图 10-53 所示。

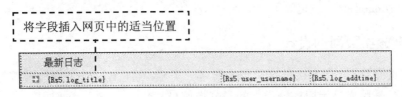

图 10-53　插入字段

33 在显示最新日志的记录数时要求显示部分日志，而目前的设定则只会显示一条记录，需要加入"服务器行为"中"重复区域"的设置，单击要重复显示的那一行，如图 10-54 所示。

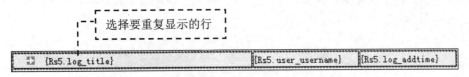

图 10-54　选择要重复的一行

34 单击"应用程序"面板组中"服务器行为"面板上的⊞按钮，在弹出的菜单中选择"重复区域"选项，在打开的"重复区域"对话框中，设置显示的记录数为 10，如图 10-55 所示。

图 10-55　选择一次可以显示的记录条数

35 单击"确定"按钮，回到编辑页面，会发现先前所选取要重复的区域左上角出现了一个"重复"的灰色标签，表示已经完成设置。

36 当单击访问最新日志的标题时，希望进入日志详细内容页面查看内容，选取编辑页面中的 Rs5.log_title 字段，如图 10-56 所示。

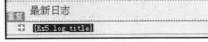

图 10-56　选择字段

37 单击"应用程序"面板组中"服务器行为"面板上的⊞按钮，在弹出的菜单中选择"转到详细页面"选项，在打开的"转到详细页面"对话框中，单击"浏览"按钮，打开"选择文件"对话框，选择此站点中的 log_content.asp，并将"传递 URL 参数"设置为 log_ID，如图 10-57 所示。

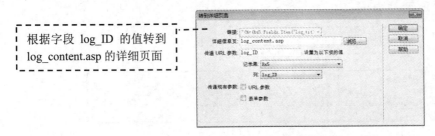

图 10-57　"转到详细页面"对话框

38 单击"确定"按钮，完成对博客主页面 index.asp 页面的设计与制作（用户注册模块的制作可以参考本书中的第 5 章，这里不做详细说明），打开 IE 浏览器，在 IE 地址栏中输入"http://127.0.0.1/index.asp"浏览效果。

10.3.2 博客分类页面的设计

博客分类页面是在首页index.asp中单击博客分类项，通过typename字段参数传递打开的另一个页面，主要是用来显示博客分类中的子分类信息。

详细的制作步骤如下：

01 打开博客分类页面 blog_type.asp，单击"应用程序"面板组中"绑定"面板上的 ➕ 按钮，在弹出的菜单中选择"记录集（查询）"选项，在打开的"记录集"对话框中输入如表 10-15 所示的数据，如图 10-58 所示。

表 10-15 "记录集" Rs 的表格设定

属性	设置值
名称	Rs
连接	connblog
表格	users
列	全部
筛选	typename 、=、URL参数、typename
排序	user_ID降序

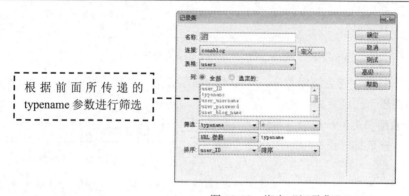

根据前面所传递的 typename 参数进行筛选

图 10-58 绑定"记录集" Rs

02 单击"确定"按钮，完成对 Rs 记录集的绑定，将 Rs 记录集中的字段插入页面中的适当位置，如图 10-59 所示。

将字段插入至网页中的适当位置

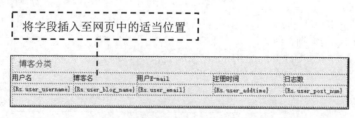

图 10-59 插入字段

03 在博客分类子分类信息页面中要加入"服务器行为"中"重复区域"的设置来显示部分或全部的博客分类子分类中的用户信息，单击要重复显示的那一行表格，如图 10-60 所示。

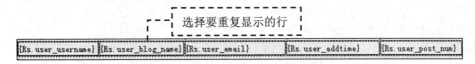

图 10-60　选择要重复的行

04 单击"应用程序"面板组中"服务器行为"面板上的 ⊞ 按钮，在弹出的菜单中选择"重复区域"选项，在打开的"重复区域"对话框中，设置显示的记录数为 15，如图 10-61 所示。

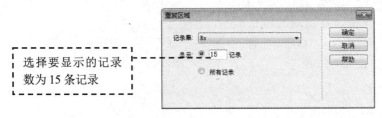

图 10-61　选择一次可以显示的记录条数

05 单击"确定"按钮回到编辑页面，会发现先前所选取要重复的区域左上角出现了一个"重复"的灰色标签，表示已经完成设置。

06 当显示的记录大于 15 条时，就必须加入"记录集分页"功能，将光标移至要加入"记录集导航条"的位置，在"服务器行为"面板中单击 ⊞ 按钮，在弹出的下拉列表中选择"记录集分页"功能，插入"第一页"，然后按照相同的方法插入其他记录集分页功能，如图 10-62 所示。

07 选取编辑页面中的 Rs.user_blog_name 字段，如图 10-63 所示。

图 10-62　插入"记录集导航条"

图 10-63　选择字段

08 单击"应用程序"面板组中"服务器行为"面板上的 ⊞ 按钮，在弹出的菜单中选择"转到详细页面"选项，在打开的"转到详细页面"对话框中单击"浏览"按钮，打开"选择文件"对话框，选择此站点中的 user.asp，并将"传递 URL 参数"设置为 user_username，设置如图 10-64 所示。

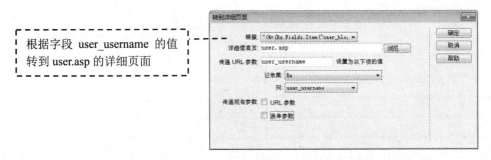

图 10-64　"转到详细页面"对话框

09 选择 Rs.user_email 字段，在"属性"面板中单击"链接"文本框后面的"指向文件"按钮，按住鼠标左键不放并拖动鼠标至"记录集（Rs）"中的 user_email 字段，并且在 URL 链接前面加上 mailto:，如图 10-65 所示。

10 单击"确定"按钮，完成博客分类页面 blog_type.asp 的设计制作。

10.3.3 日志内容页面的设计

日志内容页面是当访问者单击日志标题时进入的页面，是显示日志的详细内容和回复主题的信息页面，也可以在线对此主题提交回复。日志内容页面 log_content.asp的设计效果如图 10-66 所示。

图 10-65　设置给对方发送 E-mail

图 10-66　日志内容页面效果图

详细操作步骤如下：

01 打开日志内容页面 log_content.asp，单击"应用程序"面板组中"绑定"面板上的 ➕ 按钮，在弹出的菜单中选择"记录集（查询）"选项，在打开的"记录集"对话框中输入如表 10-16 所示的数据，如图 10-67 所示。

表 10-16　"记录集" Rs1 的表格设定

属性	设置值
名称	Rs1
连接	connblog
表格	blog_log
列	全部
筛选	log_ID 、=、URL参数、log_ID
排序	无

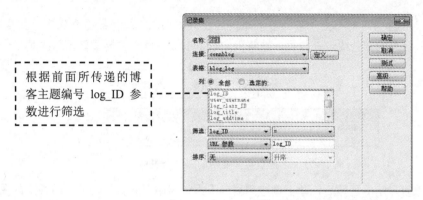

根据前面所传递的博客主题编号 log_ID 参数进行筛选

图 10-67 绑定"记录集"Rs1

02 单击"确定"按钮，完成记录集 Rs1 的绑定，绑定记录集后，将记录集 Rs1 中的字段插入 log_content.asp 网页中的适当位置，如图 10-68 所示。

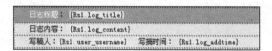

图 10-68 插入 Rs1 记录集中的字段

03 再次单击"应用程序"面板组中"绑定"面板上的 ⊞ 按钮，在弹出的菜单中选择"记录集（查询）"选项，在打开的"记录集"对话框中输入如表 10-17 所示的数据，如图 10-69 所示。

表 10-17 "记录集"Rs2 的表格设定

属性	设置值
名称	Rs2
连接	connblog
表格	log_reply
列	全部
筛选	log_ID 、=、URL参数、log_ID
排序	无

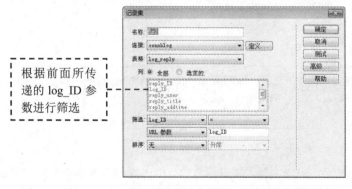

根据前面所传递的 log_ID 参数进行筛选

图 10-69 绑定"记录集"Rs2

04 单击"确定"按钮完成记录集 Rs2 的绑定，绑定记录集后，将记录集 Rs2 中的字段插入 log_content.asp 网页中的适当位置，如图 10-70 所示。

图 10-70 插入 Rs2 记录集中的字段

05 由于一个主题有可能不止一条回复信息，因此必须加入"服务器行为"中"重复区域"的设置来显示回复信息的部分或全部数据，选择 log_content.asp 页面中要重复显示的那一个表格，如图 10-71 所示。

图 10-71　选择要重复显示的那一个表格

06 选择要重复显示的区域后，单击"应用程序"面板组中"服务器行为"面板上的 ⊞ 按钮，在弹出的菜单中选择"重复区域"选项，在打开的"重复区域"对话框中，设定"显示"的记录条数为 5，如图 10-72 所示。

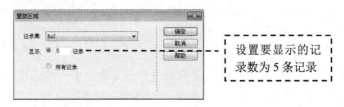

图 10-72　选择要重复显示的记录条数

07 单击"确定"按钮，返回编辑页面，会发现先前所选取要重复的区域左上角出现了一个"重复"的灰色标签，表示已经完成设置，如图 10-73 所示。

08 当一个主题的回复信息大于"重复区域"设定显示的记录数时，就必须在 log_content.asp 中加入"记录集分页"功能让信息分页显示。在"服务器行为"面板中单击 ⊞ 按钮，在弹出的下拉列表中选择"记录集分页"功能，插入"第一页"，然后按照相同的方法插入其他记录集分页功能，如图 10-74 所示。

图 10-73　完成设定"重复区域"

图 10-74　加入"记录集分页"

09 加入记录集分页的功能后，一个主题如果有回复信息的时候希望显示所有的回复信息，当没有回复信息时就显示提示语"目前无回复内容，请回复！"这就要加入"显示区域"功能，首先选取记录集有数据时要显示的数据表格，如图 10-75 所示。

图 10-75　选择有记录时显示的表格

10 单击"服务器行为"面板上的⊞按钮，在弹出的菜单中选择"显示区域"|"如果记录集不为空则显示区域"选项，在打开的"如果记录集不为空则显示区域"对话框中选择记录集为 Rs2，再单击"确定"接钮回到编辑页面，会发现先前所选取要显示的区域左上角出现了一个"如果符合此条件则显示"的灰色标签，表示已经完成设置，如图 10-76 所示。

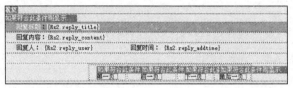

图 10-76　完成设置的显示图标

11 再选择没有回复数据时要显示的文字"目前无回复内容，请回复！"，根据前面的制作步骤，将区域设定成"如果记录集为空则显示区域"，如图 10-77 所示。

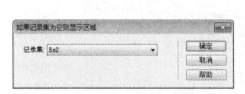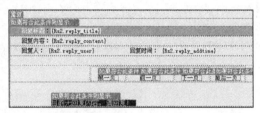

图 10-77　选择没有数据时的显示

12 下面将制作"回复"栏，该栏和前面的留言板一样，将回复的信息添加到数据表 log_reply 中，设计表单 form1 中的文本域和文本区域如表 10-18 所示，静态页面设计效果如图 10-78 所示。

表 10-18　form1 的表格设定

意义	文本（区）域/按钮名称	类型
昵称	reply_user	单行
标题	reply_title	单行
内容	reply_content	多行
提交	Submit	提交表单
重置	Submit2	重设表单

13 执行菜单 "插入"|"表单"|"隐藏"命令，在表单中插入一个隐藏域，单击选择该隐藏域，在"属性"面板中设置名称为 log_ID、值等于"<%=request.querystring("log_ID")%>"（其中 Request.QueryString 就是获取请求页面时传递的参数），设置如图 10-79 所示。

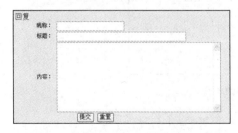

图 10-78　回复栏的静态页面设计效果　　　　　图 10-79　设置隐藏域

14 单击"应用程序"面板组中"服务器行为"面板上的 ⊞ 按钮，在弹出的菜单中选择"插入记录"选项，在打开的"插入记录"对话框中，设置如表 10-19 所示的参数，如图 10-80 所示。

表 10-19　"插入记录"的表格设定

属性	设置值
连接	connblog
插入到表格	log_reply
插入后，转到	log_content.asp
获取值自	form1
表单元素	表单字段与数据表字段相对应

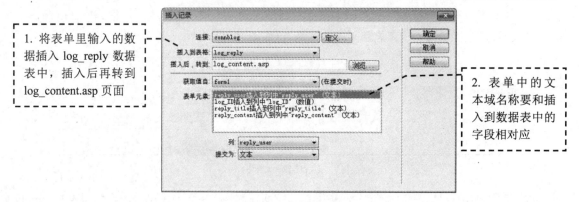

1. 将表单里输入的数据插入 log_reply 数据表中，插入后再转到 log_content.asp 页面

2. 表单中的文本域名称要和插入到数据表中的字段相对应

图 10-80　"插入记录"对话框

15 单击"确定"按钮，回到网页设计编辑页面，完成插入记录的设计。

16 但是有些访问者在留言时不填任何数据而直接把表单送出，这样数据库中就会自动生成一笔空白数据，所以为了杜绝这种现象发生，需要加入"检查表单"的行为。具体操作是在 log_content.asp 的标签检测区中单击<form1>标签，然后再单击"行为"面板上的 ⊞ 按钮，在弹出的菜单中选择"检查表单"选项，检查表单行为会根据表单的内容来设定检查的方式，在此希望访问者一定要全部填写，所以选中了"值"后面的"必需的"复选框，这样就可以完成检查表单的行为设置，如图 10-81 所示。

图 10-81　选择必填字段

17 单击"确定"按钮，完成日志内容页面 log_content.asp 的设计与制作。

10.3.4　个人博客主页面的设计

个人博客主页面user.asp主要由博客分类、最新留言及博客内容几个栏目组成，页面设计效果如图 10-82 所示。

图 10-82　个人博客主页面效果图

详细的制作步骤如下：

01 打开 user.asp 页面，因为博客主页面和博客分类页面都由 user_username 的 URL 变量传递到 user.asp 页面，所以可以用 user_username 字段的"URL 参数"建立一个博客的记录集。单击"应用程序"面板组中"绑定"面板上的 ⊞ 按钮，在弹出的菜单中选择"记录集（查询）"选项，在打开的"记录集"对话框中输入如表 10-20 所示的数据，如图 10-83 所示。

表 10-20　"记录集"Rs1 的表格设定

属性	设置值
名称	Rs1
连接	connblog
表格	blog_log
列	全部
筛选	user_username 、=、URL参数、user_username
排序	log_ID升序

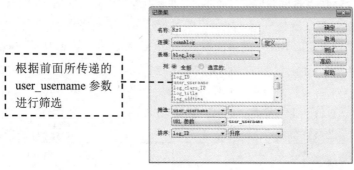

根据前面所传递的 user_username 参数进行筛选

图 10-83　绑定"记录集"Rs1

02 单击"确定"按钮，完成记录集 Rs1 的绑定，把绑定的 Rs1 中的字段插入到个人博客主页面中适当的位置，如图 10-84 所示。

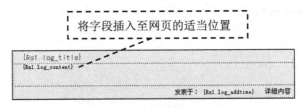

图 10-84　插入字段

03 在个人博客主页面中要显示所有博客或部分博客的记录，而目前的设定只会显示一条记录，因此需要加入"服务器行为"中"重复区域"的设置，单击要重复显示的表格，如图 10-85 所示。

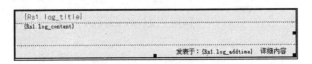

图 10-85　选择要重复的表格

04 单击要重复显示的表格后再单击"应用程序"面板组中"服务器行为"面板上的按钮，在弹出的菜单中选择"重复区域"选项，在打开的"重复区域"对话框中设置显示的记录数为 5，如图 10-86 所示。

图 10-86　选择一次可以显示的记录条数

05 单击"确定"按钮回到编辑页面，会发现先前所选取要重复的区域左上角出现了一个"重复"的灰色标签，表示已经完成设置。

06 在 user.asp 页面中加入"记录集导航条"，用来分页显示博客的数据，将光标移至要加入"记录集导航条"的位置，在"服务器行为"面板中单击按钮，在弹出的下拉列表中选择"记录集分页"命令，分别在网页中添加"首页""上页""下页""尾页"等功能，如图 10-87 所示。

加入"记录集分页"功能后，还需要插入用于显示目前是第几页和共有多少条记录的功能。将光标移至页面表格的右上角，把绑定的 Rs1 中的字段插入页面的适当位置，如图 10-88 所示。

图 10-87　加入记录集导航条

图 10-88　加入记录集导航状态

08 选取编辑页面中的"详细内容"文字，单击"应用程序"面板组中"服务器行为"面板上的![+]按钮，在弹出的菜单中选择"转到详细页面"选项，在打开的"转到详细页面"对话框中单击"浏览"按钮，打开"选择文件"对话框，选择站点中的 log_content.asp，并将"传递 URL 参数"设置为 log_ID，如图 10-89 所示。

根据字段 log_ID 的值转到 log_content.asp 的详细页面

图 10-89 　"转到详细页面"对话框

09 单击"确定"按钮，完成个人博客主页面中的博客内容栏目制作，现在对日志分类这一栏进行制作，单击"应用程序"面板组中"绑定"面板上的![+]按钮，在弹出的菜单中选择"记录集（查询）"选项，在打开的"记录集"对话框中输入如表 10-21 所示的数据，如图 10-90 所示。

表 10-21 　"记录集" Rs2 的表格设定

属性	设置值
名称	Rs2
连接	connblog
表格	log_type
列	全部
筛选	user_username 、=、URL参数、user_username
排序	无

根据前面所传递的 user_username 参数进行筛选

图 10-90 　绑定"记录集" Rs2

10 单击"确定"按钮，完成记录集 Rs2 的绑定，把绑定的 Rs2 中的字段插入个人博客页面分类栏中适当的位置，如图 10-91 所示。

11 在个人博客主页面中要显示所有日志分类的记录，而目前的设定只会显示一条记录，因此需要加入"服务器行为"中"重复区域"的设置，选择要重复显示的表格，如图 10-92 所示。

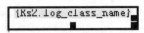

图 10-91　插入字段　　　　　　　　图 10-92　选择要重复显示的表格

12 选择要重复显示的表格后再单击"应用程序"面板组中"服务器行为"面板上的 ⊞ 按钮，在弹出的菜单中选择"重复区域"选项，在打开的"重复区域"对话框中设置显示的记录数为"所有记录"，如图 10-93 所示。

图 10-93　选择一次可以显示的记录数

13 单击"确定"按钮回到编辑页面，会发现先前所选取要重复的区域左上角出现了一个"重复"的灰色标签，表示已经完成设置。

14 选取编辑页面中的 Rs2.log_class_name 字段，单击"应用程序"面板组中"服务器行为"面板上的 ⊞ 按钮，在弹出的菜单中选择"转到详细页面"选项，在打开的"转到详细页面"对话框中单击"浏览"按钮，打开"选择文件"对话框，选择此站点中的 log_class.asp，并将"传递 URL 参数"设置为 log_class_ID，如图 10-94 所示。

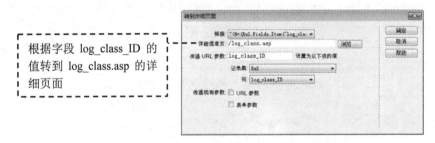

图 10-94　"转到详细页面"对话框

15 单击"确定"按钮，完成制作。接着制作"最新留言"功能，单击"应用程序"面板组中"绑定"面板上的 ⊞ 按钮，在弹出的菜单中选择"记录集（查询）"选项，在打开的"记录集"对话框中单击"高级"按钮，进入"高级"模式，在"高级"模式中输入如表 10-22 所示的数据，如图 10-95 所示。

表 10-22　"记录集" Rs3 的表格设定

属性	设置值
名称	Rs3
连接	connblog
参数	名称：MMuser　默认值：admin　值：request.querystring("user_username")

在SQL语句中输入以下代码：

```
SELECT blog_log.log_ID,blog_log.user_username,
blog_log.log_addtime,log_reply.*
FROM blog_log,log_reply
WHERE blog_log.user_username='MMuser'And blog_log.log_ID=log_reply.log_ID
```

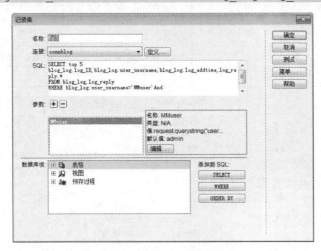

图 10-95　绑定"记录集"Rs3

提示　在回复表里没有所从属主题博客的相关信息，这里用条件 blog_log.log_ID=log_reply.log_ID 来获取信息，并用 blog_log.user_username='MMuser'来限制用户。

16 单击"确定"按钮，完成记录集 Rs3 的绑定，将 Rs3 记录集中的 reply_title 字段插入到"最新留言"栏目中，如图 10-96 所示。

17 选取 reply_title 字段所在的表格，单击"应用程序"面板组中"服务器行为"面板上的 ➕按钮，在弹出的菜单中选择"重复区域"选项，在打开的"重复区域"对话框中设置显示的记录数为 5，如图 10-97 所示。

图 10-96　插入 reply_title 字段

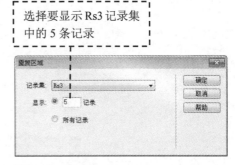

图 10-97　选择一次可以显示的记录数为 5

18 单击"确定"按钮，完成设置，再单击"应用程序"面板组中"绑定"面板上的➕按钮，在弹出的菜单中选择"记录集（查询）"选项，然后在打开的"记录集"对话框中输入如表 10-23 所示的数据，如图 10-98 所示。

表 10-23　"记录集" Rs4 的表格设定

属性	设置值
名称	Rs4
连接	connblog
表格	users
列	全部
筛选	user_username 、 =、URL参数、user_username
排序	无

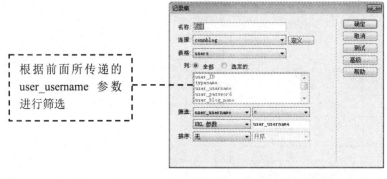

根据前面所传递的
user_username 参数
进行筛选

图 10-98　绑定"记录集"Rs4

19 单击"确定"按钮，完成记录集 Rs4 的绑定，
执行菜单"插入"|"Div"命令，插入一个层，再把
Rs4 中的 user_blog_name 字段插入到层中，并设置字
体效果，完成后的效果如图 10-99 所示。

图 10-99　插入层和字段

10.3.5　日志分类内容页面的设计

日志分类内容页面是显示个人博客分类内容的页面，设计比较简单，效果如图 10-100 所示。

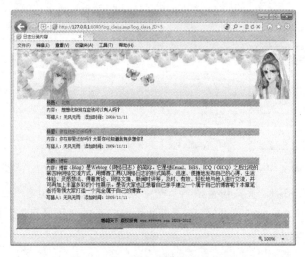

图 10-100　博客分类内容效果图

详细制作步骤如下：

01 打开日志分类内容页面 log_class.asp，单击"应用程序"面板组中"绑定"面板上的▣按钮，在弹出的菜单中选择"记录集（查询）"选项，在打开的"记录集"对话框中，输入如表 10-24所示的数据，如图 10-101 所示。

表 10-24　"记录集"Rs 的表格设定

属性	设置值
名称	Rs
连接	connblog
表格	blog_log
列	全部
筛选	log_class_ID、=、URL参数、log_class_ID
排序	无

根据前面所传递的
log_class_ID 参数
进行筛选

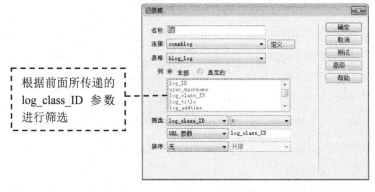

图 10-101　绑定"记录集"Rs

02 单击"确定"按钮，完成对记录集 Rs 的绑定，再把绑定的 Rs 插入到网页的相应位置，如图 10-102 所示。

将字段插入至网页
中适当的位置

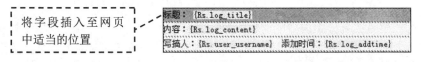

图 10-102　插入字段到网页中

03 在日志分类内容页面中要显示所有日志分类页面的部分记录或全部记录,而目前的设定只会显示一条记录,因此需要加入"服务器行为"中"重复区域"的设置,选择要重复显示的表格,如图 10-103 所示。

图 10-103　选择要重复的表格

04 选择要重复显示的表格后单击"应用程序"面板组中"服务器行为"面板上的▣按钮，在弹出的菜单中选择"重复区域"选项，在打开的"重复区域"对话框中设置显示的记录数为 5，如图 10-104 所示。

05 单击"确定"按钮回到编辑页面，会发现先前所选取要重复的区域左上角出现了一个"重复"的灰色标签，表示已经完成设置。

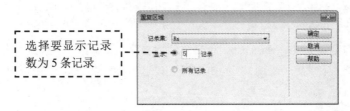

图 10-104　选择一次可以显示的记录为 5

06 当日志分类内容信息较多时，需要加入记录集分页功能，将光标移至要加入"记录集导航条"的位置，在"服务器行为"面板中单击 ⊞ 按钮，在弹出的下拉列表中选择"记录集分页"命令，分别在网页中添加"第一页""前一页""下一页""最后一页"等功能，如图 10-105 所示。

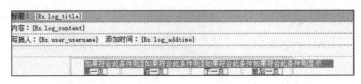

图 10-105　插入"记录集导航条"

07 选取编辑页面中的 Rs.log_title 字段，单击"应用程序"面板组中"服务器行为"面板上的 ⊞ 按钮，在弹出的菜单中选择"转到详细页面"选项，在打开的"转到详细页面"对话框中单击"浏览"按钮，打开"选择文件"对话框，选择此站点中的 log_content.asp，并将"传递 URL 参数"设置为 log_ID，如图 10-106 所示。

图 10-106　"转到详细页面"对话框

08 一个日志如果有回复分类内容的时候，希望显示所有的分类内容信息，当没有分类信息时就显示提示语"目前没信息"，这就要加入"显示区域"功能，选择有记录时要显示的那一个表格，如图 10-107 所示。

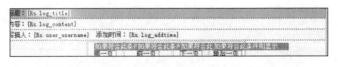

图 10-107　选择有记录时要显示的表格

09 单击"应用程序"面板组中"服务器行为"面板上的 ⊞ 按钮，在弹出的菜单中选择"显示区域"|"如果记录集不为空则显示区域"选项，打开"如果记录集不为空则显示区域"对话框，在"记录集"下拉列表框中选择 Rs，再单击"确定"按钮回到编辑页面，会发现先前所选取要显示的区域左上角出现了一个"如果符合此条件则显示…"的灰色标签，表示已经完成设置，效果如图 10-108 所示。

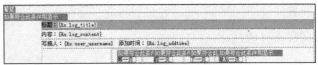

图 10-108　记录集不为空则显示设置及效果

10 选取记录集没有数据时要显示的文字"目前没信息",然后再单击"应用程序"面板组中"服务器行为"面板上的 ⊞ 按钮,在弹出的菜单中选择"显示区域／如果记录集为空则显示区域"选项,在"记录集"中选择 Rs,再单击"确定"按钮回到编辑页面,会发现先前所选取要显示的区域左上角出现了一个"如果符合此条件则显示…"的灰色标签,表示已经完成设置,效果如图 10-109 所示。

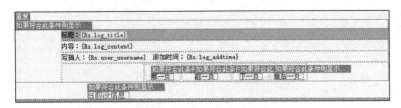

图 10-109　记录集为空则显示的效果

11 到这一步骤日志分类内容页面的设计就完成了。

10.4　后台管理页面设计

在首页index.asp页面用户登录栏中,当用户登录成功则转向check.asp,失败则转到err.asp页面。在check.asp页面通过一个条件判断语句进行判断,如果在首页登录中登录用户是一般用户则转向user_admin.asp(一般用户管理页面),如果登录用户名是admin则转向admin.asp(管理员管理页面)。一般用户只能对自己的日志分类和日志列表进行管理,而管理员除了对自己的日志进行管理外,还可以对用户信息、用户日志和博客分类信息进行管理。

10.4.1　后台管理转向页面

check.asp页面通过if条件判断语句判断转过来的用户名字段user_username是不是admin,如果是就转向admin.asp,如果不是就转向user_admin.asp,分析如下:

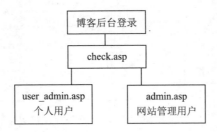

详细制作的步骤如下:

01 打开博客首页 index.asp,在"用户登录"栏目中,单击"应用程序"面板组中"服务器行为"面板上的 ⊞ 按钮,在弹出的菜单中选择"用户身份验证"|"登录用户"选项,向该网页添

加登录用户的服务器行为，设置如果登录成功就转到 check.asp 页面，如果登录失败就转到 err.asp 页面，如图 10-110 所示。

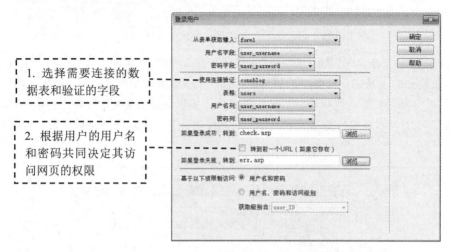

图 10-110 "登录用户"对话框

02 设置完成后，单击"确定"按钮，关闭该对话框，返回到"文档"窗口。在"服务器行为"面板中就增加了一个"登录用户"行为。可以看到表单对象对应的"属性"面板的动作属性值为<%=MM_LoginAction%>，如图 10-111 所示。它的作用就是实现用户登录功能，这是 Dreamweaver CC 自动生成的动作对象。

图 10-111 表单对应的"属性"面板

03 当用户成功登录后转到 check.asp。check.asp 页面比较简单，就是在页面中加入一段 if 条件判断语句和绑定一个 MM_username 的阶段变量，单击"应用程序"面板组中"绑定"面板上的 ⊞ 按钮，在弹出的菜单中选择"阶段变量"选项，在打开的"阶段变量"对话框中设置名称为 MM_username，如图 10-112 所示。

图 10-112 "阶段变量"对话框

04 单击"确定"按钮，完成阶段变量 MM_username 的绑定，再单击"代码"按钮回到"代码"编辑页面中，并加入一段 if 条件判断语句，代码如下：

```
<%
if session("MM_Username")="admin" then
// 判断传递过来的变量用户名是否为 admin
response.Redirect("admin.asp")
// 如果是 admin 就转向 admin.asp
else
response.Redirect("user_admin.asp")
// 否则转向 user_admin.asp
end if
%>
```

05 如果用户在 index.asp 首页中登录失败就转向失败页面 err.asp（err.asp 是提示用户登录失败再重新登录的一个页面），如图 10-113 所示。

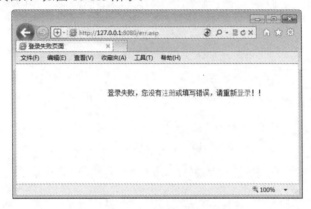

图 10-113　登录失败页面效果图

06 在登录失败页面 err.asp 中有两个链接，一个是没有注册时单击"注册"链接文本链接到注册页面 register.asp（用户注册系统在第 5 章中已详细介绍，本章将不再说明），一个是填写错误时单击"登录"链接文本回到首页中重新登录。

10.4.2　一般用户管理页面

　　一般用户管理页面user_admin.asp是用户登录成功后再进行判断转向的页面，该页面可以对自己的注册资料进行修改，同时还可以对自己的日志分类和日志列表进行修改、删除和添加。静态页面设计效果如图 10-114 所示。

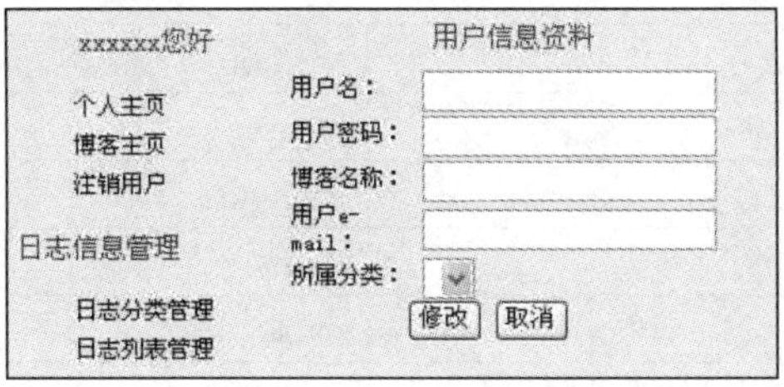

图 10-114　一般用户后台管理页面效果图

详细制作步骤如下：

01 在 user_admin.asp 页面设计中表单 form1 中的文本域和文本区域设置如表 10-25 所示。

表 10-25　表单 form1 中的文本域和文本区域设置

意义	文本（区）域/按钮名称	类型
用户名	user_username	单行
用户密码	user_password	单行
博客名称	user_blog_name	单行
用户E-mail	user_email	单行
所属分类	typename	列表/菜单
修改	Submit	提交按钮
取消	Submit2	重设按钮

02 单击"应用程序"面板组中"绑定"面板上的 ➕ 按钮，在弹出的菜单中选择"阶段变量"选项，在打开的"阶段变量"对话框中设置名称为 MM_username，如图 10-115 所示。

图 10-115　"阶段变量"对话框

03 单击"确定"按钮完成阶段变量 MM_username 的绑定，将绑定的阶段变量插入到网页中，如图 10-116 所示。

图 10-116　插入"阶段变量"MM_username

04 再次单击"应用程序"面板组中"绑定"面板上的 ➕ 按钮，在弹出的菜单中选择"记录集（查询）"选项，在打开的"记录集"对话框中输入如表 10-26 所示的数据，如图 10-117 所示。

表 10-26　"记录集"rs_user 的表格设定

属性	设置值
名称	rs_user
连接	connblog
表格	users
列	全部
筛选	user_username 、=、阶段变量、MM_username
排序	无

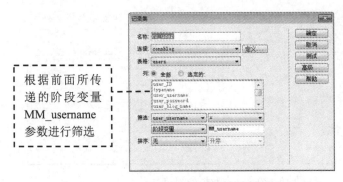

图 10-117　绑定"记录集"rs_user

05 单击"确定"按钮，完成记录集 rs_user 的绑定，把绑定的 rs_user 中的字段插入网页的合适位置，如图 10-118 所示。

06 在"所属分类"一栏中需要动态绑定所有的博客分类，单击"应用程序"面板组中"绑定"面板上的 **+** 按钮，在弹出的菜单中选择"记录集（查询）"选项，在打开的"记录集"对话框中输入如表 10-27 所示的数据，如图 10-119 所示。

图 10-118　插入字段

表 10-27　"记录集"Re 的表格设定

属性	设置值
名称	Re
连接	connblog
表格	blog_type
列	全部
筛选	无
排序	无

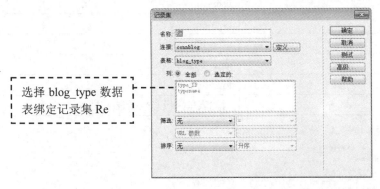

图 10-119　绑定"记录集"Re

07 单击选择 type_name 列表/菜单，在"属性"面板中单击 动态… 按钮，打开"动态列表/菜单"对话框，在打开的"动态列表/菜单"对话框中设置"来自记录集的选项"为 Re，"值"和"标签"都为 typename，再单击"选取值等于"右边的 图标，打开"动态数据"对话框，在打开的"动态数据"对话框中选择"域"为 rs_user 记录集中的 typename 字段，然后单击"确定"按钮返回"动态列表/菜单"对话框，再次单击"确定"按钮完成动态数据的绑定，如图 10-120 所示。

图 10-120 动态数据的绑定

08 完成记录集的绑定后，单击"服务器行为"面板上的  按钮，从弹出的菜单中选择"更新记录"选项，为网页添加"更新记录"的服务器行为，如图 10-121 所示。

09 打开"更新记录"对话框，在打开的"更新记录"对话框中输入如表 10-28 所示的数据，如图 10-122 所示。

图 10-121 选择"更新记录"选项

表 10-28 "更新记录"的表格设定

属性	设置值
连接	connblog
要更新的表格	users
选取记录自	rs_user
唯一键列	user_ID
在更新后，转到	user_admin.asp
获取值自	form1
表单元素	对比表单字段与数据表字段

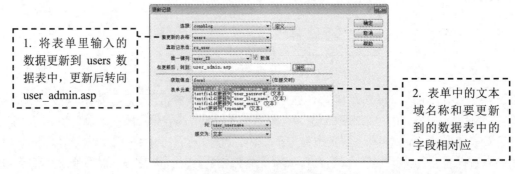

1. 将表单里输入的数据更新到 users 数据表中，更新后转向 user_admin.asp

2. 表单中的文本域名称和要更新到的数据表中的字段相对应

图 10-122 "更新记录"对话框

10 单击"确定"按钮,完成更新记录的设置。用户可以单击"个人主页"进入个人博客主页面 user.asp,首先选取编辑页面中的"个人主页"文字,再单击"应用程序"面板组中"服务器行为"面板上的 ➕ 按钮,在弹出的菜单中选择"转到详细页面"选项,在打开的"转到详细页面"对话框中单击"浏览"按钮,打开"选择文件"对话框,选择此站点中的 user.asp,并将"传递 URL参数"设置为 user_username,如图 10-123 所示。

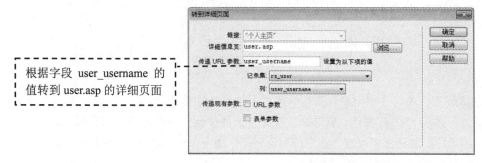

根据字段 user_username 的值转到 user.asp 的详细页面

图 10-123　"转到详细页面"对话框

11 单击编辑页面中的文字"博客主页",在"属性"面板上单击"链接"文本框后面的 🗀 按钮,打开"选择文件"对话框,在打开的"选择文件"对话框中选择同一站点中的首页文件 index.asp。

12 由于 user_admin.asp 的页面主要是提供用户链接到编辑页面,对自己的博客日志和日志分类进行添加、修改和删除的功能,因此要设定转到详细页面功能,这样转到的页面才能够根据参数值而从数据库中将某一笔数据筛选出来进行编辑。单击页面中的 "日志分类管理"文字,然后单击"服务器行为"面板上的 ➕ 按钮,在弹出的菜单中选择"转到详细页面"选项,在打开的"转到详细页面"对话框中单击"浏览"按钮,打开"选择文件"对话框,在此选择 admin_log_type.asp,并将"传递 URL 参数"设置为记录集 rs_user 中的 user_username 字段,如图 10-124 所示。

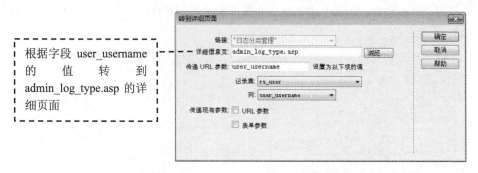

根据字段 user_username 的值转到 admin_log_type.asp 的详细页面

图 10-124　选择要转向的文件

13 单击"确定"按钮返回编辑页面,选取编辑页面中"日志列表管理"文字,然后单击"服务器行为"面板上的 ➕ 按钮,在弹出的菜单中选择"转到详细页面"选项,在打开的"转到详细页面"对话框中单击"浏览"按钮,打开"选择文件"对话框,选择 admin_log_class.asp 选项,并将"传递 URL 参数"设置为记录集 rs_user 中的 user_ID 字段,其他设定值皆保持不变,如图 10-125所示。

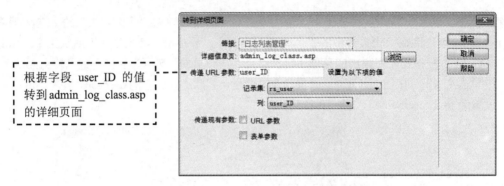

根据字段 user_ID 的值
转到 admin_log_class.asp
的详细页面

图 10-125　"转到详细页面"对话框

14 选取编辑页面中"注销用户"文字给用户添加一个注销功能，单击"应用程序"面板组中"服务器行为"面板上的 **+** 按钮，在弹出的菜单中选择"用户身份验证"|"注销用户"选项，在打开的"注销用户"对话框中设置"在完成后，转到"为 index.asp 页面，如图 10-126 所示。

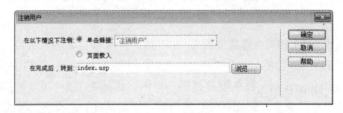

图 10-126　设置"注销用户"对话框

15 单击"确定"按钮回到编辑页面，因为一般用户管理页面 user_admin.asp 是通过用户账号和密码进入的，所以不允许其他用户进入，这就必须设置用户的权限，单击"应用程序"面板组中"服务器行为"面板上的 **+** 按钮，在弹出的菜单中选择"用户身份验证"|"限制对页的访问"选项，在打开的"限制对页的访问"对话框中设置"如果访问被拒绝，则转到"为 index.asp 页面，如图 10-127 所示。

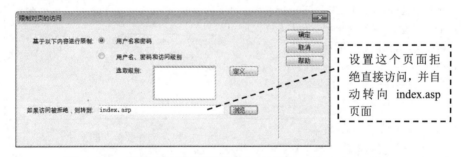

设置这个页面拒
绝直接访问，并自
动转向 index.asp
页面

图 10-127　设置"限制对页的访问"对话框

16 单击"确定"按钮就完成了一般用户管理页面 user_admin.asp 的制作，整体页面设计效果如图 10-128 所示。

17 管理员管理页面 admin.asp 与一般用户管理页面 user_admin.asp 的制作类似，只是增加了两个页面的链接，页面链接如表 10-29 所示，效果如图 10-129 所示。

表 10-29　"页面链接"的表格设定

文字	链接的页面
博客分类管理	admin_blog_type.asp
博客列表管理	admin_blog.asp

图 10-128　整体页面设计效果图　　　　　图 10-129　管理员管理页面效果图

10.4.3　日志分类管理页面

日志分类管理页面admin_log_type.asp主要提供用户添加日志分类和链接到修改、删除日志分类的功能，静态页面设计效果如图 10-130 所示。

图 10-130　静态页面设计效果图

详细制作步骤如下：

01 单击"应用程序"面板组中"绑定"面板上的 按钮，在弹出的菜单中选择"记录集（查询）"选项，在打开的"记录集"对话框中输入如表 10-30 所示的数据，如图 10-131 所示。

表 10-30　"记录集" Rs 的表格设定

属性	设置值
名称	Rs
连接	connblog
表格	log_type
列	全部
筛选	user_username 、=、阶段变量、MM_username
排序	无

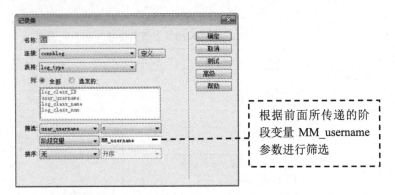

根据前面所传递的阶段变量 MM_username 参数进行筛选

图 10-131　绑定"记录集"Rs

02 单击"确定"按钮，完成记录集 Rs 的绑定，把绑定的记录集 Rs 中的字段 log_class_name 插入到网页中的适当位置，如图 10-132 所示。

图 10-132　插入字段

03 在博客分类内容页面中要显示所有博客分类页面的部分记录或全部记录，而目前的设定则只会显示一条记录，因此需要加入"服务器行为"中"重复区域"的设置，选择 admin_log_type.asp 页面中的表格，如图 10-133 所示。

选择要重复显示的记录集表格

图 10-133　选择要重复显示的记录集表格

04 单击"应用程序"面板组中"服务器行为"面板上的 按钮，在弹出的菜单中选择"重复区域"选项，在打开的"重复区域"对话框中，设定一页显示的记录数为"所有记录"，设置如图 10-134 所示。

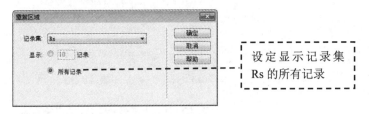

设定显示记录集 Rs 的所有记录

图 10-134　选择记录集的显示数量

06 单击"确定"按钮回到编辑页面，会发现先前所选取要重复的区域左上角出现了一个"重复"的灰色标签，表示已经完成设置。

06 加入显示区域的设定。如果数据库中有数据就希望显示数据。如果没有数据就显示"无博客分类"的信息提示语，首先选取记录集有数据时要显示的数据表格，如图 10-135 所示。

选择有记录时要显示的表格

图 10-135　选择有记录时要显示的表格

07 单击"应用程序"面板组中"服务器行为"面板上的 ➕ 按钮，在弹出的菜单中选择"显示区域"|"如果记录集不为空则显示区域"选项，打开"如果记录集不为空则显示区域"对话框，在"记录集"下拉列表框中选择 Rs，再单击"确定"按钮回到编辑页面，会发现先前所选取要显示的区域左上角出现了一个"如果符合此条件则显示"的灰色标签，表示已经完成设置，如图 10-136 所示。

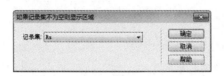
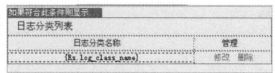

图 10-136　记录集不为空则显示区域

08 选取记录集没有数据时要显示的数据表格，如图 10-137 所示。

无日志分类

09 单击"应用程序"面板组中"服务器行为"面　图 10-137　选择没有数据时要显示的区域
板上的 ➕ 按钮，在弹出的菜单中选择"显示区域 | 如果记录集为空则显示区域"选项，打开"如果记录集为空则显示区域"对话框，在"记录集"中选择 Rs，再单击"确定"按钮回到编辑页面，会发现先前所选取要显示的区域左上角出现了一个"如果符合此条件则显示"的灰色标签，表示已经完成设置，如图 10-138 所示。

图 10-138　记录集为空则显示

10 下面将制作添加博客分类，首先将绑定面板中的 Session 变量 MM_username 绑定到表单中的 user_username 隐藏域中，如图 10-139 所示。

11 单击"应用程序"面板组中"服务器行　图 10-139　绑定字段到隐藏域中
为"面板中的 ➕ 按钮，在弹出的菜单中选择"插入记录"选项，在"插入记录"对话框中，输入如表 10-31 所示的设定值，并设定新增数据后转到个人博客管理主页面 admin_log_type.asp，如图 10-140 所示。

表 10-31　"插入记录"的表格设定

属性	设置值
连接	connblog
插入到表格	log_type
插入后，转到	admin_log_type.asp
获取值自	form1
表单元素	表单字段与数据表字段相对应
列	log_class_name
提交为	文本

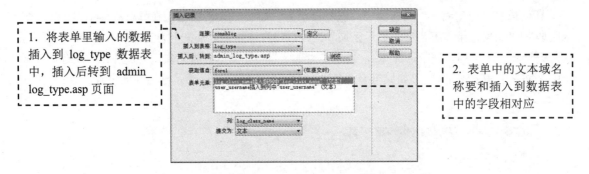

图 10-140　设定"插入记录"对话框参数

12 单击"确定"按钮完成记录的插入，选择表单，执行菜单"窗口"|"行为"命令，打开"行为"面板，单击"行为"面板中的 ➕ 按钮，在弹出的菜单中选择"检查表单"选项，打开"检查表单"对话框，设置 log_class_name 文本域的"值"都为"必需的"、"可接受"为"任何东西"，如图 10-141 所示。

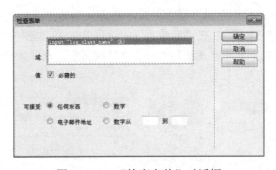

图 10-141　"检查表单"对话框

13 页面编辑中的文字"修改"和"删除"的连接必须要传递参数给转到的页面，这样前往的页面才能够根据参数值从数据库中将某一数据筛选出来进行编辑。选取编辑页面中的"修改"文字，单击"服务器行为"面板上的 ➕ 按钮，在弹出的菜单中选择"转到详细页面"选项，在打开的"转到详细页面"对话框中，单击"浏览"按钮，打开"选择文件"对话框，选择 admin_log_typeupd.asp 选项，并将"传递 URL 参数"设置为记录集 Rs 中的 log_class_ID 字段，其他设置保持默认值，如图 10-142 所示。

图 10-142　"转到详细页面"对话框

14 选取"删除"文字并重复上面的操作，将要转到的页面改为 admin_log_typedel.asp，如图 10-143 所示。

根据字段 log_class_ID 的值转到 admin_log_typedel.asp 的详细页面

图 10-143 "转到详细页面"对话框

15 单击"确定"按钮，完成日志分类管理页面 admin_log_type.asp 的制作，如图 10-144 所示。

图 10-144 日志分类管理页面效果图

10.4.4 修改日志分类页面

修改日志分类页面 admin_log_typeupd.asp 的主要功能是将数据表中的数据送到页面的表单中进行修改，修改数据后再更新到数据表中，页面设计如图 10-145 所示。

详细操作步骤如下：

图 10-145 修改日志分类页面设计

01 打开 admin_log_typeupd.asp 页面，并单击"绑定"面板上的 ➕ 按钮，在弹出的菜单中选择"记录集（查询）"选项，打开"记录集"对话框，单击"高级"按钮，进入高级模式窗口，在打开的"记录集"对话框中，输入如表 10-32 所示的数据，再单击"确定"按钮完成设置，如图 10-146 所示。

02 完成记录集 Rs 的绑定后，将记录集的字段插入 admin_log_typeupd.asp 网页中的适当位置，如图 10-147 所示。

表 10-32 "记录集"Rs 的表格设定

属性	设置值
名称	Rs
连接	connblog
SQL	SELECT * FROM log_type WHERE log_class_ID = MMColParam and user_username='muser'
参数	名称：MMColParam 默认值：0 值：Request.QueryString("log_class_ID") 名称：muser 默认值：0 值：aession("MM_username")

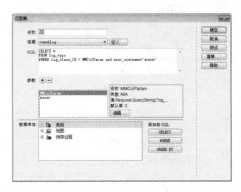

图 10-146　"记录集"对话框

图 10-147　插入字段

03 完成表单的布置后，在 admin_log_typeupd.asp 这个页面加入"服务器行为"中的"更新记录"的设置，在 admin_log_typeupd.asp 的页面上，单击"应用程序"面板组中"服务器行为"面板上的 **＋** 按钮。在弹出的菜单中选择"更新记录"选项，在打开的"更新记录"对话框中，输入如表 10-33 所示的设定值，如图 10-148 所示。

表 10-33　"更新记录"的表格设定

属性	设置值
连接	connblog
要更新的表格	log_type
选取记录自	Rs
唯一键列	log_class_ID
在更新后，转到	admin_log_type.asp
获取值自	form1
表单元素	比对表单字段与数据表字段必须一致

将表单里输入的数据更新到 log_type 数据表中，更新后转到 admin_log_type.asp 页面

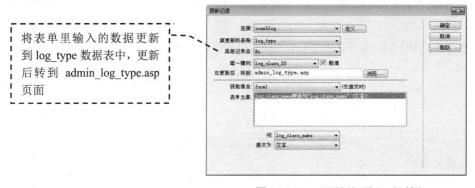

图 10-148　"更新记录"对话框

04 单击"确定"按钮，回到编辑页面完成修改日志分类页面的设计。

10.4.5　删除日志分类页面

删除日志分类的页面admin_log_typedel.asp和修改日志分类页面的设计类似，如图 10-149 所示。其功能是将表单中的数据从站点的数据表中进行删除。

图 10-149　删除页面的设计

详细制作步骤如下：

01 打开 admin_log_typedel.asp 页面，并单击"绑定"面板上的 ➕ 按钮，在弹出的菜单中选择"记录集（查询）"选项，打开"记录集"对话框，单击"高级"按钮，进入高级模式窗口，在打开的"记录集"对话框中输入如表 10-34 所示的设定值，再单击"确定"按钮后就完成设定了，如图 10-150 所示。

表 10-34　"记录集"的表格设定

属性	设置值
名称	Rs
连接	connblog
SQL	SELECT * FROM log_type WHERE log_class_ID = MMColParam and user_username='muser'
参数	名称：MMColParam　默认值：0　值：Request.QueryString("log_class_ID") 名称：muser　默认值：0　值：session("MM_username")

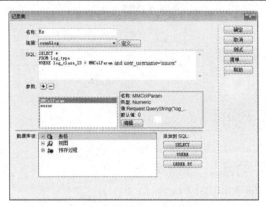

图 10-150　"记录集"对话框

02 单击"确定"按钮完成记录集 Rs 的绑定，绑定记录集后，将记录集的字段插入至 admin_log_typedel.asp 网页的适当位置，如图 10-151 所示。

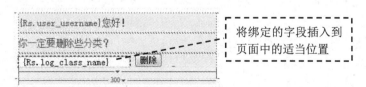

图 10-151　字段的插入

03 将绑定面板中的 log_class_ID 绑定到表单中的 log_class_ID 隐藏域中，如图 10-152 所示。

04 完 成 表 单 的 布 置 后 ， 要 在 admin_log_typeupd.asp 页面加入"服务器行为"中的 "删除记录"的设置。在 admin_log_typeupd.asp 的页

图 10-152　绑定字段到隐藏域中

面上，单击"应用程序"面板组中"服务器行为"面板上的 ⊞ 按钮，在弹出的菜单中选择"删除记录"选项，在打开的"删除记录"对话框中，输入如表 10-35 所示的设定值，如图 10-153 所示。

05 单击"确定"按钮，回到编辑页面完成删除日志分类页面的设计。

表 10-35　"删除记录"的表格设定

属性	设置值
连接	connblog
从表格中删除	log_type
选取记录自	Rs
唯一键列	log_class_ID
提交此表单以删除	form1
删除后，转到	admin_log_type.asp

从 log_type 表格中删除数据，删除后转到 admin_log_type.asp 页面

图 10-153　"删除记录"对话框

10.4.6　日志列表管理主页面

日志列表管理主页面 admin_log_class.asp 的主要功能是显示所有博客，并通过它进入到修改日志列表页面 admin_log_classupd.asp 和删除日志列表页面 admin_log_classdel.asp，还有添加日志的功能，页面设计效果如图 10-154 所示。

详细的制作步骤如下：

01 单击"绑定"面板上的 ⊞ 按钮，在弹出的菜单中选择"记录集（查询）"选项，打开"记录集"对话框，再单击"高级"按钮，进入高级模式窗口，在打开的"记录集"设定对话框中输入如表 10-36 所示的数据，单击"确定"按钮后完成设置，如图 10-155 所示。

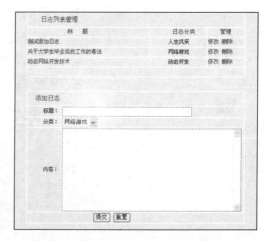

图 10-154　日志列表管理页面效果图

表 10-36　"记录集"的表格设定

属性	设置值
名称	Rs
连接	connblog
SQL	SELECT blog_log.*,log_type.log_class_ID,log_type.log_class_name FROM blog_log,log_type WHERE blog_log.user_username='muser'And log_type.log_class_ID=blog_log.log_class_ID ORDER BY blog_log.log_ID DESC
参数	名称：muser　默认值：1　值：Session("MM_username")

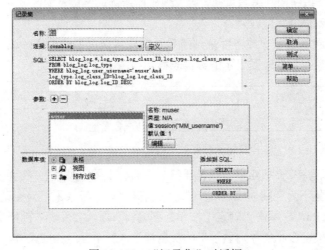

图 10-155　"记录集"对话框

02 完成记录集 Rs 的绑定后，将 log_title 字段和 log_class_name 字段插入到网页中的适当位置，如图 10-156 所示。

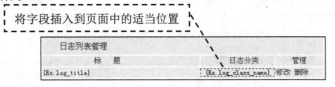

图 10-156　插入字段

03 在日志分类内容页面中要显示所有日志分类页面的部分记录或全部记录，而目前的设定则只会显示一条记录，因此需要加入"服务器行为"中"重复区域"的设置，选择 admin_log_class.asp 页面中要重复显示的表格，如图 10-157 所示。

图 10-157　选择要重复显示的表格

04 单击"应用程序"面板组中"服务器行为"面板上的 ![+] 按钮，在弹出的菜单中选择"重复区域"选项，在打开的"重复区域"对话框中，设定一页显示的数据选项为"所有记录"，如图10-158所示。

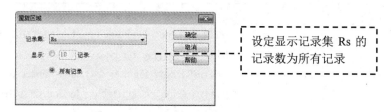

图 10-158　选择要重复显示记录集的数目

05 单击"确定"按钮回到编辑页面，会发现先前所选取要重复的区域左上角出现了一个"重复"的灰色标签，表示已经完成设置。

06 如果依照记录集的状况或条件来判断是否要显示网页中的某些区域，这就是显示区域的设定，首先选择记录集有数据时要显示的数据表格，如图10-159所示。

图 10-159　选择有记录时要显示的记录

07 单击"应用程序"面板组中"服务器行为"面板上的 ![+] 按钮，在弹出的菜单中选择"显示区域"|"如果记录集不为空则显示区域"选项，打开"如果记录集不为空则显示区域"对话框，在"记录集"中选择 Rs，再单击"确定"按钮回到编辑页面，会发现先前所选取要显示的区域左上角出现了一个"如果符合此条件则显示"的灰色标签，表示已经完成设置，如图10-160所示。

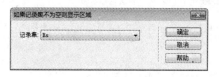
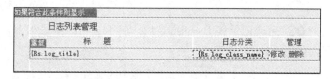

图 10-160　记录集不为空则显示

08 选取记录集没有数据时要显示的数据表格，如图10-161所示。

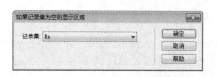

图 10-161　选择没有数据时要显示的区域

09 单击"应用程序"面板组中"服务器行为"面板上的 ![+] 按钮，在弹出的菜单中选择"显示区域"|"如果记录集为空则显示区域"选项，在"记录集"中选择 Rs，再单击"确定"按钮回到编辑页面，会发现先前所选取要显示的区域左上角出现了一个"如果符合此条件则显示"的灰色标签，表示已经完成设置，如图10-162所示。

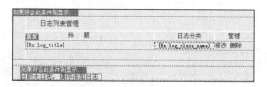

图 10-162　记录集为空则显示区域

10 当 admin_log_class.asp 页面中日志分类内容信息较多时，就需要加入记录集分页功能，将光标移至要加入"记录集分页"的位置，然后单击"服务器行为"面板中的 ⊞ 按钮，在弹出的下拉列表中选择"记录集分页"命令下的子命令，插入相应的记录集分页功能选项，如图 10-163 所示。

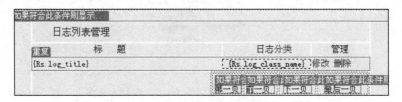

图 10-163 加入"记录集分页"

11 选取编辑页面中的字段 Rs.log_title，然后单击"服务器行为"面板上的 ⊞ 按钮，在弹出的菜单中选择"转到详细页面"选项，在打开的"转到详细页面"对话框中单击"浏览"按钮，打开"选择文件"对话框，选择 log_class.asp，并将"传递 URL 参数"设置为记录集 Rs 中的 log_class_ID 字段，其他设定值皆保持不变，如图 10-164 所示。

根据字段 log_class_ID 的值转到 log_class.asp 的详细页面

图 10-164 "转到详细页面"对话框

12 选取编辑页面中的文字"修改"，然后单击"服务器行为"面板上的 ⊞ 按钮，在弹出的菜单中选择"转到详细页面"选项，在打开的"转到详细页面"对话框中单击"浏览"按钮，打开"选择文件"对话框，选择 admin_log_classupd.asp 选项，并将"传递 URL 参数"设置为记录集 Rs 中的 log_ID 字段，其他设定值皆保持不变，如图 10-165 所示。

根据字段 log_ID 的值转到 admin_log_classupd.asp 的详细页面

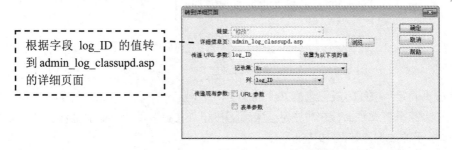

图 10-165 "转到详细页面"对话框

13 选取编辑页面中的文字"删除"，然后单击"服务器行为"面板上的 ⊞ 按钮，在弹出的菜单中选择"转到详细页面"选项，在打开的"转到详细页面"对话框中单击"浏览"按钮，打开"选择文件"对话框，选择 admin_log_classdel.asp，并将"传递 URL 参数"设置为记录集 Rs 中的 log_ID 字段，其他设定值皆保持不变，如图 10-166 所示。

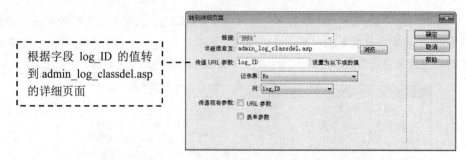

图 10-166 "转到详细页面"对话框

14 下面将制作添加日志的功能，主要方法是将页面中的表单数据新增到 blog_log 数据表中，单击"绑定"面板上的 ➕ 按钮，接着在弹出的菜单中选择"记录集（查询）"选项，在打开的"记录集"对话框中输入如表 10-37 所示的设定值，单击"确定"按钮后完成设置，如图 10-167 所示。

表 10-37 "记录集"的表格设定

属性	设置值
名称	Rs2
连接	connblog
表格	log_type
列	全部
筛选	user_username、=、阶段变量、MM_username
排序	无

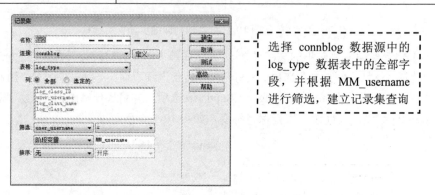

选择 connblog 数据源中的 log_type 数据表中的全部字段，并根据 MM_username 进行筛选，建立记录集查询

图 10-167 "记录集"对话框

15 单击"确定"按钮完成记录集 Rs2 的绑定，绑定记录集后，单击"分类"的列表/菜单，在分类的"列表/菜单"属性面板中单击 动态... 按钮，在打开的"动态列表/菜单"对话框中设置如表 10-38 所示的数据，如图 10-168 所示。

表 10-38 "动态表单"的表格设定

属性	设置值
来自记录集的选项	Rs2
值	log_class_ID
标签	Log_class_name

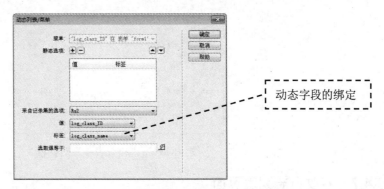

动态字段的绑定

图 10-168　"动态列表/菜单"对话框

16 单击"确定"按钮，完成分类列表的数据绑定，然后将绑定面板中的 Session 变量 MM_username 绑定到页面中名为 user_username 的隐藏域中，如图 10-169 所示。

图 10-169　绑定字段到隐藏域中

17 在 admin_log_class.asp 编辑页面，单击"应用程序"面板组中"服务器行为"面板上的 **+** 按钮，在弹出的菜单中选择"插入记录"选项，在"插入记录"对话框中，输入如表 10-39 所示的设定值，并设定新增数据后转到一般用户管理页面 user_admin.asp，如图 10-170 所示。

表 10-39　"插入记录"的表格设定

属性	设置值
连接	connblog
插入表格	blog_log
插入后，转到	user_admin.asp
获取值自	form1
表单元素	比对表单字段与数据表字段

将表单里输入的数据，插入到 blog_log 数据表中，插入后转到 user_admin.asp 页面

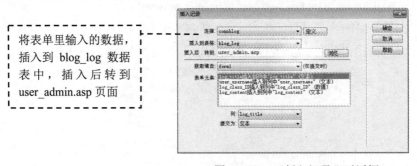

图 10-170　"插入记录"对话框

18 选择表单，执行菜单"窗口"|"行为"命令，打开"行为"面板，单击"行为"面板中的 **+** 按钮，在弹出的菜单中选择"检查表单"选项，打开"检查表单"对话框，设置 log_title 和 log_content 两个文本域的"值"都为"必需的"、"可接受"为"任何东西"，如图 10-171 所示。

19 单击"确定"按钮，回到编辑页面，完成 admin_log_class.asp 页面设计。

图 10-171　"检查表单"对话框

10.4.7　修改日志列表页面

修改日志列表页面admin_log_classupd.asp的主要功能是将数据表的数据送到页面的表单中进行修改，修改数据后再更新到数据表blog_log中，页面设计如图10-172所示。

详细制作步骤如下：

图 10-172　修改日志内容页面效果

01 单击"绑定"面板上的 按钮，在弹出的菜单中选择"记录集（查询）"选项，在打开的"记录集"对话框中单击"高级"按钮，进入高级模式窗口，在打开的"记录集"对话框中输入如表10-40所示的设定值，单击"确定"按钮后完成设置，如图10-173所示。

表 10-40　"记录集"的表格设定

属性	设置值
名称	Rs
连接	connblog
SQL	SELECT * FROM blog_log WHERE log_ID=Muse And user_username='MMuser'
参数	名称：Muse　默认值：0　值：request.querystring("log_ID") 名称：MMuser　默认值：1　值：Session("MM_username")

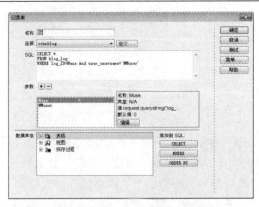

图 10-173　"记录集"对话框

02 完成记录集 Rs 的绑定后，将 log_title 字段和 log_content 字段插入到网页中的适当位置，如图 10-174 所示。

将 log_title 字段和 log_content 字段插入到网页的适当位置

图 10-174　插入字段

03 单击"绑定"面板上的 **+** 按钮，在弹出的菜单中选择"记录集（查询）"选项，在打开的"记录集"对话框中输入如表 10-41 所示的设定值，再单击"确定"按钮完成设置，如图 10-175 所示。

表 10-41　"记录集"的表格设定

属性	设置值
名称	Rs2
连接	connblog
表格	log_type
列	全部
筛选	user_username、=、阶段变量、MM_username

选择 connblog 数据源中的 log_type 数据表中的全部字段，并根据 MM_username 进行筛选，建立记录集查询

图 10-175　"记录集"对话框

04 完成记录集 Rs2 的绑定后，单击"分类"的列表/菜单，在分类的"动态列表/菜单"属性面板中单击 动态... 按钮，在打开的"动态列表/菜单"对话框中设置如表 10-42 所示的数据，如图 10-176 所示。

表 10-42　"动态表单"的表格设定

属性	设置值
来自记录集的选项	Rs2
值	log_class_ID
标签	log_class_name
选取值等于	<%= (Rs.Fields.Item("log_class_ID").Value) %>

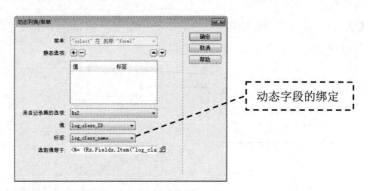

动态字段的绑定

图 10-176　绑定"动态列表/菜单"对话框

05 完成表单的布置后，要在 admin_log_classupd.asp 这个页面加入"服务器行为"中的"更新记录"设置，单击"应用程序"面板组中"服务器行为"面板上的 按钮，在弹出的菜单中选择"更新记录"选项，在打开的"更新记录"对话框中输入如表 10-43 所示的设定值，如图 10-177 所示。

表 10-43　"更新记录"的表格设定

属性	设置值
连接	connblog
要更新的表格	blog_log
选取记录自	Rs
唯一键列	log_ID
在更新后，转到	admin_log_class.asp
获取值自	form1
表单元素	比对表单字段与数据表字段必须对应

将表单里输入的数据更新到 blog_log 数据表中，更新后转到 admin_log_class.asp 页面

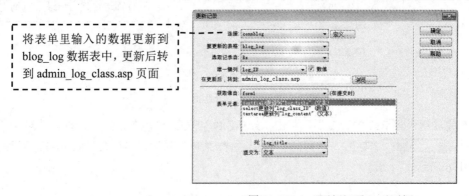

图 10-177　"更新记录"对话框

06 单击"确定"按钮，回到编辑页面，完成修改博客分类页面的设计。

10.4.8　删除日志列表页面

删除日志列表页面 admin_log_classdel.asp 和修改的页面类似，如图 10-178 所示。其功能是将表单中的数据从站点的数据表中进行删除。

图 10-178　删除日志内容页面效果

详细制作步骤如下：

01 单击"绑定"面板上的 ➕ 按钮，在弹出的菜单中选择"记录集（查询）"选项，打开"记录集"对话框。单击"高级"按钮，进入高级模式窗口，在打开的"记录集"对话框中输入如表 10-44 所示的设定值，单击"确定"按钮后完成设置，如图 10-179 所示。

表 10-44　"记录集"的表格设定

属性	设置值
名称	Rs
连接	connblog
SQL	SELECT * FROM blog_log WHERE log_ID=Muse And user_username='MMuser'
参数	名称：Muse　默认值：0　值：request.querystring("log_ID") 名称：MMuser　默认值：1　值：Session("MM_username")

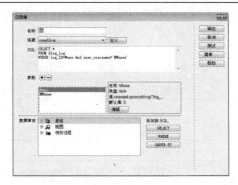

图 10-179　"记录集"对话框

02 完成记录集 Rs 的绑定后，将 log_title 字段和 log_content 字段插入到网页中的适当位置，如图 10-180 所示。

图 10-180　插入字段

03 单击"绑定"面板上的 ![+] 按钮,在弹出的菜单中选择"记录集(查询)"选项,在打开的"记录集"对话框中输入如表 10-45 所示的设定值,再单击"确定"按钮完成设置,如图 10-181 所示。

表 10-45   "记录集"的表格设定

属性	设置值
名称	Rs2
连接	connblog
表格	log_type
列	全部
筛选	user_username、=、阶段变量、MM_username

图 10-181 设定"记录集"对话框

04 完成记录集 Rs2 的绑定后,单击"分类"的列表/菜单,在分类的"动态列表/菜单"属性面板中单击 ![动态...] 按钮,在打开的"动态列表/菜单"中设置如表 10-46 所示的数据,如图 10-182 所示。

表 10-46 "动态列表"的表格设定

属性	设置值
来自记录集的选项	Rs2
值	log_class_ID
标签	log_class_name
选取值等于	<%= (Rs.Fields.Item("log_class_ID").Value) %>

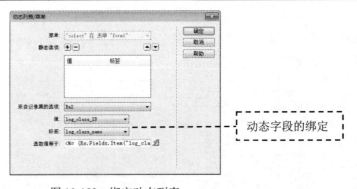

图 10-182 绑定动态列表

05 完成表单的布置后，要在admin_log_classdel.asp这个页面中加入“服务器行为”中的“更新记录”设置。单击“应用程序”面板组中“服务器行为”面板上的 **+** 按钮，在弹出的菜单中选择“删除记录”选项，在打开的“删除记录”对话框中输入如表10-47所示的设定值，如图10-183所示。

表10-47 “删除记录”的表格设定

属性	设置值
连接	connblog
从表格中删除	blog_log
选取记录自	Rs
唯一键列	log _ID
提交此表单以删除	form1
删除后，转到	admin_log_class.asp

从 blog_log 表格里删除数据，删除后转到 admin_log_class.asp 页面

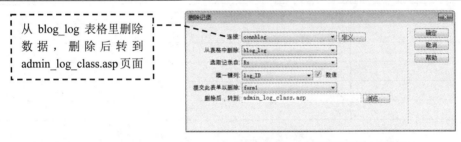

图10-183 “删除记录”对话框

06 单击“确定”按钮，回到编辑页面，完成删除日志列表页面的设计。

> **提示** 可以看出修改和删除日志列表页面绑定的记录集都是一样的，只是加入的命令不一样，一个为更新记录，一个为删除记录。读者可以制作完修改页面后另存为删除页面文档，修改其相应的文字后再把更新记录从“服务器行为”中删除，再添加一个“删除记录”就可以完成制作了。

10.4.9 博客分类管理页面

博客分类管理页面admin_blog_type.asp是管理员admin通过前台登录后进入的管理页面，主要功能是可以实现日记分类的修改、删除和添加，页面设计效果如图10-184所示。

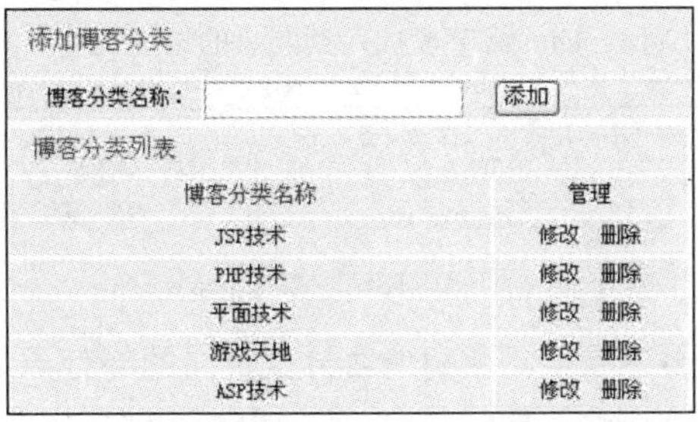

图10-184 博客分类管理页面效果图

详细制作步骤如下：

01 在 admin_blog_type.asp 页面设计中，表单 form1 中的文本域和文本区域设置如表 10-48 所示。

表 10-48　表单 form1 中的文本域和文本区域设置

意义	文本（区）域/按钮名称	方法/类型
表单	form1	POST
添加博客分类	typename	单行
添加	Submit	提交按钮

02 单击"应用程序"面板组中"绑定"面板上的 ✚ 按钮，在弹出的菜单中选择"记录集（查询）"选项，在打开的"记录集"对话框中输入如表 10-49 所示的数据，如图 10-185 所示。

表 10-49　"记录集" Rs 的表格设定

属性	设置值
名称	Rs
连接	connblog
表格	blog_type
列	全部
筛选	无
排序	无

图 10-185　绑定"记录集" Rs

03 单击"确定"按钮，完成记录集 Rs 的绑定，把绑定的 Rs 中的字段插入到网页中的适当位置，如图 10-186 所示。

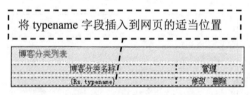

图 10-186　插入字段

04 在博客分类内容页面中要显示所有博客分类页面的部分记录或者全部记录，而目前的设定则只会显示一条记录，因此需要加入"服务器行为"中"重复区域"的设置。选择 admin_blog_type.asp 页面中要重复显示的表格，如图 10-187 所示。

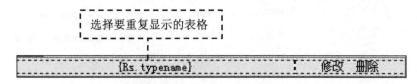

图 10-187　选择要重复显示的表格

05 单击"应用程序"面板组中"服务器行为"面板上的 ✚ 按钮，在弹出的菜单中选择"重复区域"选项，在打开的"重复区域"对话框中设定一页显示的数据选项为"所有记录"，如图 10-188 所示。

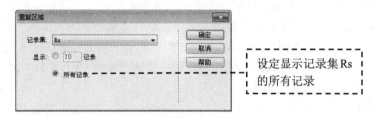

图 10-188　选择记录集的显示数量

06 单击"确定"按钮回到编辑页面，会发现先前所选取要重复的区域左上角出现了一个"重复"的灰色标签，表示已经完成设置。

07 单击"应用程序"面板组中"服务器行为"面板上的 ✚ 按钮，在弹出的菜单中选择"插入记录"选项，在"插入记录"的设定对话框中输入如表 10-50 所示的数据，并设定新增数据后转到日志分类管理页面 admin_log_type.asp，如图 10-189 所示。

表 10-50　"插入记录"的表格设定

属性	设置值
连接	connblog
插入到表格	blog_type
插入后，转到	/admin_blog_type.asp
获取值自	form1
表单元素	表单字段与数据表字段相对应
列	typename
提交为	文本

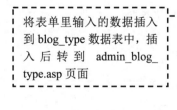

将表单里输入的数据插入到 blog_type 数据表中，插入后转到 admin_blog_type.asp 页面

图 10-189　"插入记录"对话框

08 单击"确定"按钮完成记录的插入，选择表单，执行菜单"窗口"|"行为"命令，打开"行为"面板，单击"行为"面板中的■按钮，在弹出的菜单中选择"检查表单"选项，在打开的"检查表单"对话框中设置 typename 文本域的"值"都为"必需的"、"可接受"为"任何东西"，如图 10-190 所示。

图 10-190 "检查表单"对话框

09 页面编辑中的文字"修改"和"删除"的链接必须要传递参数给前往的页面，这样前往的页面才能够根据参数值而从数据库中将某一数据筛选出来编辑。选取编辑页面中的"修改"文字，单击"服务器行为"面板上的■按钮，在弹出的菜单中选择"转到详细页面"选项，在打开的"转到详细页面"对话框中单击"浏览"按钮，打开"选择文件"对话框，选择 admin_blog_upd.asp，并将"传递 URL 参数"设置为记录集 Rs 中的 type_ID 字段，其他设定值皆保持不变，如图 10-191 所示。

根据字段 type_ID 的值转到 admin_blog_upd.asp 的详细页面

图 10-191 设置文字"修改"的转到页面

10 选取"删除"文字并重复上面的操作，将要转到的页面改为 admin_blog_del.asp，如图 10-192 所示。

根据字段 type_ID 的值转到 admin_blog_del.asp 的详细页面

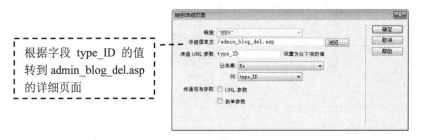

图 10-192 设置文字"删除"的转到页面

11 单击"确定"按钮，完成博客分类管理页面 admin_blog_type.asp 的制作。

10.4.10 修改博客分类页面

修改博客分类页面 admin_blog_upd.asp 的主要功能是将数据表的数据送到页面的表单中进行修改，修改数据后再更新到数据表 blog_type 中，页面设计如图 10-193 所示。

详细操作步骤如下：

图 10-193 修改博客分类页面效果图

01 在 admin_blog_upd.asp 页面设计表单 form1 中的文本域和文本区域设置如表 10-51 所示。

表 10-51　表单 form1 中的文本域和文本区域设置

意义	文本（区）域/按钮名称	方法/类型
表单	form1	POST
博客分类名称	Typename	单行
修改	Submit	提交按钮

02 单击"应用程序"面板组中"绑定"面板上的 ⊞ 按钮，在弹出的菜单中选择"记录集（查询）"选项，在打开的"记录集"对话框中输入如表 10-52 所示的数据，如图 10-194 所示。

表 10-52　"记录集"rs 的表格设定

属性	设置值
名称	rs
连接	connblog
表格	blog_type
列	全部
筛选	type_ID、=、URL参数、type_ID
排序	无

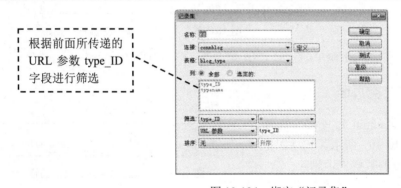

图 10-194　绑定"记录集"rs

03 单击"确定"按钮，完成记录集 rs 的绑定，并把绑定的 rs 中的字段插入到网页中的适当位置，如图 10-195 所示。

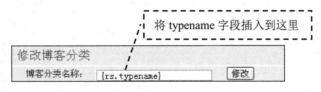

图 10-195　插入字段

04 完成表单的设置后，要在 admin_blog_upd.asp 这个页面加入"服务器行为"中的"更新记录"的设置，在 admin_blog_upd.asp 的页面上，单击"应用程序"面板组中"服务器行为"面板上的 ⊞ 按钮，在弹出的菜单中选择"更新记录"选项，在打开的"更新记录"对话框中，输入如表 10-53 所示的设定值，如图 10-196 所示。

表 10-53 "更新记录"的表格设定

属性	设置值
连接	connblog
要更新的表格	blog_type
选取记录自	rs
唯一键列	type_ID
在更新后，转到	admin_blog_type.asp
获取值自	form1
表单元素	表单字段与数据表字段必须相对应

将表单里输入的数据，更新到 blog_type 数据表中，更新后转到 admin_blog_type.asp 页面

图 10-196 "更新记录"对话框

05 单击"确定"按钮，回到编辑页面，完成修改博客分类页面的设计。

10.4.11 删除博客分类页面

删除博客分类页面 admin_blog_del.asp 和修改页面类似，如图 10-197 所示。其功能是将表单中的数据从站点的数据表中删除。

图 10-197 删除博客分类页面的设计

详细操作步骤如下：

01 在 admin_blog_del.asp 页面设计表单 form1 中的文本域和文本区域，参数如表 10-54 所示。

表 10-54 表单 form1 中的文本域和文本区域设置

意义	文本（区）域/按钮名称	方法/类型
表单	form1	POST
博客分类名称	typename	单行
删除	Submit	提交按钮

02 单击"应用程序"面板组中"绑定"面板上的 ➕ 按钮，在弹出的菜单中选择"记录集（查询）"选项，在打开的"记录集"对话框中输入如表 10-55 所示的数据，如图 10-198 所示。

表 10-55 "记录集"的表格设定

属性	设置值
名称	rs
连接	connblog
表格	blog_type
列	全部
筛选	type_ID、=、URL参数、type_ID
排序	无

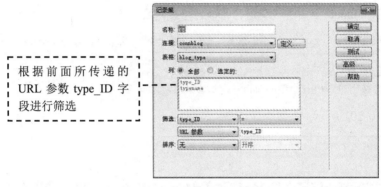

根据前面所传递的 URL 参数 type_ID 字段进行筛选

图 10-198 绑定"记录集"rs

03 单击"确定"按钮,完成记录集 rs 的绑定,把绑定的 rs 中的字段插入到网页中的适当位置,如图 10-199 所示。

将 typename 字段插入到这里

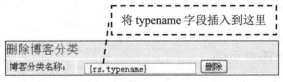

删除博客分类

博客分类名称: {rs.typename} 删除

图 10-199 插入字段

04 完成表单的设置后,要在 admin_blog_del.asp 页面中加入"服务器行为"中的"删除记录"设置,在 admin_blog_del.asp 的页面上单击"应用程序"面板组中"服务器行为"面板上的 ➕ 按钮,在弹出的菜单中选择"删除记录"选项,在打开的"删除记录"对话框中输入如表 10-56 所示的设定值,单击"确定"按钮就可以完成设置了,如图 10-200 所示。

表 10-56 "删除记录"的表格设定

属性	设置值
连接	connblog
从表格中删除	blog_type
选取记录自	rs
唯一键列	type_ID
提交此表单以删除	form1
删除后,转到	/admin_blog_type.asp

从 blog_type 表格里删除数据，删除后转到 admin_log_type.asp 页面

图 10-200 "删除记录"对话框

05 当管理员单击"删除"按钮时将博客分类进行删除，但为了慎重起见，有必要提示管理员是否确定要删除这个博客分类，单击"删除"按钮，再单击"代码"按钮，进入"代码"视图窗口，对"删除"按钮中<input>里面的代码进行修改，修改内容如下：

```
<input name="Submit" type="submit" onclick="GP_popupConfirmMsg
（"确定删除吗？"）;
return document.MM_returnValue" value="删除" />
//当单击"确定"按钮时弹出一个新的窗口，提示"确定删除吗？"
```

测试效果如图 10-201 所示。

图 10-201 弹出的提示窗口效果图

10.4.12 博客列表管理主页面

博客列表管理主页面admin_blog.asp主要用于显示所有用户博客列表，并通过此页面可以链接到是否推荐页面admin_blog_good.asp和删除用户博客页面admin_del_blog.asp，页面设计效果如图 10-202 所示。

用户博客信息					
用户名	博客分类	博客名	日志数	是否推荐	编辑
无风无雨	平面技术	没有你	4	✓	删除
text	JSP技术	开心生活	1	✓	删除
admin	ASP技术	帆云空间	6	✓	删除
tiaotao	平面技术	网络天空	0	✗	删除
huahua	PHP技术	天意人为	0	✗	删除

图 10-202 博客列表管理页面效果图

详细的制作步骤如下：

01 单击"绑定"面板上的 ⊞ 按钮，在弹出的菜单中选择"记录集（查询）"选项，打开"记录集"对话框，再单击"高级"按钮，进入高级模式窗口，在打开的"记录集"对话框中输入如表 10-57 所示的数据，单击"确定"按钮后完成设定，如图 10-203 所示。

表 10-57　"记录集"的表格设定

属性	设置值
名称	Rs
连接	connblog
SQL	SELECT * FROM users ORDER BY user_blog_good DESC,user_ID DESC

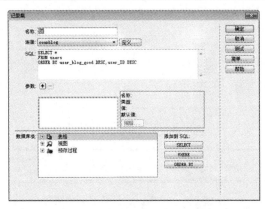

图 10-203　设定"记录集"对话框参数

提　示　其中 ORDER BY 子句中有两个排序的条件,第一个是字段 user_blog_good(是否是推荐的博客,值等于 1 时排序在前,等于 0 时排序在后);第二个是字段 user_ID(用户注册的先后顺序),两个排序条件之间用","隔开。

02 完成记录集 Rs 的绑定后,将绑定的字段插入到网页的适当位置,如图 10-204 所示。

03 选择页面中"是否推荐"单元格下方的两个小图标,在"属性"面板中设置它们的"替换"值分别为"取消推荐？"和"设为推荐？",如图 10-205 所示。

图 10-204　插入字段

图 10-205　设置替换值

04 再选择页面中"是否推荐"单元格下方的两个小图标,切换到"代码"窗口,加入相应代码:

```
<% if(Rs.Fields.Item("user_blog_good").value)=1 Then %>
<img src="images/icon_pass.gif" alt="取消推荐？" width="16" height="16"
border="0" />
<%Else%>
<img src="images/icon_del.gif" alt="设为推荐？" width="16" height="16"
border="0" />
<% End if%>
```

如果记录集中 user_blog_good 字段的值等于 1 就显示 icon_pass.gif，如果值不等于 1 就显示 icon_del.gif。

05 在博客列表页面中要显示所有博客列表页面的部分记录或全部记录，而目前的设定则只会显示一条记录，因此需要加入"服务器行为"中"重复区域"的设置，单击 admin_log_class.asp 页面中要重复显示的表格，如图 10-206 所示。

图 10-206　选择要重复的记录集表格

06 单击"应用程序"面板组中"服务器行为"面板上的 ➕ 按钮，在弹出的菜单中选择"重复区域"选项，在打开的"重复区域"对话框中，设定一页显示的数据选项为 20 条，如图 10-207 所示。

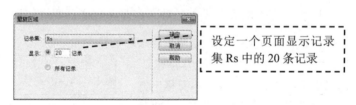

图 10-207　选择要重复显示的记录数

07 单击"确定"按钮，回到编辑页面，会发现先前所选取要重复的区域左上角出现了一个"重复"的灰色标签，表示已经完成设置。

08 当 admin_blog.asp 页面中博客列表信息过多时，就需要加入记录集分页功能，将光标移至要加入"记录集分页"的位置，然后单击"服务器行为"面板中的 ➕ 按钮，在弹出的下拉列表中选择"记录集分页"命令下的子命令，插入相应的记录集分页功能选项，如图 10-208 所示。

图 10-208　加入"记录集分页"

09 选取编辑页面中"是否推荐"下方的所有 ASP 代码和小图标，单击"服务器行为"面板上的 ➕ 按钮，在弹出的菜单中选择"转到详细页面"选项，在打开的"转到详细页面"对话框中单击"浏览"按钮，打开"选择文件"对话框，选择 admin_blog_good.asp 选项，并将"传递 URL 参数"选择记录集 Rs 中的 user_ID 字段，其他设定值皆保持不变，如图 10-209 所示。

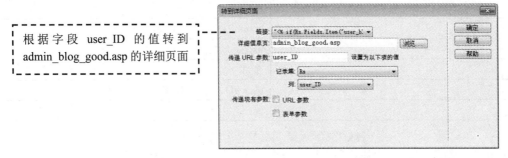

根据字段 user_ID 的值转到 admin_blog_good.asp 的详细页面

图 10-209 "转到详细页面"对话框

10 同样选取编辑页面中的文字"删除"，再单击"服务器行为"面板上的 ⊕ 按钮，在弹出的菜单中选择"转到详细页面"选项，打开"转到详细页面"对话框，单击"浏览"按钮，打开"选择文件"对话框，选择 admin_del_blog.asp 选项，并将"传递 URL 参数"设置为记录集 Rs 中的 user_ID 字段，其他设定值皆保持不变，如图 10-210 所示。

根据字段 user_ID 的值转到 admin_del_blog.asp 的详细页面

图 10-210 "转到详细页面"对话框

11 单击"确定"按钮，完成博客列表管理主页面 admin_blog.asp 的设计和制作。

10.4.13 推荐博客管理页面

推荐博客管理页面admin_blog_good.asp是根据users数据表中的user_blog_good字段来确定是否是推荐的用户博客，所以制作方法就是更新users数据表中的user_blog_good字段，当user_blog_good字段值为 1 时为推荐博客，为 0 时为不推荐博客，页面设计效果如图 10-211 所示。

图 10-211 推荐用户博客管理页面设计效果图

详细操作步骤如下：

01 在 admin_blog_good.asp 页面设计中加入两个单选按钮，其中"推荐"按钮值为 1，"不推荐"按钮值为 0，其名称都为 user_blog_good。

02 单击"应用程序"面板组中"绑定"面板上的 ⊕ 按钮，在弹出的菜单中选择"记录集（查询）"选项，在打开的"记录集"对话框中输入如表 10-58 所示的数据，如图 10-212 所示。

表 10-58 "记录集" Rs 的表格设定

属性	设置值
名称	Rs
连接	connblog
表格	users
列	全部
筛选	user_ID、=、URL参数、user_ID
排序	无

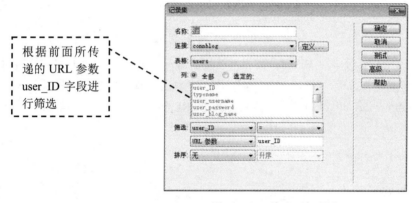

根据前面所传递的 URL 参数 user_ID 字段进行筛选

图 10-212 绑定 "记录集" Rs

03 单击 "确定" 按钮，完成记录集 Rs 的绑定，把绑定的 Rs 中的字段插入到网页中的适当位置，如图 10-213 所示。

将 Rs 中的 user_username 字段插入到网页中

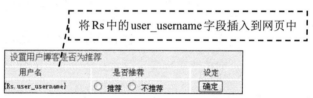

图 10-213 插入字段

04 选择 "是否推荐" 单元格下方的任意一个单选按钮，在 "属性" 面板中单击 "动态" 按钮，在打开的 "动态单选按钮" 对话框中设置 "选取值等于" 为 Rs 记录集中的 user_blog_good 字段，即等于 <%= (Rs.Fields.Item("user_blog_good").Value) %>，如图 10-214 所示。

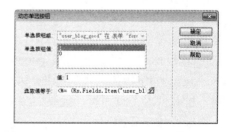

05 单击 "确定" 按钮，完成对动态数据的绑定，再单击 "应用程序" 面板组中 "服务器行为" 面板上

图 10-214 设置 "动态单选按钮" 对话框

的 按钮，在弹出的菜单中选择 "更新记录" 选项，在打开的 "更新记录" 对话框中输入如表 10-59 所示的设定值，如图 10-215 所示。

表 10-59　"更新记录"的表格设定

属性	设置值
连接	connblog
要更新的表格	users
选取记录自	Rs
唯一键列	user_ID
在更新后，转到	admin_blog.asp
获取值自	form1
表单元素	表单字段与数据表字段相对应

将表单里输入的数据更新到 users 数据表中，更新后转到 admin_blog.asp 页面

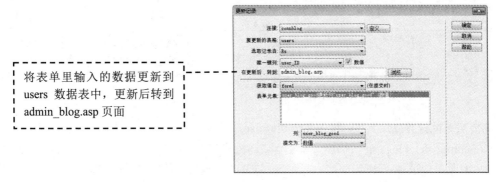

图 10-215　设定"更新记录"

06 单击"确定"按钮，回到编辑页面，完成推荐博客管理页面的设计。

10.4.14　删除用户博客页面

最后设计删除用户博客页面 admin_del_blog.asp，其功能是将表单中的数据从站点的数据表users中进行删除，页面设计效果如图 10-216 所示。

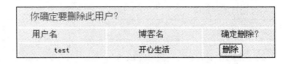

图 10-216　删除用户博客页面设计效果

详细制作步骤如下：

01 单击"应用程序"面板组中"绑定"面板上的 ➕ 按钮，在弹出的菜单中选择"记录集（查询）"选项，在打开的"记录集"对话框中输入如表 10-60 所示的数据，如图 10-217 所示。

表 10-60　"记录集" Rs 的表格设定

属性	设置值
名称	Rs
连接	connblog
表格	users
列	全部
筛选	user_ID、=、URL参数、user_ID
排序	无

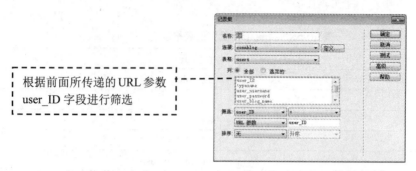

根据前面所传递的 URL 参数 user_ID 字段进行筛选

图 10-217   绑定"记录集"Rs

02 单击"确定"按钮，完成记录集 Rs 的绑定，把绑定的 Rs 中的字段插入到网页中的适当位置，如图 10-218 所示。

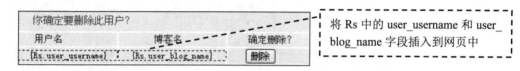

将 Rs 中的 user_username 和 user_ blog_name 字段插入到网页中

图 10-218   插入字段

03 完成表单的设置后，要在 admin_del_blog.asp 这个页面加入"服务器行为"中的"删除记录"设置，在 admin_del_blog.asp 页面上，单击"应用程序"面板组中"服务器行为"面板上的 ➕ 按钮，在弹出的菜单中选择"删除记录"选项，在打开的"删除记录"对话框中输入如表 10-61 所示的设定值，如图 10-219 所示。

表 10-61   "删除记录"的表格设定

属性	设置值
连接	connblog
从表格中删除	users
选取记录自	Rs
唯一键列	user_ID
提交此表单以删除	form1
删除后，转到	admin_blog.asp

从 users 表格里删除数据，删除后转到 admin_blog.asp 页面

图 10-219   "删除记录"对话框

04 单击"确定"按钮，回到编辑页面，完成删除用户博客页面的设计。

至此一个比较复杂的博客系统就开发完毕，读者在开发后一定要进行测试，对每一个功能进行详细的测试后才可以上传到服务器上进行使用。

第 11 章 ASP 邮件收发系统开发

电子邮件（E-mail）系统是Internet上应用最广泛的服务系统。通过电子邮件系统，可以非常快速地与世界上任何一个角落的网络用户联络。本章将介绍ASP邮件收发系统的开发建设。ASP邮件收发系统主要通过JMail组件与POP3 和SMTP服务器的交互来实现电子邮件的接收与发送。

将要制作的ASP邮件收发系统网页及网页结构如图 11-1 所示。

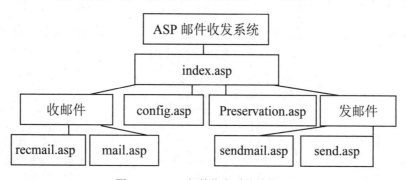

图 11-1　ASP 邮件收发系统结构图

本章重要知识点 >>>>>>>>>>>

- JMail 的简介与安装
- JMail 的几种常用对象
- 邮件接收功能的设计
- 显示接收到邮件内容的制作
- 发送邮件功能的开发设计

11.1　系统的整体设计规划

制作ASP邮件收发系统，首先需要了解ASP邮件收发系统的结构。ASP邮件收发系统可以分为两个功能模块，一个是用来接收邮件的功能页面，另外一个是发送邮件的功能页面。系统页面的功能与文件名设计如表 11-1 所示。

表 11-1　ASP 邮件收发系统网页设计表

需要制作的主要页面	页面名称	功能
系统主页面	index.asp	对邮件进行配置
保存邮件设置	Preservation.asp	保存邮件的基本配置页面

（续表）

需要制作的主要页面	页面名称	功能
接收邮件页面	recmail.asp	接收邮件的页面
显示邮件页面	mail.asp	显示邮件详细内容的页面
发送邮件页面	sendmail.asp	发送邮件的页面
发送是否成功页面	send.asp	判断邮件是否发送成功
连接页面	config.asp	连接页面

提示 现在网络上经常应用的邮箱如263、163、新浪等免费邮件收发系统都是比较庞大的系统，这里介绍的 ASP 邮件收发系统只具有最简单的邮件收发功能。

11.1.1　页面整体设计规划

介绍完ASP邮件收发系统的整体设计规划后，可以在本地站点上建立站点文件夹email，将要制作的ASP邮件收发系统文件夹及文件如图 11-2 所示。

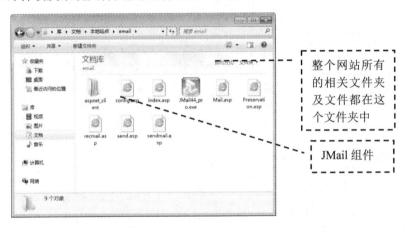

图 11-2　邮件站点规划文件

11.1.2　页面设计

对于ASP邮件收发系统来说，主要是配置好SMTP和POP3 服务器与用户E-mail之间的关联，以实现对邮件的接收和发送。邮件详细内容页面和发送邮件页面设计如图 11-3 和图 11-4 所示。

图 11-3　接收到邮件的页面

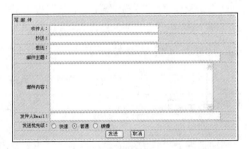

图 11-4　发送邮件的页面

11.2　JMail 组件的简介和安装

在ASP语法中，本身内置的对象不支持邮件的收发，必须使用COM组件来完成邮件的接收和发送。目前这类常见的组件主要有JMail、CDSYS、ASPemaildkQmail和SmtpMail等，其中JMail组件是最为流行的一种邮件收发组件。这里制作的ASP邮件收发系统就是使用这个组件来完成制作的。

11.2.1　JMail组件的简介

JMail组件是由Dimac公司开发的，主要用来完成邮件的发送、接收、加密和集群传输等工作。JMail组件是国际最为流行的邮件组件之一，当今世界上绝大部分ASP程序员都在使用JMail组件构建邮件发送系统，那是因为JMail组件使用了新的内核技术，具有较强的可靠性和稳定性。

11.2.2　JMail组件安装与卸载

在使用JMail组件之前必须下载安装此组件，读者可以到网上下载JMail 4.4 版本。下载后详细的安装与卸载步骤如下：

01 到网上下载 JMail 4.4 版本，下载的安装程序如图 11-5 所示。

图 11-5　JMail 安装程序

02 双击安装程序 JMail44_pro.exe，开始解压缩文件，解压缩文件完毕后显示 JMail4.4pro 的安装欢迎界面，如图 11-6 所示。

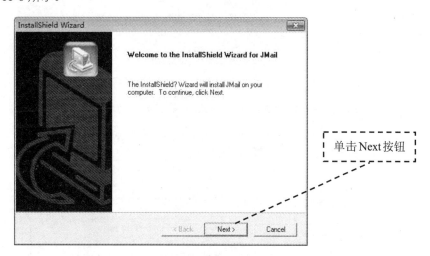

图 11-6　打开的欢迎安装界面

03 单击图 11-6 中的 Next 按钮，进入显示软件版权信息的对话框，如图 11-7 所示。

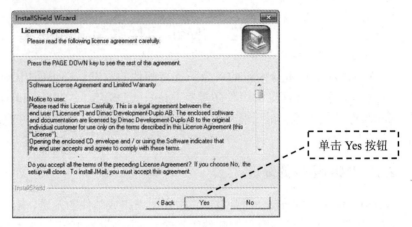

图 11-7　版权信息的对话框

04 单击图 11-7 中的 Yes 按钮，进入选择安装路径对话框，在打开的 Choose Destination Location 选择安装位置对话框中单击 Browse 按钮，选择安装文件的路径，也可以在默认的路径进行安装，这里使用默认的路径进行安装，如图 11-8 所示。

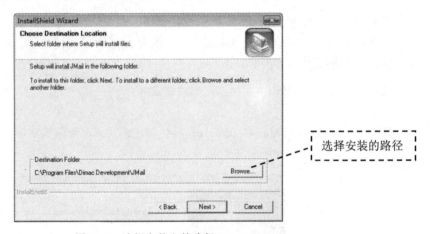

图 11-8　选择安装文件路径

05 选择好安装的路径后，单击 Next 按钮，进入选择安装类型的对话框，如图 11-9 所示。

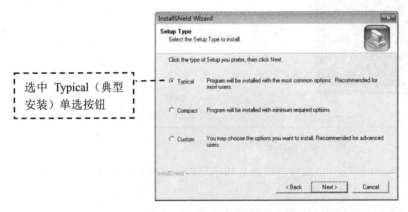

图 11-9　选择安装类型开始安装

06 在打开的 InstallShield Wizard（解压缩安装）对话框中，有 Typical（典型安装）、Compact（完全安装）和 Custom（自定义安装）3 种安装方法，选中 Typical（典型安装）单选按钮，再单击 Next 按钮开始安装，安装完毕后打开如图 11-10 所示的对话框。

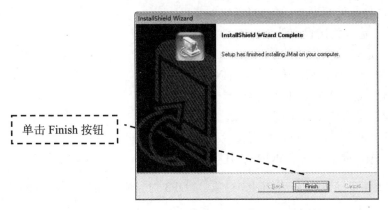

图 11-10　完成安装对话框

07 单击 Finish 按钮，完成对 JMail4.4pro 的安装。

08 JMail 的卸载。可以在"添加/删除程序"中对文件进行卸载，依次单击"开始"|"控制面板"|"添加/删除程序"命令，系统会弹出"程序和功能"对话框，如图 11-11 所示。

09 从打开的"添加或删除程序"对话框中找到 JMail，然后再单击"更改/删除"按钮，弹出对 JMail 组件进行维护和删除的 InstallShield Wizard（解压缩安装）对话框，如图 11-12 所示。

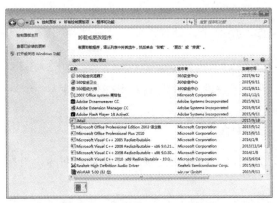
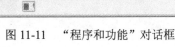

图 11-11　"程序和功能"对话框

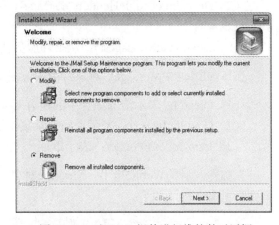

图 11-12　对 JMail 组件进行维护的对话框

10 在打开的 InstallShield Wizard（解压缩安装）对话框中选中 Remove（删除）单选按钮，再单击 Next 按钮，完成对 JMail 组件的卸载过程。

11.2.3　JMail组件的常用对象

JMail组件通过一些常用对象（如POP3 对象、Messages对象、Header对象等）对服务器端的邮件进行交互，从而实现各种功能。每个对象都有其用法和作用，在JMail组件中常用的对象如下。

（1）POP3 对象，是对POP3 邮件接收服务器的操作。

（2）Messages对象，是有关邮件集合的对象。

（3）Message对象，是有关邮件的对象，是JMail组件中最常用的对象，能发送邮件信息，也能接收邮件信息。

（4）Header对象，是与邮件标题相关的对象。

（5）Recipients对象，是有关接收邮件集合的对象。

（6）Recipient对象，是有关接收邮件的对象。

（7）Attachments对象，是有关邮件附件集合的对象。

（8）Attachment对象，是有关邮件附件的对象。

（9）MailMerge对象，是有关邮件模板的对象。

（10）PGPKeys对象，是有关邮件PGP密钥集合的对象。

（11）PGPKeyInfo对象，是有关邮件PGP密钥信息的对象。

在邮件发送的Web应用中，最常用的是POP3对象。POP3对象中的常用语法如下。

（1）Connect(Username,Password,Sever,Port)：连接服务器，端口可选，默认为10。

（2）DeleteMessages()：从邮件服务器上删除所有邮件。

（3）DeleteSingleMessage(MessageID)：从邮件服务器删除由MessageID指定的邮件。

（4）Disconnect()：关闭与邮件服务器的连接。

（5）DownloadHeaders()：从邮件服务器上读取所有的邮件标题并传递给Messages集合。

（6）DownloadMessages()：从邮件服务器读取所有邮件。

（7）DownloadSingleHeader(MessageID)：从邮件服务器读取指定的邮件标题并传递给Messages集合。

（8）DownloadMessages()：从邮件服务器上读取所有未读邮件。

在JMail组件中Messages 对象常用的方法如下。

（1）Clear()：表示清除集合中的所有对象，但不会删除邮件服务器上任何邮件。

（2）Count():Integer：表示返回记录集中的数目。

（3）Item(Index):Pointer：表示返回一个Message对象。

在邮件发送的Web应用中，Message对象是最常用的，在使用之前需要建立该对象，并赋值到变量上，语法如下：

```
Set jmail = Server.CreateObject("JMAIL.Message")
```

其中，Message对象有如下常用的属性和方法。

（1）Silent属性：表示屏蔽例外错误，返回false值或true值，当值为true时，表示邮件发送成功，表达式为jmail.silent = true。

（2）Logging属性：表示是否启用日志，表达式为jmail.logging = true。

（3）Charset属性：设置邮件显示的字符集，中文简体可使用gb2312，中文繁体可用big5。表达式为jmail.Charset="gb2312"。

（4）ContentType属性：表示邮件正文的类型，表达式为jmail.ContentType = "text/html"。

（5）AddRecipient方法：表示收件人的E-mail地址，表达式为jmail.AddRecipient ("******@163.com")。

（6）From属性：表示发件人的E-mail地址，该地址一般与使用SMTP服务器验证时所需的登录账户相同，表达式为jmail.From ＝ ******@163.com。

（7）FromName属性：表示发件人的名称，表达式为jmail.FromName ＝ "BruceWolf"。

（8）Subject属性：表示设置发送邮件的标题，表达式为jmail.Subject ＝ "标题"。

（9）Body属性：表示设置发送邮件的正文内容，表达式为jmail.Body ＝ "内容"。

（10）Priority属性：表示邮件发送的优先级，1 为快，5 为慢，3 为默认值，表达式为jmail.Priority = "优先级"。

（11）MailServerUserName属性：表示当邮件服务器使用SMTP发送验证时设置的登录账户，表达式为jmail.MailServerUserName ＝ "******@163.com"。

（12）MailServerPassword属性：表示当邮件服务器使用SMTP发送验证时设置的登录密码，表达式为jmail.MailServerPassword ＝ "**************"。

（13）Send方法：表示通过指定的邮件发送服务器进行邮件的发送。需要注意的是，该邮件服务器地址与MailServerUserName和MailServerPassword中的值是一致的，表达式为jmail.Send("******@163.com ")。

（14）Close方法：表示释放JMail和邮件服务器连接而使用的缓存空间，表达式为jmail.Close()。

更多有关JMail对象的方法请参考JMail组件相关书籍。

11.3 ASP 邮件收发系统页面制作

ASP邮件收发系统可以分为 3 个部分：设置邮件部分（主要对邮箱的账号和密码进行设置）、接收邮件部分和已发送邮件部分。接收邮件首先要连接POP3 服务器，从服务器读取邮件中的所有信息，然后才能在客户端撰写回复邮件，最后发送邮件才能实现邮件的接收与发送功能。

11.3.1 ASP邮件收发系统主页面制作

ASP邮件收发系统的主页面主要实现配置邮箱的功能。在此页面需要显示用户相关邮箱配置的各种参数，用户可以对各种参数进行修改，如电子邮箱的用户名和密码。主页面index.asp设计效果如图 11-13 所示。

详细的制作步骤如下：

01 启动 Dreamweaver CC，设置好"站点""文档类型""测试服务器"，执行菜单"文件"|"新建"命令，打开"新建文档"对话框，选择"空白页"选项卡中"页面类型"下拉列表框下的 HTML 选项，在"布

图 11-13 ASP 邮件收发系统的主页面效果

局"下拉列表框中选择"无"选项，然后单击"创建"按钮创建新页面，在网站根目录下新建一个名为 index.asp 的网页并保存，如图 11-14 所示。

02 打开刚创建的 index.asp 页面，输入网页标题"邮件主页"，执行菜单"文件"|"保存"命令将网页标题保存。

03 在 index.asp 页面中执行菜单"插入"|"表单"|"表单"命令，插入一个表单，再在表单中执行菜单"插入"|"表格"命令，打开"表格"对话框，在"行数"文本框中输入需要插入表格的行数 6，在"列"文本框中输入需要插入表格的列数 2，在"表格宽度"文本框中输入 440 像素，"边框粗细""单元格边距"和"单元格间距"都为 0，如图 11-15 所示。

图 11-14　建立首页并保存　　　　　图 11-15　设置"表格"属性

04 单击"确定"按钮就插入了一个 6 行 2 列的表格，再选择整个表格，在\<table\>代码中加入"bgcolor="#FFCCCC""，设置背景颜色为#FFCCCC，在"对齐"下拉列表框中选择"居中对齐"，让插入的表格居中对齐，如图 11-16 所示。

图 11-16　设置"居中对齐"

05 设置好表格的属性后，在表格中输入相应的文字，执行菜单 "插入"|"表单"|"文本域"命令，在不同的单元格中插入文本域。在 index.asp 页面设计中，表单中的文本域设置如表 11-2 所示，插入后的效果如图 11-17 所示。

图 11-17　插入文本域和输入文字效果

表 11-2　文本域字段设置表

意义	文本域/按钮名称	类型
表单	form1	方法为POST，动作为Preservation.asp
SMTP服务器地址	SMTPServer	单行

（续表）

意义	文本域/按钮名称	类型
POP3 服务器地址	POPMServer	单行
电子邮箱用户名	username	单行
电子邮箱密码	password	密码
保存	Submit	提交表单

06 切换到"代码"视图窗口，在前面加入一段 ASP 代码：

```
<!--#include file="config.asp"-->
 //调用 config.asp 页面
<%
Function IsObjectInstalled(strClassString)
   On Error Resume Next
   IsObjectInstalled=False
   Err.Clear
   dim oTestObj
   set oTestObj=Server.CreateObject(strClassString)
   if Not Err<0 then
       IsObjectInstalled=True
   end if
   set oTestObj=nothing
   Err.Clear
End Function
// 判断服务器上对象是否安装
objInstalled=IsObjectInstalled("Scripting.FileSystemObject")
//判断 Scripting.FileSystemObject 是否已经安装，也就是判断系统是否支持 FSO 组件
%>
```

07 选择"SMTP 服务器地址"一行中的 SMTPServer 文本域，在"属性"面板中设置初始值为<%=SMTPMailServer%>，如图 11-18 所示。

<%=SMTPMailServer%> //用来发送邮件的 SMTP 服务器

图 11-18　设置 SMTPServer 文本域的初始值

08 选择"POP3 服务器地址"一行中的 POPMServer 文本域，在"属性"面板中设置初始值为<%=POPMailServer%>，如图 11-19 所示。其中，<%=POPMailServer%>是用来接收邮件的 POP3 服务器。

图 11-19　设置 POPMServer 文本域的初始值

09 选择"电子邮箱用户名"一行中的 username 文本域，在"属性"面板中设置初始值为

<%=MailServerUserName%>，如图 11-20 所示。其中，<%=MailServerUserName%>是用来登录 SMTP
服务器和 POP3 服务器的用户名。

图 11-20　设置 username 文本域的初始值

10 选择"电子邮箱密码"一行中的 password 文本域，在"属性"面板中设置初始值为
<%=MailServerPassWord%>，如图 11-21 所示。其中，<%=MailServerPassWord%>是用来登录 SMTP
服务器和 POP3 服务器的密码。

图 11-21　设置 password 文本域的初始值

11 在 index.asp 页面中有两个链接"收邮件"与"发邮件"，必须设定其链接网页，链接文件
如表 11-3 所示。

表 11-3　"收邮件"与"发邮件"的链接页面

名称	链接页面
收邮件	recmail.asp
发邮件	sendmail.asp

12 在首页中有一个调用文件 config.asp，这个文件主要存储一些配置邮箱信息方面的常量。
就像调用数据库一样，config.asp 页面就是一段调用的代码，代码如下：

```
<%
Const SMTPMailServer=""
 //用来发送邮件的 SMTP 服务器地址
Const POPMailServer=""
 //用来接收邮件的 POP3 服务器地址
Const MailServerUserName=""
//服务器登录邮箱的用户账号
Const MailServerPassWord=""
 //服务器登录邮箱的用户密码
%>
```

11.3.2　邮箱设置保存页面制作

在ASP邮件收发系统中，当用户设置好自己的邮箱账号和邮箱密码后，单击"保存"按钮
将文件保存到Preservation.asp（Preservation.asp是对index.asp提交表单时传递过来的数据进行处
理的页面），再将处理后的数据传递到config.asp页面中。

Preservation.asp核心代码如下：

```
<%
Function IsObjectInstalled(strClassString)
```

```
        On Error Resume Next
        IsObjectInstalled=False
        Err.Clear
        dim oTestObj
        set oTestObj=Server.CreateObject(strClassString)
        if Not Err<0 then
        IsObjectInstalled=True
        end if
        set oTestObj=nothing
        Err.Clear
        End Function
```
// 判断服务器上对象是否安装
```
        objInstalled=IsObjectInstalled("Scripting.FileSystemObject")
```
//判断 Scripting.FileSystemObject 是否已经安装，也就是判断系统是否支持 FSO 组件
```
        if not objInstalled then
        Response.Write "对不起，服务器不支持 FSO(Scripting.FileSystemObject)!
请到'config.asp'进行配置"
        Response.End
        end if
```
// 如果没有安装，输出"对不起，服务器不支持 FSO(Scripting.FileSystemObject)!
// 请到'config.asp'进行配置"
```
        set fso=Server.CreateObject("Scripting.FileSystemObject")
```
//创建一个名为 fso 的 FileSystemObject 对象
```
        set objectfile=fso.CreateTextFile(Server.mappath("/config.asp"),true)
```
//创建一个名为 objectfile 的 FileSystemObject 对象文本文件，Server.mappath 参数是文件名
//config.asp 在服务器上的物理路径，ture 表示服务器上存在该文件，保存后的文件将覆盖此文件
```
        objectfile.write "<" & "%" & vbcrlf
        objectfile.write "Const SMTPMailServer=" & chr(34) &
trim(request("SMTPServer")) & chr(34) & "
```
    //用来发送邮件的 SMTP 服务器地址
```
    " & vbcrlf
        objectfile.write "Const POPMailServer=" & chr(34) &
trim(request("POPServer")) & chr(34) & "
```
    //用来接收邮件的 POP3 服务器地址
```
    " & vbcrlf
        objectfile.write "Const MailServerUserName=" & chr(34) & trim
(request("username")) & chr(34) & "
```
    //服务器登录邮箱的用户账号
```
    " & vbcrlf
        objectfile.write "Const MailServerPassword=" & chr(34) & trim
(request("password")) & chr(34) & "
```
    //服务器登录邮箱的账号密码
```
    " & vbcrlf
        objectfile.write "%" & ">"
```
// 将首页 index.asp 页面中的表单里文本框填写的数据写入到 config.asp 文件中
```
        objectfile.close
        set objectfile=nothing
        set fso=nothing
```
//关闭文本文件和释放 objectfile
```
        Response.Write ("保存信息成功!")
```

```
    //如果保存成功，输出"保存信息成功！"
        Response.End()
      //响应结束
    %>
```

11.3.3　邮件接收页面制作

邮件接收页面recmail.asp主要是从服务器上得到邮件的信息，然后在页面上显示出来，通过单击页面上的邮件标题和发件人即可进入邮件详细内容页面main.asp，设计的静态页面效果如图 11-22 所示。

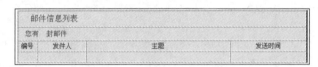

图 11-22　静态页面设计效果图

详细制作步骤如下：

01　在接收邮件信息之前必须建立服务器的连接，并对 POP3 服务器进行操作，这里利用 POP3 对象中的 Connect 方法与服务器建立连接，在<body>和</body>之间加入建立 POP3 服务器的代码：

```
<%
        Set pJMail = Server.CreateObject( "JMail.POP3")
        pJMail.Connect MailServerUserName,MailServerPassWord,POPMailServer
    %>
```

提　示

创建一个名为 pJMail 的 JMail.POP3 对象，可以用这个对象与 POP3 服务器建立连接，"pJMail.Connect MailServerUserName, MailServerPassWord, POPMailServer"是用 POP3 对象中的 Connect 方法与服务器建立连接，该方法有 4 个参数，分别为用户名、用户密码、POP3 服务器地址和服务器端口号（默认值为 110，可省略）。

02　在显示共有多少封邮件时可以用 Count( )方法获得，代码为"<%=pJMail.count%>"意思是邮件总数求和。

03　在"编号"中可以用循环语句获得每一封邮件的信息，用 POP3 对象的 Messages 方法来创建可以读写的 Message 对象，设置编号的代码如下：

```
<%
    i = 1
    while i<=pJMail.count
    Set msg = pJMail.Messages.item(i)
    %>
```

提　示

其中，item(i)表示得到的是第几封邮件，Message 从 1 开始计算，而不是从 0 开始计算。

04　利用 Message 对象中的 FromName()方法获得并显示发件人的名称，代码为"<%= msg.FromName %>"。

05 利用 Message 对象中的 Subject 方法来获得并显示邮件的标题，代码为"<%= msg.Subject %>"。

06 利用 Message 对象中的 Date 方法来获得并显示邮件发送的时间，代码为"<%= msg.Date %>"。

07 将上述获得不同参数的代码加入网页中合适的单元格。加入相应的 ASP 代码后，最终的页面如图 11-23 所示。

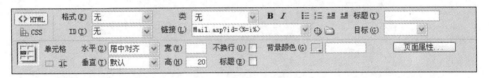

图 11-23　加入 ASP 代码后的效果

08 当用户单击发件人和邮件主题时要进入邮件的详细信息页面 main.asp，可以根据邮件编号 id 来设定一个详细的链接，将光标放入"发件人"下方的单元格中，在"属性"面板中的"链接"文本框中输入一个详细链接地址"Mail.asp?id=<%=i%>"，如图 11-24 所示。

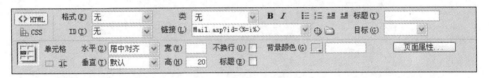

图 11-24　加入链接

09 用上述同样的方法在"主题"下方的单元格中加入相同的链接。

10 整个页面的核心代码如下：

```
<html xmlns="http://www.w3.org/1999/xhtml">
<head>
<meta http-equiv="Content-Type" content="text/html; charset=gb2312" />
<title>邮件列表</title>
<body>
<%
        Set pJMail = Server.CreateObject( "JMail.POP3")
     pJMail.Connect MailServerUserName,MailServerPassWord,POPMailServer
%>
//用 POP3 对象的 Connect 方法建立服务器的连接
<br />
<table width="550" border="1" align="center" cellpadding="0" cellspacing="0"
bgcolor="#FFCCCC">
 <tr>
 <td height="30" colspan="4" class="th STYLE1">   邮件信息列表</td>
  </tr>
   <tr>
   <td height="25" colspan="4" class="td STYLE2"> 
你有 <%=pJMail.count%> 封邮件</td>
   </tr>
   <tr>
```

```
        <td width="7%" align="center" class="td">编号</td>
        <td width="17%" height="20" align="center" class="td">发件人</td>
        <td width="50%" align="center" class="td">主题</td>
        <td width="26%" align="center" class="td">发送时间</td>
        </tr>
         <%
          i = 1
          while i<=pJMail.count
              Set msg = pJMail.Messages.item(i)
          %>
//获得邮件的编号，其中 item(i) 是第几封邮件
<tr <%if i mod 2=1 then Response.Write ""%>>
<td align="center" class="td"><%=i %></td>
//显示邮件的编号
<td height="20" align="center" class="td"><a href="Mail.asp?id=<%=i%>"
target="_blank"><%= msg.FromName %></a></td>
//取得邮件的发送人并根据邮件 id 参数详细链接到 main.asp 页面
<td align="center" class="td"><a href="Mail.asp?id=<%=i%>"
target="mainFrame"><%=
msg.Subject %></a></td>
//取得邮件的主题并根据邮件 id 参数详细链接到 main.asp 页面
<td align="center" class="td"><%= msg.Date %></td>
//取得发送邮件时的时间
</tr>
<%
i= i+1
wend
%>
</table>
</body>
</html>
<%
pJMail.Disconnect
%>
//用 POP3 对象中的 Disconnect 方法关闭与 POP3 服务器的连接
```

11.3.4 显示邮件内容页面制作

显示邮件内容页面mail.asp的主要功能是在页面中显示接收到邮件的主题、内容及发送人的E-mail等信息，页面设计效果如图 11-25 所示。

图 11-25　显示详细内容页面的效果图

详细的操作步骤如下：

01 在 11.3.3 小节中已经讲过如何取得邮件的主题、发件人和发送时间。对于如何取得发件人邮箱、抄送、发送的内容和优先级，可参考表 11-4。

表 11-4 设置相关 ASP 代码表

意义	取得的代码
发件人邮箱	<%= ReTO %>
抄送	<%= ReCC %>
发送的内容	<%=msg.Priority =1、 3、5%>
优先级	<%= msg.Body %>

02 优先级中 Priority 的值可以等于 1、3、5，等于 1 时表示紧急邮件，等于 3 时表示一般的邮件，等于 5 时表示缓慢的邮件，可以利用一个条件判断语句进行判断，代码如下：

```
<%
if (msg.Priority = 3) then
 Response.Write("普通")
//如果得到优先级值为 3 时，显示为"普通"
 elseif (msg.Priority = 5) then
 Response.Write("缓慢")
//如果得到优先级值为 5 时，显示为"缓慢"
else
Response.Write("紧急")
//否则为"紧急"
 end if
//判断结束
%>
```

03 将上述获得不同参数的代码加入网页合适的单元格中。在加入相应的 ASP 代码后，页面设计如图 11-26 所示。

图 11-26 加入 ASP 代码后的效果

04 当用户单击回复邮件时，要进入回复邮件的页面 sendmail.asp，可以根据邮件编号 id 来设定一个详细的链接，将光标放入"发件人"下方的单元格中，在"属性"面板中的链接文本框中输入一个详细链接的地址"sendmail.asp?id=<%=i%>"，如图 11-27 所示。

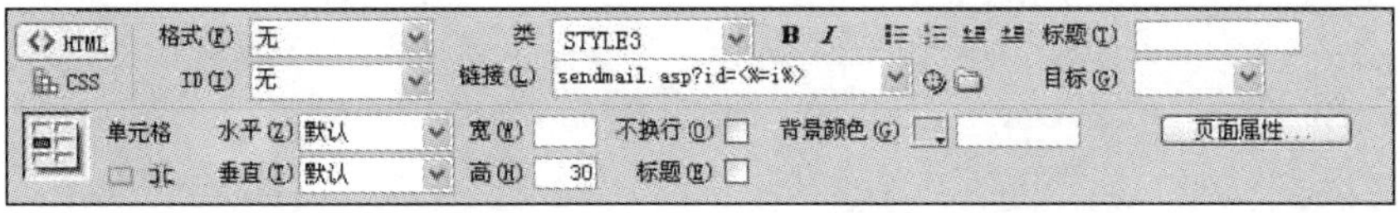

图 11-27 加入链接

05 本页面代码如下:

```
<%@LANGUAGE="VBSCRIPT" CODEPAGE="936"%>
<!--#include file = "config.asp"-->
//调用 config.asp 文件
<head>
<title>邮件详细信息</title>
</head>
<body>
<%
Set pJMail = Server.CreateObject( "JMail.POP3")
pJMail.Connect MailServerUserName,MailServerPassWord,POPMailServer
// 创建一个 POP3 对象
i = Cint(Trim(Request.QueryString("id")))
//获取上一个页面传递过来的邮件编号
Set msg = pJMail.Messages.item(i)
//根据编号来创建对应的 Message 对象
ReTo = ""
ReCC = ""
Set Recipients = msg.Recipients
separator = ", "
For j = 0 To Recipients.Count - 1
    If j = Recipients.Count - 1 Then
        separator = ""
    End If
    Set re = Recipients.item(j)
    If re.ReType = 0 Then
        ReTo = ReTo & re.Name & " (" & re.EMail & ")" & separator
    else
        ReCC = ReTo & re.Name & " (" & re.EMail & ")" & separator
    End If
Next
// 对收件人地址和抄送地址进行合并处理,因为有的时候在发送邮件时可能群发
// 这些数据存放在 Recipients 的 item 数据组中
%>
<br />
<table width="500" border="1" align="center" cellpadding="0" cellspacing="0"
bgcolor="#FFCCCC" class="border">
 <tr>
 <td height="30" colspan="2" class="th">   <span class="STYLE1">
<span class="STYLE2">主题</span></span><span class="STYLE2">: </span>
<span class="STYLE1"> <a href="Mail.asp?id=<%=i%>" target="mainFrame">
<%= msg.Subject %></a></span><a href="sendmail.asp?id=<%=i%>" class=
"STYLE3">回复邮件</a></td>
  </tr>
  <tr>
  <td width="17%" height="20" class="STYLE2">发件人: </td>
  <td width="83%" class="td"><%= msg.FromName %></td>
  </tr>
  <tr>
```

```
<td width="17%" height="20" class="STYLE2">收件人：</td>
<td width="83%" class="td"><%= ReTO %></td>
</tr>
<tr>
<td width="17%" height="20" class="STYLE2">抄 送：</td>
<td width="83%" class="td"><%= ReCC %></td>
</tr>
<tr>
<td height="20" class="STYLE2">优先级：</td>
<td class="td"><%
        if (msg.Priority = 3) then
            Response.Write("普通")
        elseif (msg.Priority = 5) then
        Response.Write("缓慢")
        else
            Response.Write("紧急")
        end if
        %>
// 利用 Message 对象中的 Priority 方法获得邮件的优先等级，等于 1 时表示紧急邮件，
// 等于 3 时表示一般的邮件，等于 5 时表示缓慢的邮件
</td>
</tr>
<tr>
<td width="17%" height="20" class="td STYLE2">发送时间：</td>
<td width="83%" class="td"><%= msg.Date %></td>
</tr>
<tr>
<td height="20" colspan="2" class="STYLE2">正文：</td>
</tr>
<tr>
<td colspan="2" class="td"><pre>        <%= msg.Body %></pre></td>
</tr>
</table>
</body>
</html>
<%
pJMail.Disconnect
// 利用 POP3 对象中的 Disconnect 方法关闭与 POP3 服务器的连接
%>
```

11.3.5 发送邮件页面制作

　　发送邮件页面 sendmail.asp 的功能是用户在本地填写完邮件后，单击"发送"按钮才能将邮件发送出去。页面设计效果如图 11-28 所示。

　　详细的制作步骤如下：

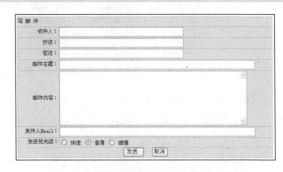

图 11-28　发送邮件页面设计效果图

01 在 sendmail.asp 页面中，表单 form1 的文本域设置如表 11-5 所示。

表 11-5　form1 的文本域设置表

意义	文本域/按钮名称	类型
表单	form1	方法为POST，动作为Send.asp
收件人	Sendusername	单行
抄送	cuo	单行
密送	bbcuo	单行
邮件主题	subject	单行
邮件内容	content	多行
发件人E-mail	senderemail	单行
发送优先级	Priority	单选按钮，1 快速、3 普通、5 缓慢

02 当页面是通过接收邮件再回复转过来的页面时，应该要显示出收件人和回复主题的信息，单击"收件人"所在单元格，在"属性"面板中设置初始值为"<% if ID < > "" then Response.Write(msg.From) end if%>"，如图 11-29 所示。

图 11-29　设置收件人的初始值

03 单击"邮件主题"所在单元格，在"属性"面板中设置初始值为"<% if ID < > "" then Response.Write("Re: "&msg.Subject) end if%>"，如图 11-30 所示。

图 11-30　设置邮件主题的初始值

04 发件人 E-mail 只要设置取得自己的邮箱地址就可以，在"发件人"文本域的"属性"面板中设置初始值为"<%=MailServerUserName%>"，如图 11-31 所示。

图 11-31　设置发件人的初始值

05 本页面代码如下：

```
<%@LANGUAGE="VBSCRIPT" CODEPAGE="936"%>
<!--#include file = "config.asp"-->
<head>
<title>写邮件页面</title>
```

```
</head>
<body>
<%
ID = Trim(Request.QueryString("id"))
// 从显示的邮件信息内容页面获得的回复的邮件编号
set pJMail = Server.CreateObject("JMail.POP3")
pJMail.Connect MailServerUserName,MailServerPassWord,POPMailServer
// 创建一个 POP3 对象
if ID<> "" then
Set msg = pJMail.Messages.item(ID)
end if
// 根据 ID 编号来判断是回复邮件还是写邮件，编号不为空时为回复邮件
%>
<form action="Send.asp" method="POST" name="from1" id="from1">
  <table width="600" border="1" align="center" cellpadding="0"
cellspacing="0"
  bgcolor="#FFCCCC" Class="border">
    <tr>
      <td class="th" colspan=2 align=left>写 邮 件</td>
    </tr>
    <tr class="tdbg">
      <td align="right" class="td">收件人：</td>
      <td class="td"><input name="Sendusername" type="text" class="td"
id="Sendusername"
 value="<% if ID <> "" then Response.Write(msg.From) end if%>" size="40">
 // 根据 ID 编号来判断是回复邮件还是写邮件，编号为空时为写邮件
</td>
    </tr>
    <tr class="tdbg">
      <td width="16%" align="right" class="td">抄送：</td>
      <td class="td">
      <input name="cuo" type="text" class="td" id="cuo" size="40">        </td>
    </tr>
    <tr class="tdbg">
    <td width="16%" align="right" class="td">密送：</td>
    <td class="td">
      <input name="bbcuo" type="text" class="td " id="bbcuo" size="40"></td>
    </tr>
    <tr class="tdbg">
      <td width="16%" align="right" class="td">邮件主题：</td>
      <td class="td">
      <input name=subject type=text class="td" size=64 value="
  <% if ID <> "" then Response.Write("Re: "&msg.Subject) end if%>">
    </td>
    </tr>
    <tr class="tdbg">
      <td width="16%" align="right" class="td">邮件内容：</td>
      <td class="td">
        <textarea name="content" cols=60 rows=8 class="td"></textarea> </td>
```

```
    </tr>
    <tr class="tdbg">
      <td width="16%" align="right" class="td">发件人 Email：</td>
      <td class="td">
        <input name="senderemail" type="text" class="td"
  value="<%=MailServerUserName%>"
  size="64" />
// 设置了一个名为 senderemail 的文本框，用来输入发送者的 E-mail 地址
</td>
    </tr>
    <tr class="tdbg">
      <td width="16%" align="right" class="td">发送优先级：</td>
      <td class="td">
        <input type="radio" name="Priority" value="1">
        快速
        <input type="radio" name="Priority" value="3" checked>
        普通
        <input type="radio" name="Priority" value="5">
      缓慢</td>
    </tr>
    <tr class="tdbg">
      <td colspan=2 align=center><input name="Submit" type="submit"
class="td"
  id="Submit"
  value="发送 ">
         
        <input  name="Reset" type="reset" class="td" id="Reset2" value="取消
">    </td>
    </tr>
  </table>
</form>
</body>
</html>.
<%
pJMail.Disconnect
%>
// 利用 POP3 对象中的 Disconnect 方法关闭与 POP3 服务器的连接
```

06 当单击"发送"按钮开始发送邮件时将数据提交到 send.asp 文件中进行处理。send.asp 将接收这些数据，然后利用 JMail 的 Message 对象将邮件发送出去。

send.asp页面中的核心代码如下：

```
<%
    Sendername=Trim(Request.Form("sendername"))
    Senderemail=Trim(Request.Form("senderemail"))
    Subject=Trim(Request.Form("Subject"))
    Content=Trim(Request.Form("Content"))
    Priority=Trim(Request.Form("Priority"))
    cuo = Trim(Request.Form("cuo"))
    Sendusername = Trim(Request.Form("Sendusername"))
```

```
    bbcuo = Trim(Request.Form("bbcuo"))
// 从发送邮件页面中获得页面表单提交的数据
    if Priority="" then
        Priority=3
    end if
    Set message=Server.CreateObject("JMail.Message")
//创建了一个名为 message 的 JMail.Message 对象
    message.silent=true
    message.logging=true
    message.Charset="GB2312"
    message.ContentType="text/plain"
    message.MailServerUserName = MailServerUserName
    message.MailServerPassWord = MailServerPassWord
    message.AddRecipient SendTo
    if CC <> "" then
        message.AddRecipientCC CC
    end if
    if BCC <> "" then
        message.AddRecipientBCC BCC
    end if
    message.Subject=Subject
    message.Body=Content
    message.FromName=Sendername
    message.From = Sendermail
    message.Priority=Priority
// 对要发送的邮件信息内容进行设置
    ErrorMessage = message.Send(SMTPMailServer)
// 利用 Message 对象的 Send 方法来发送邮件，该方法有一个 SMTP 邮件服务器，将发送的邮件的
// 返回值赋值给一个名为 ErrorMessage 的变量进行判断
    message.Close
    Set message=nothing
    if ErrorMessage = True Then
        response.write "<p align = 'center'><font color = red>成功发送邮件！
</font> </p>"
    else
        response.write "<p align = 'center'><font align = 'center'>发送邮件
失败！</font></p>"
    end if
// 如果 ErrorMessage 等于 Ture 就表示邮件发送成功，如果 ErrorMessage 等于 False 就表示
// 邮件发送失败
    %>
```

11.4 ASP 邮件收发系统功能测试

ASP邮件收发系统开发后需要进行测试。在测试中使用 163 邮箱进行关联，其中POP3 服务器地址为pop.163.com、SMTP服务器地址为smtp.163.com。首先打开主页面index.asp，如图 11-32 所示。

图 11-32　打开的主页面效果图

01 当另外设置邮箱服务器地址和用户名信息后单击"保存"按钮，页面将提交的表单传送到 Preservation.asp 页面进行处理，如果信息正确就提示保存成功的信息。

02 单击文字"收邮件"，打开 recmail.asp 页面，效果如图 11-33 所示。

图 11-33　收邮件页面效果图

03 单击其中的发件人或主题信息进入邮件的详细信息页面 mail.asp，如图 11-34 所示。

图 11-34　邮件详细信息页面效果

04 单击文字"回复邮件"打开 sendmail.asp 页面，并在表单中填写回复信息，如图 11-35 所示。

图 11-35　填写回复邮件信息

05 单击"发送"按钮开始发送邮件，如果发送成功将提示发送成功的信息，现在可以打开 limufang@163.com 进行查看，如图 11-36 所示，表示成功发送了邮件。

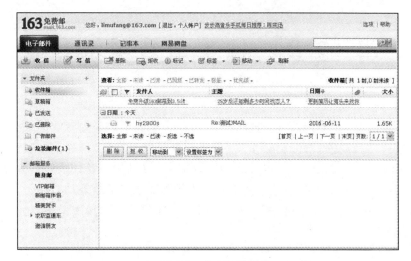

图 11-36　成功发送邮件

　　到这里一个简单的ASP邮件收发系统就开发完毕，读者可以根据自己的设计需要，增加文本域，并进一步美化，以开发出更加完善的邮件收发系统。

第 12 章　网上购物系统开发

本章介绍一个大型网上购物系统的建设实例。网上购物系统是由专业网络技术公司开发，拥有产品发布功能、订单处理功能、购物车功能等组合而成的复杂动态系统。它拥有会员系统、查询系统、购物流程、会员服务、后台管理等功能模块。网站所有者登录后台管理即可进行商品维护和订单管理。从技术角度来说主要是通过购物车实现电子商务功能。

本章要制作 38 个网页，在这里就不制作系统的结构图了，在 12.1 节中将会重点介绍购物系统的整体结构。

本章重要知识点 >>>>>>>>>>>

- 网上购物系统的功能分析与模块设计
- 网上购物系统数据库的设计搭建
- 购物车首页的设计
- 商品相关动态页面设计
- 商品结算功能设计
- 订单查询功能设计

12.1　网上购物系统分析与设计

网上购物系统是一个比较庞大的系统，拥有会员系统、查询系统、购物流程、会员服务、后台管理等功能模块。为了能系统化地介绍网上购物系统的建设过程，本章将以开发北京龙腾网上购物网站的建设过程为例来详细介绍购物系统的开发方法。

12.1.1　系统分析

商务实用型网站是在网络上建立一个虚拟的购物商场，让访问者在网络上实现购物的功能。网上购物以及网上商店的出现，避免了挑选商品的烦琐过程，让人们的购物过程变得轻松、快捷、方便。本实例的首页如图 12-1 所示。

对于该网站的功能说明如下。

- 采取会员制保证交易的安全性。
- 开发了强大的搜索查询功能，能够快捷地找到相应的商品。
- 会员购物流程：浏览商品、将商品放入购物车、去收银台结账。每个会员都有自己专用的购物车，可随时订购自己中意的商品，然后结账完成购物。购物的流程是指导购物车系统程序编写的主要依据。
- 完善的会员服务功能：可随时查看账目明细、订单明细。

- 设计特价商品展示，能够显示企业近期所促销的特价商品。
- 后台管理使用本地数据库，保证购物订单的安全，能及时有效地处理强大的统计分析功能，便于管理者及时了解财务状况、销售状况。

图 12-1　开发设计的网上购物系统首页效果图

12.1.2　模块分析

通过对系统功能的分析，得到网站的网上购物系统主要由如下功能模块组成。

（1）前台网上销售模块：指客户在浏览器中所看到的直接与店主面对面的销售程序，包括浏览商品、订购商品、查询订购、购物车等功能。

（2）后台数据录入模块：前台所销售商品的所有数据，其来源都是后台所录入的数据。

（3）后台数据处理功能模块：是相对于前台网上销售模块而言的，网上销售的数据都放在销售数据库中，对这部分的数据进行处理是后台数据处理模块的功能。

（4）用户注册功能模块：用户当然并不一定立即就要买东西，可以先注册，任何时候都可以来买东西，用户注册的好处在于买完东西后无须再输入一大堆个人信息，只要输入账号和密码就可以了。

（5）订单号模块：客户购买完商品后，系统自动分配一个购物号码给客户，以方便客户随时查询账单处理情况，了解现在货物的状态。

（6）促销价模块：当有促销价时，结算将以促销价为准；没有促销价，则以正常的价格为准。客户能得到详细的信息，真正做到处处为顾客着想。

12.1.3　设计规划

在制作网站之前首先要把设计好的网站内容放置在本地计算机的硬盘上，为了方便站点的设计及上传，设计好的网页都应存储在同一个目录下，再用合理的文件夹来管理文档。在本地站点中应该用文件夹来合理构建文档的结构。首先为站点创建一个主要文件夹，然后在其中再创建多个子文件夹，最后将文档分类存储到相应的文件夹下。将要设计文件的结构如图 12-2 所示。

图 12-2　网站文件结构

从站点规划的文件夹及完成的页面出发，对需要设计的页面功能分析如下。

（1）站点文件夹下的 4 个文件及功能。

- index.asp：用于实现购物系统首页的页面。
- config.asp：被相关的动态页面调用，用来实现数据库连接。
- left_menu.asp：首页左边是会员系统及购物搜索功能组成的动态页面。单独制作也是为了方便其他动态页面的调用。
- main_menu.asp：网站的导航条，对于一个企业的网站来说，由于经常要修改栏目，网站页面很多，不可能每一个页面都进行修改，所以用 ASP 语言建立一个单独的页面，通过调用同一个页面实现导航条的制作，这样修改起来很方便。

（2）about_us文件夹放置关于企业介绍的一些内容，页面只有一个——about_us.asp。

（3）admin文件夹放置的是关于整个网站的后台管理文件内容，包含了news_admin、order_admin和product_admin这 3 个子文件夹。此模块是购物系统中的难点和重点。

- news_admin 文件夹是放置后台新闻管理的页面，这在第 6 章已经介绍过具体的制作，这里就不再介绍。
- order_admin 文件夹是放置后台订单处理的一些动态页面。其中分别放置了如下 5 个动态页面。
  - ➢ del_order.asp：删除订单。
  - ➢ mark_order.asp：标记已处理订单。
  - ➢ order_list.asp：后台客户订单列表。
  - ➢ order_list_mark0.asp：未处理客户订单列表。
  - ➢ order_list_mark1.asp：已处理客户订单列表。

- product_admin 文件夹用来放置商品管理的页面，主要包括了以下 9 个动态页面，这是购物的重点和难点，涉及上传图片等高难度编程操作。
  - ➢ del_product.asp：删除商品页面。
  - ➢ insert_product.asp：插入商品页面。
  - ➢ product_add.asp：添加商品信息页面。
  - ➢ product_list.asp：后台管理商品列表。
  - ➢ product_modify.asp：更新商品信息页面。
  - ➢ update_product.asp：建立上传命令动态页面。
  - ➢ upfile.asp：上传文件测试动态页面。
  - ➢ upfile.htm：上传图片文件测试静态页面。
  - ➢ upload_5xsoft.inc：上传文件ASP命令模板。
  - ➢ check_admin.asp：用于判断后台登录管理员身份确认动态文件。

（4）client文件夹用来放置客户中心的内容页面，也只有一页——client.asp，制作与购物相关的一些说明。

（5）images文件夹用来放置网站建设的相关图片。

（6）incoming_img文件夹用来放置商品的图片。

（7）mdb文件夹用来放置网站的Access数据库，所有的购物信息及数据全放在这里。

（8）member文件夹是放置网站会员的一些相关页面，主要包括以下动态页面。

- login.asp：注册登录页面。
- logout.asp：注册失败页面。
- registe.asp：填写注册信息的页面。
- registe_know.asp：注册须知说明页面。

（9）news文件夹用来放置网站新闻中心的动态页面，主要包括如下动态页面。

- news_content.asp：新闻细节页面。
- news_list.asp：显示所有新闻列表页面。

（10）order_search文件夹用来放置用户订单查询的动态页面，主要包括以下两个动态页面。

- order_search.asp：用户订单查询输入页面。
- your_order.asp：用户订单查询结果页面。

（11）product文件夹用来放置与销售商品相关的页面，主要包括如下 3 个动态页面。

- all_list.asp：所有商品罗列页面。
- product.asp：商品细节页面。
- search_result.asp：商品搜索结果页面。

（12）service文件夹用来放置售后服务的一些说明页面，主要有一个说明页面——service.asp。

（13）shop文件夹主要用来放置结算的一些动态页面，主要包括如下页面。

- add2bag.asp：统计订单商品数量的动态页面。

- clear_bag.asp：清除订单信息的页面。
- order.asp：订单确认信息页面。
- order_sure.asp：订单最后确认页面。
- shop.asp：订单用户信息确认页面。

（14）style文件夹用来放置页面的CSS文件，只有一个文件——index.css，用来控制页面属性的CSS样式文件。

从上面的分析可得出该网站总共由38个页面组成，涉及动态网站建设所有的功能设计。其中的用户注册系统、新闻系统已经在前面的章节中介绍过，本章重点介绍网上购物系统相关页面的分析与设计。

12.2　数据库设计

网上购物系统的数据库是比较庞大的，在设计的时候需要从使用功能模块入手，分别创建不同名称的数据表，命名的时候也要与使用的功能命名相配合，以便后面相关页面制作时的调用。本节将要完成的数据库命名为DBwebshop.mdb，在数据库中建立7个不同的数据表，如图12-3所示。

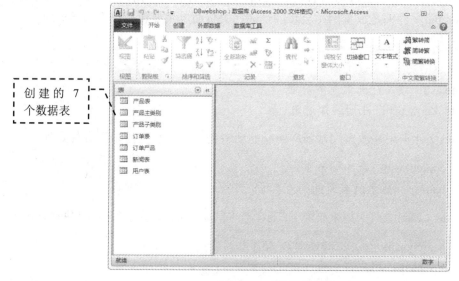

图 12-3　建立的数据库

（1）产品表，是存储商品的相关信息表，设计的商品数据表如图 12-4 所示。具体字段的说明如表 12-1 所示。

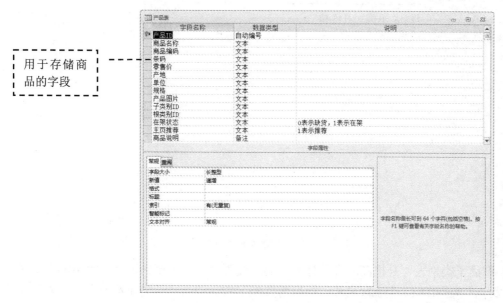

图 12-4　商品数据表

表 12-1　产品数据设计表

字段名称	数据类型	字段大小	必填字段	允许空字符串	说明
商品ID	自动编号	长整型			
商品名称	文本	255	否	否	
商品编码	文本	255	否	是	
条码	文本	255	否	是	
零售价	文本	255	否	是	
产地	文本	255	否	是	
单位	文本	255	否	是	
规格	文本	255	否	是	
商品图片	文本	50	否	是	
子类别ID	文本	50	否	是	
根类别ID	文本	50	否	是	
在架状态	文本	50	否	是	0表示缺货，1表示在架
主页推荐	文本	50	否	是	1表示推荐
商品说明	备注		否	是	

（2）产品主类别表，是把商品进行分类后的一级类别表，主要设计了"主类别ID"和"主类别名称"两个字段名称，企业可以根据需要展示的商品种类在数据表中加入商品的类别，如图 12-5 所示。

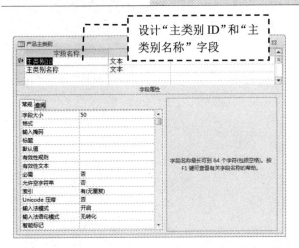

图 12-5　建立的商品主类别表

（3）产品子类别表，是把商品进行分类后的二级类别表，主要设计"子类别ID""子类别名称"及"主类别ID"3 个字段名称，根据需要展示的详细商品种类在数据表中加入商品的名称，如图 12-6 所示。

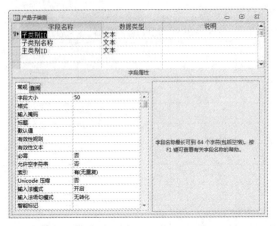

图 12-6　建立的商品子类别表

（4）订单表，是存储网上用户订购的相关信息表，设计的商品数据表如图 12-7 所示。各字段的具体说明如表 12-2 所示。

表 12-2　订单数据设计表

字段名称	数据类型	字段大小	必填字段	允许空字符串	说明
订单序列号	自动编号	长整型			
订单ID	文本	50	是	否	生成一个随机数来表示同一批的订单
用户名	文本	50	是	否	
订单日期	文本	50	否	是	20040608 表示2004 年 6 月 8 号

（续表）

字段名称	数据类型	字段大小	必填字段	允许空字符串	说明
是否处理	文本	50	否	是	1 表示已处理，0 表示未处理
收货人	文本	50	否	是	
送货地址	文本	50	否	是	
联系电话	文本	50	否	是	
手机	文本	50	否	是	
电子邮件	文本	50	否	是	
附言	文本	255	否	是	

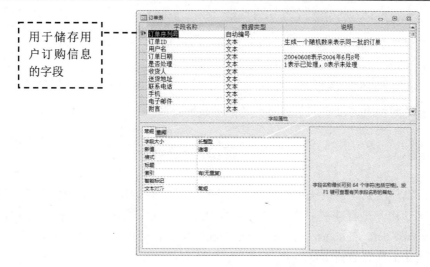

图 12-7　订单数据表

（5）订单产品表，是记录用户在网上订购的商品信息表，用于用户在线查询订单，主要设计了"订单产品ID""订单ID""产品ID"及"订购数量"4 个字段名称，如图 12-8 所示。

图 12-8　建立的订单产品表

（6）新闻表，是存储新闻用的数据表，主要设计了"新闻ID""新闻标题""新闻出处""新闻内容""新闻图片"及"新闻日期"6 个字段名称，如图 12-9 所示。

（7）用户表，是存储注册用户的数据表，主要设计了"用户ID""用户名""密码""真实姓名""性别""电话""手机""电子邮件""住址""说明"及"属性"11 个字段名称，如图 12-10 所示。

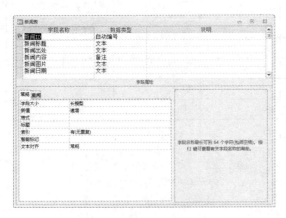
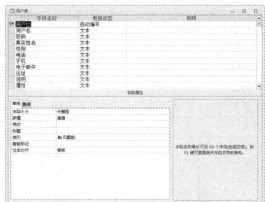

图 12-9　建立的新闻表　　　　　　　　　图 12-10　建立的用户表

上面设计的数据表可以应用于较庞大的网上购物系统。

12.3　首页的设计

首先分析设计网上购物系统下站点文件夹下的 4 个文件。对于一个购物系统来说，它需要一个主页面来让用户进行注册、搜索需要采购的商品、网上浏览商品等操作。首页 index.asp 主要由 config.asp、left_menu.asp、main_menu.asp 这 3 个嵌套的页面组合而成，所以在设计之前先要完成这 3 个页面的制作。

12.3.1　数据库连接

用 ASP 开发的网站，习惯上通过 config.asp 页面来实现网站数据库的连接。页面比较简单，就是设置数据库连接的基本命令，如图 12-11 所示。

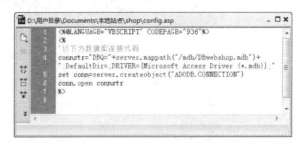

图 12-11　设置数据库连接的基本命令

本连接的程序说明如下：

```
<%@LANGUAGE="VBSCRIPT" CODEPAGE="936"%>
<%
//以下为数据库连接代码
```

```
connstr="DBQ="+server.mappath("/mdb/DBwebshop.mdb")+";
//设置 DBQ 服务器物理路径
DefaultDir=;DRIVER={Microsoft Access Driver (*.mdb)};"
//定义为 Access 数据库
set conn=server.createobject("ADODB.CONNECTION")
//设置为 ADODB 连接
conn.open connstr
//打开数据库
%>
```

12.3.2　注册及搜索功能的制作

　　网上购物系统需要有一个购物流程来引导用户在网上实现订购，一般都是通过用户自身的登录、浏览、订购、结算的流程来实现网上购物的，同时需要加入搜索功能，以方便用户在网上直接进行搜索订购，所以在首页的左边栏需要建立用户登录系统、购物车及搜索功能。

　　由功能出发分别设计各功能模块。

图 12-12　完成的购物车系统

　　01 首先分析核心部分——购物车系统，该功能模块完成后如图 12-12 所示。该购物车系统主要有实现写入用户名、统计购物车的商品、统计商品总价值、清空购物车、连接到结算功能页面这几个小功能。

　　02 此段程序代码如下：

```
<table width="80%" border="0" cellspacing="0" cellpadding="2">
  <tr>
  <td><font color="#FF3300">
      <%
      if session("user")<>"" then
      response.Write(session("user"))
      else
      response.Write("游客")
      end if
      %>
//这段程序的意思是如果用户登录了则显示用户名，如果没有登录则显示游客
      </font><font color="1A3D05">，欢迎你! </font></td>
  </tr>
  <tr>
    <td><font color="1A3D05">购物车中共有<font color="#FF3300">
        %
        if session("all_number")="" then
        %>
        0
        <%
        else
        %>
        <%=session("all_number")%>
        <%
```

```
                    end if
               %>
//这段程序功能的意思是统计商品的总数量
               </font>件商品</font></td>
         </tr>
          <tr>
          <td><font color="1A3D05">总价值<font color="#FF3300">
               <%
               if session("all_price")="" then
               %>
               0
               <%
               else
               %>
               <%=session("all_price")%>
               <%
               end if
               %>
     //这段程序的意思是统计商品的总价
               </font>元</font></td>
      </tr>
      <tr>
      <td>
            <%
            if session("all_number")="" then
            %>
<strong><font color="1A3D05">清空购物车
</font></strong><font color="1A3D05"> / <strong>
去结算</strong></font>
      <%
            else
            %>
            <a href="shop/clear_bag.asp">
//这段程序的意思是调用 clear_bag.asp 页面功能来实现清空购物车
<strong>清空购物车</strong></a> / <a href="shop/shop.asp"><strong>
去结算</strong></a>
//这段程序的意思是调用 shop.asp 页面进行结算
            <%
            end if
            %>
            </td>
      </tr>
      </table>
```

03 购物车系统的下面是用户注册与登录系统，该系统在前面的章节已经具体地介绍过，这里就不再介绍，完成的最终效果如图 12-13 所示。

04 搜索功能的设计与制作主要是通过 SQL 的查询语句来实现的，完成的搜索模块如图 12-14 所示。

图 12-13　会员系统

图 12-14　商品搜索功能模块

查询的功能代码嵌套在单独的一个表单FromSearch之间，命令如下：

```
<%
set rs_class=server.createobject("adodb.recordset")
sql="select * from 商品主类别 order by 主类别ID"
rs_class.open sql,conn,1,1
    %>
//建立SQL查询语句，通过商品主类别及主类别ID来查询商品数据库
    <table width="84%" border="0" cellspacing="0" cellpadding="3">
 <form name="FromSearch" method="post" action="product/search_result.asp"
onSubmit=
 "return check()">
//提交后由search_result.asp页面显示搜索效果
  <tr>
  <td><img src="/images/Spacer.gif" width="1" height="6"></td>
  </tr>
  <tr>
   <td><font color="#FFFFFF"> 关键词: </font> </td>
  </tr>
   <tr>
   <td><input name="search_key" type="text" class="input1" size="26">
//设置搜索关键词文本域
   </td>
   </tr>
    <tr>
    <td><font color="#FFFFFF">类别: </font></td>
    </tr>
    <tr>
    <td>
 <select name="search_class" class="input1">
    <option value="" selected>-----所有商品类别-----</option>
    <%for i=1 to rs_class.RecordCount-1%>
    <option value="<%=rs_class("主类别ID")%>"><%=rs_class
("主类别名称")%></option>
    <%
        if rs_class.eof then
        exit for
        end if
        rs_class.movenext
        next
        rs_class.MoveFirst '把记录集游标移到第一条记录
```

```
        %>
    </select>
//通过商品主类别ID和主类别名称进行分类查询。
</td>
    </tr>
    tr valign="middle">
  <td><table width="100%" border="0" cellspacing="0" cellpadding="0">
  <tr>
   <td><input name="imageField2" type="image" src=
"/images/index_search_bt.gif"
 width="57" height="21" border="0"></td>
   </tr>
   </table></td>
   </tr>
   <tr>
   <td><img src="/images/Spacer.gif" width="1" height="6"></td>
  </tr>
 </form>
```

05 该页面上还有一些关于商品如何购买及订购热线的信息，设计效果如图 12-15 所示。

图 12-15　采购说明

12.3.3　导航条

这里将用ASP语言建立导航条，完成的命令如下：

```
<%
if session("user_prop")="admin" then
main_menu="<a href=''>首页</a> |
<a href='/product/all_list.asp'>采购中心</a> |
<a href='/about_us/about_us.asp'>关于我们</a> |
<a href='/news/news_list.asp'>新闻中心</a> |
<a href='/client/client.asp'>客服中心</a> |
<a href='/service/service.asp' >服务条款</a> |
<a href='/order_search/order_search.asp'>订单查询</a> |
<a href='/admin/news_admin/news_add.asp'>网站管理</a>"
//如果登录用户是admin则显示的是导航内容
else //否则导航条显示如下内容
```

```
main_menu="<a href=''>首页</a> |
<a href='/product/all_list.asp'>采购中心</a> |
<a href='/about_us/about_us.asp'>关于我们</a> |
<a href='/news/news_list.asp'>新闻中心</a> |
<a href='/client/client.asp'>客服中心</a> |
<a href='/service/service.asp' >服务条款</a> |
<a href='/order_search/order_search.asp'>订单查询</a>"
end if
%>
```

这个页面设置了导航条的内容及链接情况，并进行了一个条件选择，根据判断进行显示，如果登录者是admin则显示"网站管理"功能链接，方便管理者进入后台管理，如果不是后台管理者则显示正常的导航链接。

12.3.4 首页的制作

index.asp用于实现网上购物系统首页的页面，是用户在IE地址栏输入购物网站地址后直接可以打开的页面。也有些企业制作了网站篇头动画，就是用Flash开发的一段动画。对于网上购物系统来说，为了提高访问速度，一般不建议使用Flash动画。

首页的设计如下：

01 把下载资源中的素材 shop 文件夹下的网上购物系统复制到本地计算机硬盘上，按照前面所学的知识创建本地站点 Web，并设置浏览主页面。

02 双击"文件"面板中的 index.asp 页面，打开的页面效果如图 12-16 所示。

03 该页面的代码比较长，这里把其中实现功能较为重要的 ASP 命令列出说明。在导航条调入如图 12-17 所示的地方加入 ASP 命令：

```
<%=main_menu%>
//调用 main_menu.asp
```

图 12-16　设计好的 index.asp 页面

图 12-17　导航条调入位置

04 左边的内容和 left_menu.asp 页面功能是一样的，这里不再介绍，中间由新闻系统和特价商品及商品展示功能模块组成，如图 12-18 所示。

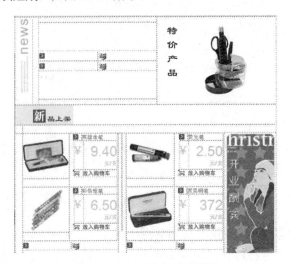

图 12-18 展示商品功能模块

05 新品上架模块的代码比较简单，大部分是静态代码，主要是放入购物车功能及数据库中调用商品功能需要加入动态的命令，所有的命令如下：

```
    <table width="100%" border="0" cellpadding="0" cellspacing="0" class=
"rightA">
    <tr>
     <td width="3%" height="0"><img src="images/Spacer.gif" width="15"
    height="13"></td>
     <td colspan="4"> </td>
    </tr>
    <tr>
    <td height="329"> </td>
    <td width="37%" valign="top"><table width="210" border="0" cellspacing="0"
    cellpadding="0">
    <tr>
    <td width="86"><table width="102" border="0" cellpadding="0"
cellspacing="1"
    bgcolor="A6A6A6">
    <tr>
     <td bgcolor="#FFFFFF"><a href="product/product.asp?productID=3855"
target="_blank">
    //单击特价商品的名称能链接到商品详细说明页
    <img src="incoming_img/newgoods04.jpg" width="102" height="95"
border="0"></a></td>
    </tr>
    </table></td>
    <td width="124" rowspan="2" align="right" valign="top"><table width="92%"
border="0"
    cellspacing="0" cellpadding="0">
     <tr>
```

```
  <td width="19%"><img src="images/index_title.gif" width="19"
height="12"></td>
  <td width="81%"><a href="product/product.asp?productID=3855"
target="_blank">
英雄高级金笔</a></td>
    </tr>
    </table>
    <table width="91%" border="0" cellpadding="0" cellspacing="0" >
     <tr>
      <td width="20%" align="left" valign="middle" class="price-td">
<img src="images/index_m.gif" width="21" height="52"></td>
      <td width="80%" align="right" valign="top" class="price-td">
<span class="price">9.40<br>
      </span><font color="#FFBC2C"><strong>元/支</strong></font>
      </td>
      </tr>
      </table>
      <table width="92%" border="0" cellspacing="0" cellpadding="0">
      <tr>
      <td align="left">
<a href="shop/add2bag.asp?productID=3855">
//单击"放入购物车"图标连接到add2bag.asp页面，实现放入购物车的功能
<img src="images/index_dinggou.gif" width="84" height="16"
border="0"></a></td>
      </tr>
      </table></td>
      </tr>
      <tr>
      <td> </td>
      </tr>
      </table>
      <table width="210" border="0" cellspacing="0" cellpadding="0">
      <tr>
      <td width="86"><table width="102" border="0" cellpadding="0"
cellspacing="1"
 bgcolor="A6A6A6">
      <tr>
    <td bgcolor="#FFFFFF"><a href="product/product.asp?productID=3468"
 target="_blank"><img src="incoming_img/newgoods01.jpg" width="102"
height="95"
 border="0"></a></td>
    </tr>
    </table></td>
    <td width="124" rowspan="2" align="right" valign="top"><table width="92%"
border="0"
cellspacing="0" cellpadding="0">
    <tr>
    <td width="19%"><img src="images/index_title.gif" width="19"
height="12"></td>
    <td width="81%"><a href="product/product.asp?productID=3468"
```

```
target="_blank">
中华彩色铅笔</a></td>
  </tr>
  </table>
  <table width="91%" border="0" cellpadding="0" cellspacing="0" >
  <tr>
   <td width="12%" align="left" valign="middle" class="price-td">
<img src="images/index_m.gif" width="21" height="52"></td>
   <td width="88%" align="right" valign="top" class="price-td">
<span class="price">6.50<br>
  </span><font color="#FFBC2C"><strong>元/支</strong></font>
  </td>
  </tr>
  </table>
  <table width="92%" border="0" cellspacing="0" cellpadding="0">
   <tr>
   <td align="left"><a href="shop/add2bag.asp?productID=3468">
<img src="images/index_dinggou.gif" width="84" height="16"
border="0"></a></td>
   </tr>
  </table></td>
   </tr>
   <tr>
   <td height="16"> </td>
   </tr>
  </table>
  <table width="100%" border="0" cellspacing="0" cellpadding="1">
  <%
     for i=1 to 6
     %>
     <tr>
  <td><img src="images/index_title.gif" width="19" height="12"></td>
   <td><a href="product/product.asp?productID=<%=rs_product("商品ID")%>"
 target="_blank"><%=rs_product("商品名称")%>
//通过商品ID实现商品细节页product.asp的链接
</a></td>
   </tr>
      <%
      rs_product.MoveNext
      next
      %>
   //用循环命令实现商品的罗列
</table></td>
  <td width="3%" align="center" valign="top">
<table width="3" border="0" cellpadding="0" cellspacing="0"
class="shu-xu-xian">
  <tr>
<td align="right"><img src="images/Spacer.gif" width="1" height="210"></td>
  </tr>
 </table></td>
```

```
<td width="37%" valign="top"> <table width="210" border="0" cellspacing="0"
 cellpadding="0">
 <tr>
 <td width="86"><table width="102" border="0" cellpadding="0"
cellspacing="1"
 bgcolor="A6A6A6">
 <tr>
 <td bgcolor="#FFFFFF"><a href="product/product.asp?productID=3951"
target="_blank">
 <img src="incoming_img/newgoods02.jpg" width="102" height="95"
 border="0"></a></td>
 </tr>
 </table></td>
 <td width="124" rowspan="2" align="right" valign="top"><table width="91%"
 border="0"
 cellspacing="0" cellpadding="0">
 <tr>
 <td width="19%"><img src="images/index_title.gif" width="19"
 height="12"></td>
 <td width="81%"><a href="product/product.asp?productID=3951"
target="_blank">
东洋荧光笔</a></td>
 </tr>
 </table>
 <table width="91%" border="0" cellpadding="0" cellspacing="0" >
 <tr>
 <td width="11%" align="left" valign="middle" class="price-td">
<img src="images/index_m.gif" width="21" height="52"></td>
 <td width="89%" align="right" valign="top" class="price-td"><span
class="price">2.50<br>
 </span><font color="#FFBC2C"><strong>元/支</strong></font>
 </td>
 </tr>
</table>
<table width="92%" border="0" cellspacing="0" cellpadding="0">
 <tr>
 <td align="left"><a href="shop/add2bag.asp?productID=3951">
<img src="images/index_dinggou.gif" width="84" height="16"
 border="0"></a></td>
 </tr>
 </table></td>
 </tr>
 <tr>
 <td> </td>
 </tr>
 </table>
 <table width="210" border="0" cellspacing="0" cellpadding="0">
 <tr>
 <td width="86"><table width="102" border="0" cellpadding="0"
 cellspacing="1"
```

```
 bgcolor="A6A6A6">
   <tr>
   <td bgcolor="#FFFFFF"><a href="product/product.asp?productID=3890"
 target="_blank"><img src="incoming_img/newgoods03.jpg" width="102"
 height="95"
 border="0"></a></td>
   </tr>
   </table></td>
    <td width="124" rowspan="2" align="right" valign="top"><table width="92%"
 border="0"
 cellspacing="0" cellpadding="0">
    <tr>
    <td width="19%"><img src="images/index_title.gif" width="19"
 height="12"></td>
    <td width="81%"><a href="product/product.asp?productID=3890"
 target="_blank">
 派克卓尔钢笔</a></td>
    </tr>
   </table>
   <table width="91%" border="0" cellpadding="0" cellspacing="0" >
   <tr>
    <td width="14%" align="left" valign="middle" class="price-td">
 <img src="images/index_m.gif" width="21" height="52"></td>
    <td width="86%" align="right" valign="top" class="price-td">
 <span class="price">372<br>
    </span><font color="#FFBC2C"><strong>元/支</strong></font>
   </td>
   </tr>
   </table>
    <table width="92%" border="0" cellspacing="0" cellpadding="0">
    <tr>
    <td align="left"><a href="shop/add2bag.asp?productID=3890">
 <img src="images/index_dinggou.gif" width="84" height="16"
 border="0"></a></td>
    </tr>
   </table></td>
    </tr>
    <tr>
    <td> </td>
    </tr>
   </table>
   <table width="100%" border="0" cellspacing="0" cellpadding="1">
   <%
       for i=1 to 6
       %>
   <tr>
   <td><img src="images/index_title.gif" width="19" height="12"></td>
   <td><a href="product/product.asp?productID=<%=rs_product("商品ID")%>"
 target="_blank"><%=rs_product("商品名称")%></a></td>
   </tr>
```

```
    <%
        rs_product.MoveNext
        next
        %>
    </table> </td>
    <td width="20%" align="center" valign="top">
<object classid="clsid:D27CDB6E-AE6D-11cf-96B8-444553540000"
 codebase="http://download.macromedia.com/pub/shockwave/cabs/
flash/swflash.cab#version
=6,0,29,0" width="108" height="329">
    <param name="movie" value="/incoming_img/ad.swf">
    <param name="quality" value="high">
    <embed src="/incoming_img/ad.swf" quality="high"
 pluginspage="http://www.macromedia.com/go/getflashplayer"
type="application/x-shockwave-flash" width="108"
height="329"></embed></object>
//嵌入flash动态广告
</td>
    </tr>
    </table>
```

06 商品分类模块应用了 ASP 中的 for 循环语句，快速建立了所有商品的展示功能，该段动态程序如下：

```
<table width="90%" border="0" cellpadding="5" cellspacing="0"
class="fenlei">
    <%
    if (rs_class.RecordCount mod 5)=0 then
    line=Int(rs_class.RecordCount/5)
    else
        line=Int(rs_class.RecordCount/5)+1
        end if
        for i=1 to line
    if (i mod 2)<>0 then
        %>
    //设置商品分类显示行数为5
    <tr>
    <td bgcolor="#FFFFFF">
        <%
        for k=1 to 5
        if rs_class.eof then
    exit for
        else
        %>
    //如果显示了所有的记录则关闭查询
    <a href="product/all_list.asp"><%=rs_class("主类别名称")%></a>
    <img src="/images/Spacer.gif" width="6" height="1">
    //单击商品类别名称链接到显示全部商品内容页面（all_list.asp）
    <%
        rs_class.MoveNext
        end if
```

```
        next
        %>
</td>
  </tr>
   <%
        end if
        if (i mod 2)=0 then
        %>
   <tr>
    <td>
        <% for k=1 to 5
        if rs_class.eof then
     exit for
        else
        %>
<a href="product/all_list.asp"><%=rs_class("主类别名称")%></a>
<img src="/images/Spacer.gif" width="6" height="1">
<%
rs_class.MoveNext
end if
    next
    %>
</td>
 </tr>
 <%
    end if
next
%>
</table>
```

07 网上购物系统的首页分析结束。如果需要快速建立购物系统的首页，就直接参考下载资源中完成的页面，查看代码，可以方便地完成网上购物系统首页的制作。

12.4 商品动态页面的设计

product文件夹用来放置与销售商品相关的页面，主要包括所有商品罗列页面all_list.asp、商品细节页面product.asp和商品搜索结果页面search_result.asp。下面分别介绍这些页面的设计与制作。

12.4.1 商品罗列页面

单击导航条中的"采购中心"或单击首页上的"商品分类"中的商品内容可以连接到此页面，主要用来显示数据库中的所有商品。

01 首先完成静态页面的设计，该页面的核心部分是"商品选购"中商品二级分类的显示，其他部分功能在首页设计中已经介绍过，完成的效果如图 12-19 所示。

图 12-19　设计的商品罗列页面效果图

02 主要的核心代码如下：

```
    <table width="90%" border="0" cellpadding="5" cellspacing="0"
class="fenlei">
    <%
    for i=1 to rs.RecordCount
        %>
    //设置记录集计算循环
    <tr>
    <td width="79%" bgcolor="#FFFFFF"><strong><%=rs("主类别名称
")%></strong></td>
    //显示主类别名称
    <td width="21%" align="right" bgcolor="#FFFFFF"><a href="all_list.asp">
返回总分类</a>    </td>
    </tr>
    <tr>
    <td colspan="2" class="line">
    <%
    for j=1 to rs_sub.RecordCount
    if rs_sub.eof then
        rs_sub.MoveFirst
    end if
    if CInt(rs_sub("主类别ID"))=CInt(rs("主类别ID")) then
        %> <a href="search_result.asp?sub_classID=<%=rs_sub("子类别ID")%>&name=
<%=rs_sub
    ("子类别名称")%>">
    <%=rs_sub("子类别名称")%></a>  <%
    end if
    rs_sub.MoveNext
    next
        %>
    //该段程序的意思是在页面中显示所有子类别名称的代码
```

```
</td>
</tr>
<%
rs.MoveNext
next
    %>
</table>
```

03 在完成的动态页面中，商品选购加入的 ASP 命令很简单，如图 12-20 所示。

图 12-20　完成的商品选购代码编辑

12.4.2　商品细节页面的制作

商品细节页面product.asp要能显示商品的所有详细信息，包括商品价格、商品产地、商品单位及商品图片等，同时要显示是否在架（是否还有商品）以及放入购物车等功能。

01 由所需要建立的功能出发，建立如图 12-21 所示的动态页面，页面中的 ASP 代码图标代表通过加入动态命令来实现该功能。

图 12-21　完成的设计页面效果图

02 下面对该模块的命令分析如下：

```
<table width="90%" border="0" cellpadding="5" cellspacing="0"
class="fenlei">
  <tr>
  <td width="44%" bgcolor="#FFFFFF"><strong>商品编码: <%=rs
  ("商品编码")%></strong></td>
```

```
<td width="29%" bgcolor="#FFFFFF">
<%
if rs("在架状态")=0 then
else
    %>
<a href="/shop/add2bag.asp?productID=<%=rs("商品ID")%>">
<img src="../images/index_dinggou.gif" width="84" height="16" border="0">
</a>
<%
end if
%>
//如果商品在架，单击放入购物车链接add2bag.asp页面实现购物功能
    </td>
<td width="27%" align="right" bgcolor="#FFFFFF">
    <%
    if rs("在架状态")=0 then
%>
<font color="#FF6600">抱歉！此商品缺货！</font>
    <%
    else
    %>
    font color="#FF6600">在架</font>
%
end if
    %>
//如果商品在架状态定义值为0，则显示"抱歉！此商品缺货！"
</td>
</tr>
<tr valign="top">
<td colspan="3" class="line"><table width="100%" border="0" cellpadding="3"
cellspacing="0"
 class="rightA">
 <tr>
 <td width="5%"><img src="../images/index_title.gif" width="19" height="12">
</td>
<td><font color="#427012"><strong>商品名称：</strong></font>
<%=rs("商品名称")%>//显示商品名称
</td>
 </tr>
 <tr>
 <td bgcolor="#FFFFFF"><img src="../images/index_title.gif" width="19"
 height="12"></td>
 <td bgcolor="#FFFFFF"><font color="#427012"><strong>商品售价：
</strong></font><%=rs("零售价")%>元//显示商品价格
</td>
 </tr>
 <tr>
 <td><img src="../images/index_title.gif" width="19" height="12"></td>
 <td><font color="#427012"><strong>商品单位：</strong></font><%=rs("单位")%>
 //显示商品单位</td>
```

```
    </tr>
    <tr>
    <td bgcolor="#FFFFFF"><img src="../images/index_title.gif" width="19"
height="12"></td>
    <td bgcolor="#FFFFFF"><font color="#427012"><strong>商品产地：
</strong></font><%=rs("产地")%>//显示商品产地</td>
    </tr>
    <tr>
    <td class="fenlei"><img src="../images/index_title.gif" width="19"
height="12"></td>
    <td><font color="#427012"><strong>商品说明：</strong></font><%=rs
("商品说明")%>//显示商品说明</td>
    </tr>
    <tr>
    <td class="fenlei"><img src="../images/index_title.gif" width="19"
height="12"></td>
    <td><font color="#427012"><strong>商品图片：</strong></font></td>
    </tr>
    <tr>
    <td class="fenlei"> </td>
    <td valign="top">
      <%
    if rs("商品图片")="" then
%>
    <img src="../incoming_img/no_photo.gif" width="500" height="186">
    <%
    else
    %>
    <img src="../incoming_img/<%=rs("商品图片")%>">
     <%
    end if
    %>
  //显示商品图片
    </td>
  </tr>
  <tr>
  <td colspan="2" class="fenlei"><img src="../images/Spacer.gif" width="1"
height="5"></td>
    </tr>
  </table></td>
  </tr>
  </table>
```

03 商品细节页面的设计不是一成不变的，该页面实际是显示记录集的页面，在实际操作设计中建立数据库连接，建立查询记录集，最后绑定想要显示的字段，就可以完成商品细节页面的设计。

12.4.3 商品搜索结果页面的制作

在首页中有一个商品搜索功能，通过输入搜索的商品，单击"搜索"按钮后要打开的页面就是这个商品搜索结果页面earch_result.asp。该页面的功能为通过搜索页传过来的字段搜索数据库中的数据和显示该商品。在制作搜索结果页的时候还需要考虑到一个问题,就是在搜索的字段中很可能会有很多商品相似,如输入"打印机",那么所有数据中带"打印机"3个字的所有商品都会列在该页面,所以要创建导航条和记录统计等功能。

01 由上面的功能分析出发,设计好的商品搜索结果页面如图 12-22 所示。

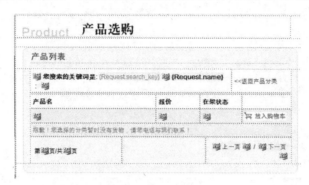

图 12-22 搜索的实际结果

02 本页面相关的程序代码如下:

```
<table width="100%" border="0" cellspacing="0" cellpadding="0">
<tr>
<td> </td>
</tr>
 <tr>
 <td><img src="../images/index_pro011.gif" width="573" height="41"></td>
 </tr>
 <tr>
 <td align="center" valign="top" background="../images/index_pro03.gif">
<table width="90%"
 border="0" cellpadding="5" cellspacing="0" class="fenlei">
 <tr>
 <td width="77%" bgcolor="#FFFFFF">
    <%
    if Request("search_key")<>"" then
    %>
    <strong>你搜索的关键词是:</strong><font color="#FF3300"> 
<%=Request("search_key")%></font>
<%
else
    %>
<strong><%=Request("name")%>: </strong>
    <%
    end if
    %>
//在搜索的关键词后面显示前面输入搜索的阶段变量,即搜索的名称值
    </td>
<td width="23%" bgcolor="#FFFFFF"><a href="all_list.asp">&lt;&lt;
返回商品分类</a></td>
</tr>
```

```
</table>
<table width="90%" border="0" cellpadding="0" cellspacing="0" >
<tr>
<td><img src="../images/Spacer.gif" width="1" height="3"></td>
</tr>
</table>
<table width="90%" border="0" cellpadding="5" cellspacing="0"
class="fenlei">
 <tr>
  <td width="48%" bgcolor="#FFFFFF"><strong>商品名</strong></td>
  <td width="17%" bgcolor="#FFFFFF"><strong>报价</strong></td>
  <td width="16%" bgcolor="#FFFFFF"><strong>在架状态</strong></td>
  <td width="19%" bgcolor="#FFFFFF"> </td>
 </tr>
 <%
    if rs.recordcount<>0 then
    for i=1 to pagesize
    if rs.eof then
exit for
end if
%>
<%
    if (i mod 2)=0 then
%>
<tr bgcolor="#EBEBEB">
<%
    end if
    %>
//显示所有的搜索结果
<td><a href="product.asp?productID=<%=rs("商品ID")%>" target="_blank"><%=rs
("商品名称")%></a></td>
<td><%=rs("零售价")%></td>
//通过商品 ID 打开商品名称
<td>
 <%
    if rs("在架状态")=0 then
    response.Write("缺货")
    else
response.Write("在架")
    end if
    %>
//显示商品是否在架或者缺货
</td>
<td><font color="1A3D05"><a href="/shop/add2bag.asp?productID=<%=rs
("商品ID")%>"><img src="../images/index_dinggou.gif" width="84" height=
"16" border="0"></a></font></td>
</tr>
<%
rs.MoveNext
    next
```

```
        else
%>
<tr bgcolor="#EBEBEB">
<td colspan="4"><font color="#FF3300">抱歉！你选择的分类暂时没有货物，
请你电话与我们联系！</font></td>
</tr>
 <%
    end if
rs.close
    set rs=nothing
    conn.close
    set conn=nothing
    %>
</table>
<table width="90%" border="0" cellpadding="8" cellspacing="0"
class="fenlei">
  <tr>
  <td width="35%">第<%=page%>页/共<%=pageall%>页//统计搜索总数</td>
   <td width="32%"> </td>
   <td width="33%" align="right">
      <%if  Cint(page-1)<=0 then
      response.write "上一页"
      else%>
  <ahref="search_result.asp?page=<%=page-1%>&name=<%=
  Request("name")%>&sub_classID=
  <%=Request("sub_classID")%>&search_key=<%=request("search_key")%>&search_
class=
  <%=request("search_class")%>">上一页</a>
  <%end if%>
       / 
  <%if  Cint(page+1)>Cint(pageall) then
      response.write "下一页"
      else%>
  <ahref="search_result.asp?page=<%=page+1%>&name=<%=Request("name")%>&sub_
classID=
  <%=Request("sub_classID")%>&search_key=<%=request("search_key")%>&search_
class=<%
    =request("search_class")%>">下一页</a>
    <%end if%>
    </td>
    </tr>
    </table></td>
    </tr>
    <tr>
    <td><img src="../images/index_pro02.gif" width="573" height="46"></td>
    </tr>
    </table>
```

到这里就完成了商品相关动态页面的设计。

12.5 商品结算功能的设计

购物车最核心的功能就是如何进行商品结算。通过这个功能，用户在选择了自己喜欢的商品后，可以通过网络确认所需要的商品，输入联系方法，提交。这些信息会写入数据库，方便企业进行售后服务，即送货收钱等工作，这也是购物车最难的部分。

12.5.1 统计订单

该页面在前面的代码中经常应用到，就是单击"放入购物车"图标后会调用的页面，主要是实现统计订单数量的功能。

该页面完全是ASP代码，设计分析如下：

```asp
<!--#include file="../config.asp"-->
//调用 config.asp 确认数据库连接
<%
productID=request("productID")
//定义阶段变量 productID
set rs=server.createobject("adodb.recordset")
//创建记录集
sql="select * from 商品表 where 商品ID="&productID&" order by 商品ID"
//用 SQL 查询功能通过商品 ID 与 productID 核对
rs.open sql,conn,1,1
if rs.recordcount<>0 then
    session("all_number")=session("all_number")+1
//通过 session 记录放入购物车的商品的总个数
    session("product"&session("all_number"))=productID
    session("all_price")=session("all_price")+CDbl(rs("零售价"))
end if
rs.close
set rs=nothing
response.Redirect(request.serverVariables("Http_REFERER"))
%>
//如果订购商品的总个数加 1，购物总价加入刚订购商品的零售价
<%
for i=1 to CInt(session("all_number"))
%>
<%=session("product"&i)&"<br>"%>
<%
next
%>
```

提 示

session 在 Web 技术中占有非常重要的分量。由于网页是一种无状态的连接程序，因此无法得知用户的浏览状态，必须通过 session 记录用户的有关信息，以供用户再次以此身份对 Web 服务器提供要求时进行确认。

12.5.2 清除订单

该页面是清除订单信息的页面，通过单击"清空"按钮能够调用clear_bag.asp页面，通过里面的命令清空购物车中的数据统计，清除订单的代码如下：

```
<%@LANGUAGE="VBSCRIPT" CODEPAGE="936"%>
<%
user=session("user")
user_type=session("user_prop")
session.Contents.RemoveAll()
session("user")=user
session("user_prop")=user_type
response.Redirect(request.serverVariables("Http_REFERER"))
%>
//通过 RemoveAll()命令实现清空 session 中的记录
```

12.5.3 用户信息确认订单

用户登录后选择商品放入购物车，单击首页上的"去结算"按钮，就会打开订单用户信息确认页面shop.asp，该页面主要显示选择的购物商品数量和总价，需要设置输入"送货信息"功能，然后单击"继续"按钮把输入的信息存入数据库中，打开订单确认信息页面order.asp。

该页面完成后的效果如图 12-23 所示。从功能上可以看出该页面的功能有点类似于留言板的功能。只不过多了订单商品统计功能。订单商品的统计功能和add2bag.asp页面的统计功能一样，所以本页的程序就不再分析介绍，读者可自行打开该页面进行分析。

图 12-23 订单用户信息确认页面效果图

12.5.4 订单确认信息

单击shop.asp页面上的"结算"按钮后会打开订单确认页面order.asp，该页面同shop页面的结构一样，在送货信息中显示了输入的送货详细信息，相当于留言板中的查看留言板功能，设置的效果如图 12-24 所示。

图 12-24 订单确认页面效果图

12.5.5 订单最后确认

单击订单确认信息页面 order.asp 上的 "生成订单" 按钮后，就可以打开 order_sure.asp 页面，该页面是把订单写入数据库后弹出的完成购物页面，该页面的设计与 order.asp 基本相同，只是减少了 "送货信息" 的内容，具体的制作不再介绍，效果如图 12-25 所示。

图 12-25 完成购物订单效果图

12.6 订单查询功能

用户在购物的时候还需要知道自己一共购买了多少商品，单击导航条上的 "订单查询" 命令，打开输入查询的页面 order_search.asp，在查询文本域中输入客户的订单编号，可以查到订单的处理情况页面 your_order.asp，方便与企业的沟通。

12.6.1 订单查询输入

订单查询功能和首页上的商品搜索功能设计方法是一样的，需要在输入的查询页面设置好连接库连接，设置查询输入文本域，建立 SQL 查询命令，具体的设计分析同前面的搜索功能模块设计一样，因此不做具体的介绍，完成的效果如图 12-26 所示。

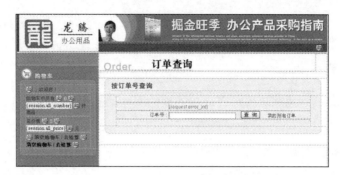

图 12-26　订单查询页面效果图

12.6.2　订单查询结果

该页面是用户订单查询输入后，单击"查询"按钮弹出的查询结果页面。设计分析同search_result.asp，这里不再介绍，完成后的效果如图 12-27 所示。

图 12-27　用户订单查询结果效果图

12.7　购物车后台管理系统的制作

购物车后台管理系统是整个网站建设的难点，包括几乎所有常用ASP处理技术，如新闻系统的管理功能、订单的处理功能、商品的管理功能等。新闻系统的管理在前面的章节中已经介绍过，这里不再介绍，重点介绍订单处理功能和商品的管理功能。

12.7.1　后台登录

企业网站拥有者需要登录后台对网上购物系统进行管理，由于涉及很多商业机密，因此需要设计登录用户确认页面，通过输入唯一的用户名和密码来登录后台进行管理。网上购物系统为了方便使用，只需要在首页用户系统中直接输入"用户名"admin和"密码"admin，就可以登录后台。因此需要制作用于判断后台登录管理身份的确认动态文件check_admin.asp。

该页面制作也比较简单，完成的代码如下：

```
<%
if session("user_prop")<>"admin" then
    response.Redirect("/member/login.asp?error_inf=请用管理员账号登录进入后台管理! ")
end if
```

```
%>
//判断用户是否为 admin，如果不是就打开出错信息页面
```

12.7.2　订单管理

order_admin文件夹是用来放置后台订单处理的一些动态页面，里面分别放置了 5 个动态页面。

- del_order.asp：删除订单。
- mark_order.asp：标记已处理订单。
- order_list.asp：后台客户订单列表。
- order_list_mark0.asp：未处理客户订单列表。
- order_list_mark1.asp：已处理客户订单列表。

下面分别分析各页面的ASP命令。

01 动态页面 del_order.asp 用于删除订单的命令如下：

```
<!--#include file="../../config.asp"-->
//通过 config.asp 页面建立数据库连接
<!--#include file="../check_admin.asp"-->
<%
if request("del_orderID")<>"" then
    Set rs_order_product = conn.execute("delete * from 订单商品 WHERE
订单 ID='"&request("del_orderID")&"'")
    // 通过 delete 命令删除订单
Set rs_order = conn.execute("delete * from 订单表 WHERE 订单 ID='"&request
("del_orderID")&"'")
  if Err.Number>0 then
    response.write "对不起，数据库处理有错误，请稍候再试..."
      response.end
//删除失败显示的信息
  else
        conn.close
        set conn=nothing
      response.redirect "order_list.asp"
    end if
else
    conn.close
    set conn=nothing
    response.Redirect(request.serverVariables("Http_REFERER"))
end if
%>
```

02 mark_order.asp 标记已处理订单的程序如下：

```
<!--#include file="../../config.asp"-->
<!--#include file="../check_admin.asp"-->
<%
if request("mark_orderID")<>"" then
```

```
    set rs=server.createobject("adodb.recordset")
    sql="update 订单表 set 是否处理='"&request("mark")&"' where
订单ID='"&request("mark_orderID")&"'"
    rs.open sql,conn,1,1
  if Err.Number>0 then
    response.write "对不起，数据库处理有错误，请稍候再试..."
       response.end
  else
      response.redirect(request.serverVariables("Http_REFERER"))
    end if
end if
rs.close
set rs=nothing
conn.close
set conn=nothing
%>
```

03 后台客户订单列表的设计页面 order_list.asp 如图 12-28 所示。该页面中有"订单查询"功能，还有订单的详细结果，这些技术在前面的页面制作中已经介绍过，不同的地方在于"订单号："一栏，该栏有删除订单功能。

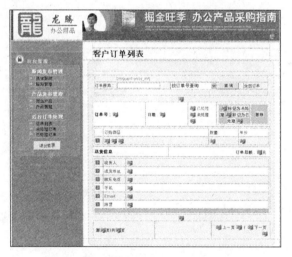

图 12-28　客户订单列表

下面将该行的代码列出进行分析说明：

```
<tr>
<td width="30%" bgcolor="#FFFFFF"><strong>订单号：<%=rs_order("订单ID")%>
//显示处理的订单编号
</strong></td>
 <td width="24%" bgcolor="#FFFFFF">日期：<%=rs_order("订单日期")%></td>
  <td width="16%" bgcolor="#FFFFFF"> <%
    if rs_order("是否处理")=1 then
    %> <font color="#FF6600">已处理</font>
<%
    else
    %> <font color="#0033FF">未处理</font> <%end if%> </td>
```

```
//如果查得"是否处理"的值为1，那么显示为已处理，否则显示为未处理
<td width="30%" bgcolor="#FFFFFF"><table width="100%" border="0"
cellspacing="3"
    cellpadding="0">
<tr>
 <td width="65%" align="center" valign="middle" bgcolor="#C4DCB6"
 onMouseOver="mOvr(this,'#79B43D');" onMouseOut="mOut(this,'#C4DCB6');" >
    <%
    if rs_order("是否处理")=1 then
    %>
    <a href="mark_order.asp?mark_orderID=<%=rs_order("订单ID")%>&mark=0">
标记为未处理</a>
    <%
    else
    %>
       <a href="mark_order.asp?mark_orderID=<%=rs_order("订单ID")%>
&mark=1">
    标记为已处理</a>
    <%end if%>
    //标记是否为处理的订单，并通过订单ID号设置连接页面
</td>
 <td width="35%" align="center" valign="middle" bgcolor="#C4DCB6"
 onMouseOver="mOvr(this,'#79B43D');" onMouseOut="mOut(this,'#C4DCB6');" >
 <a href="del_order.asp?del_orderID=<%=rs_order("订单ID")%>" onClick="return
confirm('
真的要删除这份订单吗？')">删除
    //通过订单ID删除选择的订单
</a></td>
 </tr>
 </table></td>
  </tr>
```

04 未处理客户订单列表 order_list_mark0.asp 是显示所有未处理的客户订单页面，完成的设计效果如图 12-29 所示。该页面的制作同 order_list.asp 相比较，除减少了搜索功能外，该页面中显示的是 rs_order("是否处理")=1 的所有未处理订单。具体的代码查看下载资源中的源代码。

05 已处理客户订单列表 order_list_mark1.asp 和未处理客户订单列表是相对的功能页面，rs_order("是否处理")的值不等于1的情况下的订单都会显示在该页面，完成后的效果如图 12-30 所示。具体的代码查看下载资源中的源代码。

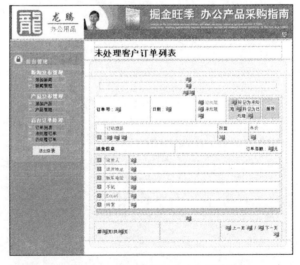

图 12-29　显示未处理客户订单页面

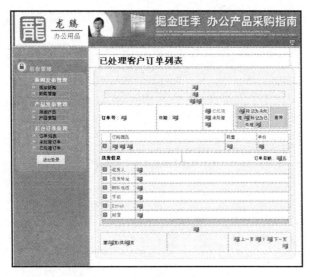

图 12-30　未处理客户订单列表

通过上面的订单处理后台管理页面可以看出，设计的思路主要是对编辑过的订单赋值，通过赋值情况的不同再分别区分为已处理订单和未处理订单。

12.7.3　商品管理

文件夹用来放置商品管理的页面product_admin，主要包括了以下 9 个页面，这是购物的重点，涉及上传图片等高难度编程操作。

- del_product.asp：删除商品页面。
- insert_product.asp：插入商品页面。
- product_add.asp：添加商品信息页面。
- product_list.asp：后台管理商品列表页面。
- product_modify.asp：更新商品信息页面。
- update_product.asp：建立上传商品命令动态页面。
- upfile.asp：实现文件上传测试页面。
- upfile.htm：实现图片上传测试页面。
- upload_5xsoft.inc：上传文件 ASP 命令模板。

提　示

> 技术难度主要在于图片的上传功能，这 9 个页面中的上传文件测试动态页面（upfile.asp）和上传图片文件静态测试页面（upfile.htm）是与本系统不相关的页面，单独列出是为了说明如何上传图片。

01 删除商品页面 del_product.asp 只是删除商品的动态页面，代码在前面的删除功能中经常使用到，具体的代码如下：

```
<!--#include file="../../config.asp"-->
<!--#include file="../check_admin.asp"-->
<%
if request("del_productID")<>"" then
```

```
    conn.execute("delete * from 商品表 WHERE 商品 ID=
"&CInt(request("del_productID")))
    conn.execute("delete * from 订单商品 WHERE 商品 ID=
'"&request("del_productID")&"'")
  if Err.Number>0 then
    response.write "对不起，数据库处理有错误，请稍候再试..."
      response.end
  else
      conn.close
      set conn=nothing
    response.redirect "product_list.asp"
    end if
else
    conn.close
    set conn=nothing
    response.Redirect(request.serverVariables("Http_REFERER"))
end if
%>
```

02 插入商品页面 insert_product.asp 是一段插入记录的代码，其中引用了 upload_5xsoft.inc 的程序代码，具体的分析如下：

```
<!--#include file="../../config.asp"-->
<!--#include file="../check_admin.asp"-->
<!--#include file="../../main_menu.asp"-->
<!--#include FILE="upload_5xsoft.inc"-->
<%'OPTION EXPLICIT%>
<%Server.ScriptTimeOut=5000%>
<%
dim upload,file,formName,formPath,imageName
imageName=""
set upload=new upload_5xsoft
//建立上传对象
if upload.form("filepath")="" then   //'得到上传目录
 set upload=nothing
 response.end
else
 formPath=upload.form("filepath")
 //在目录后加(/)
 if right(formPath,1)<>"/" then formPath=formPath&"/"
end if

for each formName in upload.objFile
//列出所有上传了的文件
 set file=upload.file(formName)
//生成一个文件对象
 if file.FileSize>0 then
//如果 FileSize > 0 说明有文件数据
  file.SaveAs Server.mappath(formPath&file.FileName)
  //保存文件
  'response.write file.FilePath&file.FileName&" ("&file.FileSize&") =>
```

```
     "&formPath&File.FileName&" 成功!<br>"
        imageName=File.FileName
   end if
   set file=nothing
 next
    //删除此对象
 'sub HtmEnd(Msg)
 ' set upload=nothing
  'response.write "<br>"&Msg&" [<a href=""javascript:history.back();"">
返回</a>]</body></html>"
  'response.end
 'end sub
 'for each formName in upload.objForm
 //列出所有 form 数据
 ' response.write "pro_chandi="&upload.form("pro_chand")&"<br>"
 'next
 %>
 <%
 Dim root_class,this_class
 this_class=CStr(Left(CLng(upload.form("pro_bianma")),4))
 root_class=CStr(Left(CLng(upload.form("pro_bianma")),2))
 if upload.form("pro_mingcheng")<>"" then
     pro_mingcheng=upload.form("pro_mingcheng")
     pro_bianma=CStr(upload.form("pro_bianma"))
     pro_tiaoxingma=upload.form("pro_tiaoxingma")
     pro_jiage=upload.form("pro_jiage")
     pro_chandi=upload.form("pro_chandi")
     pro_danwei=upload.form("pro_danwei")
     pro_guige=upload.form("pro_guige")
     pro_zaijia=upload.form("pro_zaijia")
     pro_tuijian=upload.form("pro_tuijian")
     pro_shuoming=upload.form("pro_shuoming")
 conn.execute("insert into 商品表(商品名称,商品编码,条码,零售价,产地,单位,规格,商品
图片,子类别 ID,根类别 ID,在架状态,主页推荐,商品说明)
 values ('"&pro_mingcheng&"','"&pro_bianma&"','
  "&pro_tiaoxingma&"','"&pro_jiage&"','"&pro_chandi&"','"&pro_danwei&"','"&
pro_guige&"','"
    &imageName&"','"&this_class&"','"&root_class&"','"&pro_zaijia&"','"&pro_t
uijian&"',
   '"&pro_shuoming&"')")
 //进行各数据的插入更新操作
 end if
 if Err.Number>0 then
    response.write "对不起，数据库处理有错误，请稍候再试..."
    response.end
 else
     conn.close
     set conn=nothing
     set upload=nothing
     response.Redirect("product_add.asp?return_inf=添加商品信息成功,请继续添加! ")
```

```
end if
%>
```

03 添加商品信息页面 product_add.asp 与用户注册系统的用户信息输入页面基本相同，只是多了商品图片上传功能，页面上的内容为表单中建立的相应的动态对象。设计的效果如图 12-31 所示。

04 后台管理商品列表页面 product_list.asp 的效果如图 12-32 所示。页面中列出了商品的信息，如是否有图片、商品价格等，主要是后面的"修改"及"删除"功能，通过单击"修改"命令能打开更新商品信息页面 product_modify.asp 进行商品更新。

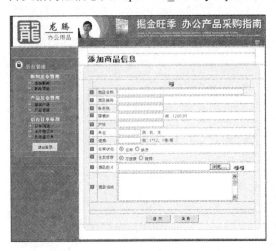

图 12-31　设计的添加商品信息页面　　　　图 12-32　设计的后台管理商品列表页面

05 更新商品信息页面 product_modify.asp 的设计同新闻系统中的更新新闻功能一样。设计方法略，可以打开下载资源中的源代码进行学习参考。完成的设计效果如图 12-33 所示。

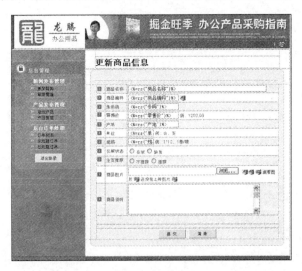

图 12-33　更新商品信息

06 单击更新商品信息页面 product_modify.asp 中的"提交"按钮后，主要通过建立上传命令动态页面 update_product.asp 实现。该动态页面的功能命令同插入商品页面 insert_product.asp 一样，难点在于图片的上传更新。请打开源代码进行学习。

07 上传文件测试页面 upfile.asp、上传图片文件测试页面 upfile.htm、上传文件 ASP 命令模板 upload_5xsoft.inc 是为了方便企业建立购物车时单独调用的，下载资源里面也有详细的程序解释说明。

12.8　辅助页面的制作

网上购物系统通过上面几个小节的分析与设计，在购物及后台管理上基本已经完成，但还有很多的说明页面，如制作与购物相关的一些说明页面（client.asp）、用来说明售后服务的页面（service.asp）、关于企业的内容简介页面（about_us.asp）等，需要由企业自身出发，在页面中输入与企业相关的一些信息及购物说明。关于购物车其他的说明页面这里也不再介绍，主要对购物流程进行举例说明。网上购物系统要根据开发的系统设计一个购物流程，在首页或者是其他功能页面说明购物、结算、售后服务等详细的过程。这也要与企业自己的物流配送相结合。

到这里一个功能完善的购物车就设计完毕了。通过购物车程序，读者可以掌握如何利用ASP实现一个购物车的基本思路，主要涉及的技术是通过ASP内建对象Request、Response、Session、Application的应用实现购物的采购统计结算功能。其中，主要是通过Session的应用来实现购物车的暂时存储功能。

第 13 章　网站推广与搜索引擎优化

本章主要介绍搜索引擎的结构及如何正确优化搜索引擎。搜索引擎优化（Search Engine Optimization，SEO）用英文描述就是to use some technics to make your website in the top places in Search Engine when somebody is using Search Engine to find something。搜索引擎优化是针对搜索引擎对网页的检索特点，让网站建设各项基本要素适合搜索引擎的检索原则，从而使搜索引擎收录尽可能多的网页，并在搜索引擎自然检索结果中排名靠前，最终达到网站推广的目的。

本章重要知识点 >>>>>>>>>>

- 搜索引擎的基础
- 正确制作 SEO 方案
- SEO 构建网站
- 网站的关键字
- SEO 的问题和解决方法

13.1　搜索引擎基础

早期的互联网只是一些用户可以下载（或上传）文件的 FTP（File Transfer Protocol，文件传输协议）站点。要在这些站点中寻找某个文件，用户只能逐个地浏览文件。而如今在互联网上寻找信息基本上都会在某个主流搜索引擎输入需要查找的单词或短语，然后逐个地点击搜索结果。

13.1.1　什么是搜索引擎

在搜索框中输入单词或短语，然后单击"搜索"按钮，就会看到成千上万的相关网页。接着要做的就是打开这些网页，寻找所需要的东西。除了"搜索要寻找的东西"这个泛泛的概念外，搜索引擎的准确定义是什么？搜索引擎主要由两部分组成。在搜索引擎的后台，有一些用于搜集网页信息的程序。所收集的信息一般是能表明网站内容（包括网页本身、网页的URL地址、构成网页的代码以及进出网页的链接）的关键字或短语，接着将这些信息的索引存放到数据库中。而在前端，是供用户输入搜索词（单词或短语）的用户界面。当用户单击"搜索"按钮时，算法就会在后台的数据库中查找信息，将与用户输入的搜索词相匹配的网页呈现给用户。

13.1.2　搜索引擎的基本结构

现在读者应该对搜索引擎的工作原理有了粗略的了解，但真正的搜索引擎远比你想象的复杂。实际上，搜索引擎是由多个部分组成的。

1. 查询界面

查询界面（query interface）是人们最熟悉的部分。当人们提到"搜索引擎"时，想到的通常也是搜索引擎的查询界面。查询界面就是用户访问搜索引擎时输入搜索词的页面。以前搜索引擎的界面就像图 13-1 所示的ask.com的网页。其界面只是一个简单的网页，只有一个启动搜索的按钮。

图 13-1　ask.com 的查询界面

现在，网上很多搜索引擎的查询界面中都加入了越来越多个性化的内容，以增强其功能。例如Yahoo!Search，用户可以根据自己的需求自行定制搜索页面，包括免费电子邮箱账户、天气信息、时政新闻、体育新闻等各种能吸引用户使用搜索引擎的元素。

另一种定制搜索引擎界面的方式类似于Google提供的功能。用户可以根据自己的需求和喜好在Google搜索引擎的主页上添加小工具。

从搜索引擎的角度来说，Google的用户界面为我们获得目标受众提供了更强大的功能。因为不仅仅可以为获得更好的搜索排名而优化网站，同时如果网站上有某种实用的工具或功能，还可以让用户通过Google提供的API（Application Programming Interface，应用程序编程接口）来访问这些工具或功能。只要用户添加了这些小工具，就能从Google的主页上调用它。如果进行搜索引擎优化的目的是尽可能地提高自己的曝光率，那么做一个能添加Google个性化首页的小工具无疑是实现这个目标的好办法。

2. 爬虫、蜘蛛和机器人

查询界面是用户唯一能看到的搜索引擎组件。搜索引擎的其他部分都隐藏在后台，就算天天都在用搜索引擎的人也看不到。藏在幕后的部分并非不重要，恰恰相反，这些看不到的部分才是搜索引擎最重要的部分。

如果对互联网有所了解，那么就应该听过爬虫、蜘蛛和机器人。这些小东西在互联网上抓取网页，并将其整理成可搜索的数据。从基本的原理来说，爬虫、蜘蛛和机器人这 3 种程序都是一样的。它们都是逐个地"收集"每个URL信息，并把这些信息按照URL的位置进行整理，存放到数据库中。当用户在搜索引擎中进行查询时就会搜索数据库中的相关信息，并将搜索结果返回给用户。

3. 数据库

每个搜索引擎都有自己的数据库系统，或是会连接到某个数据库系统。这个数据库中存放着网络中的各种URL信息（爬虫、蜘蛛和机器人搜集来的）。可以用不同的方法存储这些数据，通常各个搜索引擎公司还会有自己的一套方法对这些数据进行排序。

4. 搜索算法

搜索引擎的各个部分都非常重要，缺一不可，但其中的搜索算法（search algorithm）是使得各个部分能正常运行的关键所在。更确切地说，搜索算法是构建搜索引擎其他各个部分的基础。搜索引擎的工作方法或用户发现数据的方式都是以搜索引擎算法为基础的。笼统地说，搜索算法就是一个解决问题的过程：获取问题，找出若干个可能的答案，然后将这些答案返回给提出问题的人。

不同的搜索算法在细节上存在着差异。搜索算法可以分为若干种不同的类型，而每个搜索引擎所使用的算法又或多或少存在着区别。这就解释了为什么同一个单词或短语在不同的搜索引擎中会得到不同的搜索结果。常见的搜索算法可以分为以下几种类型。

- 列表搜索（list search）：列表搜索算法是在指定的数据中根据某一个关键字进行搜索。这种搜索数据的方法是一种完全性的、基于列表的方法。列表搜索的结果通常都只有一个元素，这意味着用这种方法在数十亿的网站中进行搜索将会非常耗时，只得到较少的搜索结果。
- 树搜索（tree search）：先在脑海中想象出一棵树。现在从这棵树的根部或者叶子开始巡视这棵树，这就是树搜索的工作方式。该算法可以从数据最宽广的叶子部分开始，一直搜索到最狭窄的根部；也可以从最狭窄的根部开始，一直搜索到最宽广的叶子部分。数据集就像一棵树：一份数据通过分支与其他数据发生联系，这就像 Web 是网页的组织方式一样。树搜索并不是唯一一种能成功用于 Web 搜索的算法，但是它确实非常适用于 Web 搜索。
- SQL 搜索（SQL search）：树搜索的一个缺陷是它只能逐层地进行搜索，也就是说，它只能根据数据的次序从一项数据搜索到另一项数据。而 SQL 搜索就没有这种局限性，它允许以非逐层式搜索，这意味着可以从数据的任意一个子集开始搜索。
- 启发式搜索（informed search）：启发式搜索算法是在类似树结构的数据集中查找给定问题的答案。启发式搜索并不是 Web 搜索的最佳选择，但是，启发式搜索非常适用于在特定的数据集中执行特定的查询。
- 敌对搜索（adversarial search）：敌对搜索算法试图穷举问题的所有答案，这就像在游戏中试图寻找所有可能的解决方案。该算法很难用于 Web 搜索，因为在网络上，无论是一个单词还是一个短评，都几乎会有无穷多的搜索结果。
- 约束满足搜索（constraint satisfaction search）：在网络上搜索某个单词或短语时，约束满足搜索算法的搜索结果最有可能满足你的需求。该搜索算法通过满足一系列的约束来寻找答案，并且可以用各种不同的方式来搜索数据集，而不必局限于线性搜索。约束满足搜索非常适用于 Web 搜索。

在构建搜索引擎时只有很少几种搜索算法可供选择。搜索引擎通常都会同时使用多种搜索算法，并且在大部分情况下还会创建一些专有的搜索算法。例如，搜索护士长在搜索引擎的搜索结果中的排名，了解一下所面对的搜索引擎的原理是很重要的。只有明白了它们的原理，才能知道如何满足搜索引擎的搜索要求，尽可能地增加网站的曝光率。

5. 检索和排序

网络搜索引擎的数据检索是由爬虫（也称为蜘蛛或机器人）、数据库以及搜索算法共同完成的。这三个部分相互配合，根据用户在搜索引擎用户界面中输入的单词或短语从数据库中检索出所需的数据。

真正棘手的事情是搜索结果的排序。我们将耗费大量的时间和精力，试图去改变排序的结果，网页在搜索引擎中的排名决定了人们能有多大的概率访问到该网页，这无疑会影响到包括收益和广告预算在内的所有事情。不过，想要确切地知道搜索引擎的排序方法几乎是不可能的。

在通常情况下，所能做的只是根据搜索结果，猜测搜索引擎对结果的排序方法，据此修改网页，从而提高网页的排名。不过要记住，尽管数据检索和结果排序在本书是分为两个部分介绍的，但是它们实际上都属于搜索算法的范畴。将两者分别单独列出来是为了帮助读者更好地理解搜索引擎的原理。

排序在搜索引擎优化中扮演着至关重要的角色，因此在本书中会很频繁地涉及这个概念。本书会从各个方面讨论与结果排序有关的内容。不过先来看看有哪些因素会影响到网页在搜索结果中的排名。请务必谨记，各个搜索引擎所使用的排序标准是不一样的，所以下面这些因素在不同的搜索引擎中的重要性也是不一样的。

- 位置（location）：这里所说的位置并不是网页的位置（也就是 URL），而是网页中关键单词或关键短语的位置。举个例子，如果用户搜索"puppies"这个单词，有些搜索引擎就会根据网页中单词"puppies"出现的位置对结果进行排序。显然，网页中这个单词出现的位置越靠前，其排名也就可能越高。所以，如果某个网站的 title 标签中含有"puppies"的网站，那么其排名会比较靠前。从中可以看出，没有经过 SEO 的网站很难获得其应用的排名。例如 www.puppies.com 就是这样的一个例子。在 Google 的搜索结果中，它排在第五位，而不是第一位，其 title 标签中没有关键字无疑是最值得怀疑的原因。

- 频率（frequency）：关键字在网页中出现的频率也有可能会影响到网页在搜索结果中的排名。比如，还是 puppies 的网页，如果某个网页使用了 5 次这个单词，其排名就很可能高于只使用了两三次这个单词的网页。由于关键字出现的频率会影响排名，因此部分网站设计人员就将大量重复的关键字隐藏在网页中，企图人为地提高网页的排名。现在大部分的搜索引擎都将这种类型的关键字视为垃圾关键字，在排名时会忽略这些关键字，这种网页甚至有可能会被搜索引擎屏蔽。

- 链接（links）：网页中链接的类型和数量是一种新出现的影响排名的因素。进出网站的以及网站内部的链接数量都有可能影响排名结果。根据这个原理，如果网页中的链接越多，或是指向这个网页的链接越多，那么该网站的排名应该就会越高，但事实上并不是每个搜索引擎都是如此。更准确地说，指向该网页的链接的数量与该网页内部的链接数量的比值，及其与网页指向外部的链接数量的比值，对网页在搜索中的排名是至关重要的。

- 点击次数（click-throughs）：最后一个有可能影响网站在搜索结果中排名的因素就是网站的点击次数是否高于参与排序的其他网页。因为搜索引擎无法监视每个搜索结果所获得的点击次数。根据用户对搜索结果的反馈，点击次数的多少就有可能会对将来搜索结果的排序产生影响。

网页排序是一门非常严谨的科学，而各个搜索引擎的排序方法也存在着一些差别。所以，如果网站想要得到最好的搜索引擎优化效果，就必须对所关注的搜索引擎的网页排序方法有所了解。在创建、修改或更新要优化的网站时，就应该考虑到各种可能影响到网页排名的因素，并尽可能地利用这些因素来提高网页的排名。

13.2　正确制作 SEO 方案

在开始为搜索引擎优化网站之前，首先要制定一个搜索引擎优化方案。这将有助于设定SEO的目标，时刻将其作为网站修改的目的，并据此不断改进搜索引擎优化的策略。

13.2.1　设定SEO目标

明白了SEO的重要性，现在来看看具体该怎么做。在实现目标之前，不要盲目地开始实施SEO策略。跟各种技术方案一样，很多SEO方案失败的原因就是没有明确的目标。要根据业务需求设定SEO方案的目标，并不是所有的业务都需要SEO。如果仅仅是运营一个简单的博客，就不值得做SEO。

如果有更大的业务，比如销售图书类的网站，扩大业务（有可能增加 50%的销售）的一个办法就是投入时间、金钱和足够的精力针对搜索引擎对网站进行优化，其前提是要确定好优化的目标。

在销售书籍网站的这个例子中，优化的目标有两个：首先是增加网站的访问人数；其次是向外地的潜在客户展示产品和服务。

所以在制定SEO方案之前，首先要确定你所想要达到的目标。要明确详细地设定SEO目标，目标越具体，就越容易实现。

要确保目标是具体的、可实现的。有些情况下，如果只是为了SEO而SEO，就有可能一无所获。搜索引擎会不断地修改网站排名的规则。最开始可能会考虑网站内部、进行网站的链接数。突然，所有的网站管理员都开始在网站上添加大量的无关链接。这样就会导致垃圾链接的数量大增。不用多久，搜索引擎就会在链接规则中加入其他的要求，以消除这些垃圾链接对网站排名的影响。

现在的链接策略已经非常复杂，必须遵守一大堆的规则，否则网站就有可能会被搜索引擎屏蔽，这也被称为SEO作弊（SEO spam）。仅仅追求搜索引擎中的某一个排名因素是不可能获得最高排名的。只有正确地设定好SEO的目标，才有可能获得均匀的流量增长，这自然就会提高网站在搜索引擎中的排名。

除了明确目标外，还要考虑如何才能使SEO目标契合商业目标。商业目标才是网站的最终目的，所以，如果SEO的目标与商业目标相冲突，那就注定会失败。要确保SEO目标符合整体商业目标。

最后一点是，要时刻根据具体情况调整目标。设定一个目标或者是一系列目标，这对于SEO活动反而是不利的。不过SEO目标和方案跟其他类型的方案一样，也要具有一定的灵活性，要根据实际情况的变化而变化。从这点考虑，应该要有计划地对SEO目标和方案进行评估，至少每6个月要评估一次，如果能每季度进行一次评估就更好了。

13.2.2 制定SEO方案

在明确网站的目标后就应该开始制定SEO方案了。SEO方案就是对网站实施SEO策略的书面依据。

1. 确定网页的优先次序

先从细节方面来看SEO。不是看整个网站，而是只关注网站中的一个个网页，先确定每个网页的等级，然后根据各个网页的等级来制定SEO方案。等级最高的网页应该是那些访问者最多的页面，比如网站的首页，或是流量最大、有3个优先级最高的页面，那么在进行SEO和市场营销时，绝大部分的时间、经费和努力都会投入到这3个网页上。

2. 网站评估

在确定了网页的优先级之后，就要对网站的现状进行评估，确定哪些地方应该保持不变、哪些地方需要针对搜索引擎进行优化。要逐个地对网页进行评估，而不是对整个网站进行评估。在SEO中，单个网页的重要性跟整个网站的重要性是等同的，有时甚至比整个网站还重要。最终目的就是要让某个网页在搜索结果中获得最好的排名。要根据具体的商业需求才能确定最重要的网页是哪个。

SEO评估应该罗列出每个网页上各个主要SEO元素的现状，包括的内容应该有所评估的元素的名称、当前的状态、需要做哪些改进、改进完成的期限。因为SEO是没有终点的，所以每个项目都应该有一个相应的复选框，用来标记该项改进是否完成，同时还应该有一列表格用于记录后续信息。在进行评估时应该考虑到以下元素。

- 网站和网页的标签：网站代码中的元标签是搜索引擎对网站进行分类的基本依据。其中需要特别关注的是标题标签（title tag）和描述标签（description tag），这两者对于搜索引擎是最重要的。
- 网页内容：内容有多新鲜？内容之间的关联度如何？更新的频率高低？内容充实与否？对于搜索结果来说，内容还是很重要的。无论人们要寻找的是一个产品还是一条信息，这都属于网页的内容。如果网站的内容过于陈旧，搜索引擎最终会忽略你的网站，而偏向于那些内容及时更新的网站。但也有例外，如网站的内容很充实，而且这些内容并不需要经常更新。因为这些内容永远都是有用的，所以即使是不经常更新也有可能获得很好的排名。但是很难判断我们的网站是否存在这种情况，在大部分情况下网站的内容还是越新鲜越好。
- 网站链接：网站链接是 SEO 过程中必须要考虑的因素。爬虫和蜘蛛就是通过进出网站的链接对网站进行遍历，并收集各个 URL 的信息。不过它们还会根据上下文对链接进行分析，链接必须来自或指向与当前被索引网页相关的网站。失效链接会严重影响搜索引擎的排名，所以要仔细检查每个链接，确保每个链接在整个评估过程中都是可以访问的。

- 网站地图：可能有人不相信，网站地图有助于网站被准确地链接。但这里说的网站地图并不是帮助访问者快速地寻找网站内容的普通网站地图，而是一份位于 HTML 根目录下的 XML 文档，其中含有网站中每个网页的信息（包括 URL、最近更新日期、与其他网页的关系等）。这个 XML 文档可以确保网站中深层次的网页也能顺利地被搜索引擎索引。

3. 制定方案

在完成对网站的评估之后，就能知道哪些地方需要改进、哪些地方可以保持现状，以确定 SEO 的工作重点。但是，SEO 计划并不仅仅是标明哪些地方要修改，或者哪些地方要保持原状。所有的信息（当前的状况、市场营销、所需资金、时间安排等）都要整合到这份文档中。

SEO 方案跟商业方案之类的方案没有什么区别。在方案中要包括背景信息、市场信息、业务增长计划以及如何应对可能出现的问题。SEO 方案也是如此，其中要包括当前的状况、计划实现的目标、每个网页的营销计划（或者是整个网站的营销计划），甚至还应该包括实施该 SEO 方案所需的经费开支。

在方案中，还需列出计划使用的策略。这些策略可以是将网站或网页人工提交到网页分类目录中和添加能吸引搜索爬虫的内容，或者是使用关键字营销或竞价排名，还要为这些策略的测试和实施以及对落实情况的监督安排好时间。

13.3 用 SEO 构建网站

SEO 是一个持续的过程，不要贪大求全，不要一次性实施过多的策略，否则会出现以下两种你不愿意见到的情况。

（1）无法知道哪种策略是成功的。一次实施一条策略就能分辨出哪些策略是有效的，而哪些是无效的。

（2）一次实施过多的策略会使得所有的努力陷于混乱，甚至连那些原本有效的策略也无法发挥作用。

用 SEO 构建网站时，首先要关注的是构建网站的方式。最能吸引搜索引擎爬虫的就是网站的设计、标签、链接、导航栏结构以及网站的内容。

13.3.1 构建目标

在开始构建网站之前，应该知道哪些搜索引擎对于网站是最重要的。搜索引擎分为不同的类型，包括主流搜索引擎、二级搜索引擎以及专用搜索引擎。此外，还可以根据搜索引擎索引和分类信息的方式对其进行分类，可分为如下 3 种搜索引擎。

- 基于爬虫的搜索引擎（crawler-based engine）：比如 Google，是通过自动化的软件代理对网站进行访问、读取和索引。爬虫将所收集到的所有信息都返回到中心服务器，这就是索引。搜索引擎的结果就来自于这些。基于爬虫的搜索引擎会根据管理员指定的时间间隔反复地访问网页。

- 人力搜索引擎（human-powered engine）：人力搜索引擎依赖于人们为其提交信息用于索引并转化为搜索结果。有时人力搜索引擎也被称为分类目录。Yahoo！就曾经是一个人力搜索引擎。最初，Yahoo！只是两个创始人为了方便共享有意思的网站而创建的收藏夹。

- 混合搜索引擎：混合搜索引擎既不完全依赖于网络爬虫，也不完全依赖于人们提交的信息。顾名思义，混合搜索引擎是这两者的混合体。在混合搜索引擎中，人们可以手动地提交网站信息作为搜索结果，同时也会有网络爬虫自动地收录网络中的网站。现在大部分的搜索引擎都在一定程度上趋向混合搜索引擎。很多搜索引擎主要是依靠爬虫，同时人们也能通过某些方式输入网站的信息。

一定要理解这三种搜索引擎之间的区别，因为网站在搜索引擎中的最终地位与其被索引的时间有直接的关系。例如，完全自动化的搜索引擎通过网络爬虫索引网站的时间可能会比人力搜索引擎早几个星期（甚至是几个月）。原因很简单，网络爬虫是一个自动化的程序，而人力搜索引擎在将网站纳入其搜索结果之前还需要认真的检查。

无论什么情况，搜索引擎的准确度都取决于所使用的查询词。例如，人力搜索引擎中的条目从技术上说应该更加准确，但是搜索时所使用的搜索词决定了是否能得到所需的结果。

13.3.2 页面元素

在建站之前需要考虑的另一个SEO因素就是要确保网站上各个元素能被搜索引擎正确地索引。不同的页面元素在不同的搜索引擎中有着不同的重要性。例如，Google是典型的关键字驱动的搜索引擎，但它还是会关注网站的受欢迎程度以及网页上的标签和链接。

网站在搜索引擎中的排名取决于网页中各个元素是否符合搜索引擎的标准。有些标准是每个搜索引擎都会关注的，包括网站的文本（关键字）、标签（包括HTML标签和元标签）、网站链接以及网站的流行度。

1. 文本

无论何种网站，文本都是最重要的元素，尤其重要的是网页文本中的关键字，包括关键字出现的位置、出现的频率。在搜索引擎索引网站并将其作为搜索结果呈现时，关键字是最重要的页面元素。

关键字必须与访问者搜索网站时所使用的单词或短语（或者是网站上的话题或商品名称）保持一致。为了确保关键字是有效的，需要花一些时间来了解哪些关键字是最适合你的网站的，也就是通过关键字搜索来判断你所选择的关键字是否有效。

2. 标签

在搜索引擎优化中，有两种标签是很重要的：元标签和HTML标签。从技术上说，元标签实际上就是出现在特定位置的HTML标签。最重要的两种元标签是关键字标签和描述标签。

关键字标签中列出了网站的关键字。在搜索引擎优化页面中的关键字标签形式如下：

```
<meta name="keywords " content="关键字一,关键字二,关键字三,关键字四">
```

描述标签则是对网页的简短介绍。在搜索引擎优化页面中，其形式如下：

```
<meta name="description" content="对关键字的描述">
```

并不是所有的搜索引擎都会考虑到元标签。所以，在使用元标签的同时，还要配合使用其他的HTML标签。在网页上使用的其他HTML标签包括title标签、顶级标题（即h1）标签及其锚链标签。

title标签用于指定网页的标题，形式如下：

```
<title>网页标题</title>
```

设置好title标签后，在用户打开你的网站时，标题会显示在浏览器的标签中，如图 13-2 所示。

图 13-2　标题显示在浏览器标签中

在爬虫检索网站时，顶级标题（h1）也是很重要的。关键字应该出现在用于创建h1 标题的标签中。h1 标签的形式如下：

```
<h1>关键字</h1>
```

锚链标签用于创建页面之间的链接。锚链可以将用户带到另一个网页、网络上的某个文件，甚至是图片或音频文件。你最熟悉的锚链标签应该是用于创建指向另一个网站的链接。锚链标签的形式如下：

```
<a href=http://www.******.com/>******</a>
```

锚链标签可以与之前介绍的其他标签配合使用。链接可以是基于文本的，这段文本是搜索引擎优化中需要关注的。网站中有多少带下划线的文本？其中有多少是与网站主题相关的？这些链接都需要进行优化。当搜索引擎爬虫检索网页时，它会对链接进行检查。

3. 链接

有意义的链接必须是与网站内容密切相关的，而且必须是指向真实网站的有效链接。死链接会降低网站的搜索引擎排名。链接一直以来都是网站排名的重要因素，但是链接的泛滥却是在Google成为搜索领域的霸主之后的这几年才开始大量出现的。

当链接成为网站排序的依据之后，有些黑帽SEO试图以这种形式获得更好的搜索引擎排名。

搜索引擎的管理员很快就发现了这种作弊行为，并对与链接相关的排名标准做了改进。现在链接已经没有多大意义了，但是网站中的链接还是非常重要的。链接显示了网站与整个社区（网络上的其他网站）之间的交互情况，也说明了网站在网络中的地位。链接并不是唯一的排名标准，甚至也不是最重要的排名标准，但是链接对排名的意义还是重大的。

4. 流行度

在建站之前还需要考虑网站的流行度。很多搜索引擎都会将用户在搜索结果中点击网站的次数作为排序的依据之一。在搜索结果中被用户点击的次数越多，网站的排名也就越高。

对于建站的人来说，在建站时就要通过广告、新闻邮件等各种渠道对网站进行宣传。这样在网站正式发布时就能取得事半功倍的效果，当然这并不是一件容易的事。

为搜索引擎优化网站就是为了提高网站的流行度。而网站在搜索引擎中的排名又取决于网站的流行程度。没有什么便捷的方法能解决这个问题，需要时间和持之以恒的努力才能将访问者吸引到你的网站。

5. 其他标准

在网站中除了要考虑上述 4 种主要元素外，还有一些需要考虑的元素。例如，爬虫在索引网站时会检查其中的粗体字。粗体字中必须有足够多的关键字才能吸引爬虫的注意力，当然也不能做得太过，让人觉得是关键字的堆砌。

图片和链接的备选标签也很重要。当网站无法正常显示时，这些标签会对网站上的图片做一个简要的介绍。备选标签也被称为alt标签（alt tag），用于在图片无法正常显示时显示一段对图片的简要描述，告诉访问者那里本应该是什么，也可以在alt标签中添加关键字。

13.3.3　网站优化

网站优化就是研究如何创建一个能被搜索引擎和分类目录收录的网站。听上去似乎很简单，但实际上要考虑很多问题，绝不仅仅是网站的关键字、链接和HTML标签。

在公司或个人设计网站时经常会问到这个问题：网站的主机服务提供商很重要吗？回答是否定的，但这并不是说可以随意地选择主机服务提供商。要在搜索结果中取得好的排名，在选择主机服务提供商时还是要注意以下两个问题。

- 最重要的就是主机服务提供商是否与你的公司位于同一个地方。如果你的公司在美国，而购买的服务器在英国，那么网站的搜索引擎排序必然会很糟糕。搜索引擎爬虫在读取网站时所记录的地理信息会与你公司的实际地理位置产生矛盾。因为不少搜索引擎会根据地理位置提供不同的搜索结果，而这种网站服务器位置与公司实际地理位置的差别会影响到网站的排名。

- 域名注册时间的长短也会影响到网站的搜索引擎排名。很多黑客所使用的域名都是"即用即丢"的，或者是注册时间不超过一年的域名，因为他们根本就不会为这些域名续费。因此，很多搜索引擎在排名时都会优先考虑注册时间较长的域名。域名的历史也反映出网站所有者对网站持之以恒的维护。

13.3.4　选取域名的技巧

SEO中所强调的是，网站的域名与其他SEO元素一样重要。做一个试验，用你最喜欢的搜索引擎搜索一个话题，比如"asphalt-paving business"，然后看看前 5 位的搜索结果。通常含有这些单词的网站都能在前 5 个结果中，甚至往往排名第一。

因此，如果公司的名称是ABC公司，但主营业务是销售肉豆蔻碎粒（nutmeg graters），那么最好能买下NutmegGraters.com域名，而不是ABC Company.com，后者不可能获得最好的搜索排名，而产品的具体名称则很有可能获得不错的排名。网站的内容和网站的域名都会引起网络爬虫的注意，所以使用含有关键字的域名通常都能提高网站的排名。

在选择域名时还需要考虑到其他的一些问题。

- 域名要尽可能地简短。域名太长容易造成拼写错误。除非域名很有特色，否则用户不可能记住太长的域名。
- 避免横杠、下划线等无意义的符号。即使中意的域名已经被别人注册了，也不要为了获得一个类似的域名而随意添加符号或数字。类似的域名是没有意义的，而应该去寻找另一个相关的单词。
- 尽量选择 net、org、com 等域名。现在可供选择的域名后缀有很多种，如.cn、.com、.info、.biz、.us、.tv、.names、.jobs 等。但是，net、org、com 等域名永远是最佳选择。对于用户来说，.com 是最自然的，.net、.org 是教育和国家政府方面的，而其他的后缀都会带来记忆上的麻烦。在搜索引擎中，com 域名也能获得比其他域名更高的排名。所以如果你的竞争对手的域名是 www.yoursite.com，而你所选择的是 www.yoursite.biz，那么你的网站在搜索结果中的排名就会低于竞争对手。

要记住，域名只是SEO策略的一个方面。在SEO中，域名的选择并不是最重要的，但它对SEO还是有一定影响的。

13.3.5　链接对SEO的影响

在互联网刚刚诞生的时候，在其引起普通大众的兴趣之前，有两种方法可以访问互联网中的某个网站：有想浏览网站的URL，或者是有人将该网页的链接发送给你。在那个年代还没有搜索引擎来帮助互联网用户寻找所需的内容。

尽管现在的搜索引擎功能已经非常强大，能帮助我们在互联网上搜索各种信息，但是网页间的链接依然是推广网站所必不可少的强大工具。而且链接能将相关的网站组织在一起，这对于网站在搜索引擎中的排名具有很大的提升作用。

链接策略已经形成一门颇为复杂的科学。仅仅是在网站的网页中加入几个链接是远远不够的。搜索引擎将链接分为若干种不同的类型，不恰当的处理甚至有可能会导致网站被搜索引擎从搜索结果中删除。

在思考链接对网站的影响时，应该看到链接已经成为互联网中流量的主要路径。如果在搜索引擎中搜索某个单词、点击搜索结果，就会被带到另一个网页。在浏览这个网页时，还会遇到指向其他网站的链接。除非关闭浏览器离开互联网，否则这个过程就会不断继续。即使是自己在浏览器中输入网页的URL，这个过程也是一样的。

如果与SEO联系最紧密的词是关键词，那么接下来的就是链接了。在搜索引擎爬虫给网站打分时，其权重不低于关键字。

链接的作用首先是将网站与其他相关网站链接起来。此外，链接还是一种增加网站访问量的途径。SEO的目的就是为了提高网站的访问量，从而增加商品的销量，这样才能实现事先设定的目标。

链接如此重要的另一个原因是从其他网站指向你的网站的链接就相当于是对网站价值的肯定。网站获得的链接越多，搜索引擎爬虫赋给网站的权重越高，这意味着网站能在搜索引擎中获得更好的排名。在诸如Google一类PageRank这样量化的排名因素的搜索引擎中更是如此。

13.4　网站的关键字

关键字可以用于网站的分类、索引，用户也能通过关键字查找其所需的网站，SEO产业的核心就是关键字及其使用。SEO顾问需要花费大量的时间为客户寻找合适的关键字。

容易被大众接受的有效关键字能使网站在成千上万的搜索结果中脱颖而出。关键字研究工具能帮助站长寻找适合网站的关键字，有助于搜索引擎优化。只有理解关键字的用途，知道如何查找和选择关键字，学会如何在网站中使用关键字，才能构建出有吸引力的成功网站。

13.4.1　选择合适的关键字

关键字确实是SEO中最关键的部分之一。关键字在很大程度上决定了网站在搜索引擎中的排名，同时还决定了用户能否找到你的网站。所以在选择关键字时，一定要确保选择了适合网站的关键字。但是，如何才能知道关键字的选择是否正确？

1. 关键字的分类

关键字的选择是否正确合理，决定网站是默默无闻还是成为用户在搜索结果中的首选。关键字可以分为两种。第一种是品牌关键字（brand keyword），就是跟公司品牌直接相关的关键字。这类关键字本身就已经跟网站紧密地绑定在一起了。第二种关键字就是通用关键字，通用关键字就是跟公司品牌没有直接联系的关键字。例如，TeenFashions.com网站，其所销售的是年轻人的服饰，所以诸如服饰、时尚品牌、牛仔裤、服装之类的词语就有可能成为该网站的通用关键字。

品牌关键字如果未使用业务名称、描述和种类中包含的关键字，那就是遗漏了品牌关键字。表面上并不一定要使用这些关键字，因为网站本身就已经跟这些关键字密切地联系在一起了，但如果其他人使用了这些关键字呢？那么原本属于你的访问量就会被别人轻易地夺走。

关键字还可以分为另外两类：需要付费的关键字（竞价排名）；无须付费的关键字（自然关键字）。

如果想要付费购买关键字，那就是竞价排名的范畴；如果偶然发现某个关键字适合网站，那就是自然关键字。

在为网站寻找合适的关键字时，首先应该从网站的业务开始。无论是什么业务，当人们想到这种业务时脑海中总会浮现出与产品和服务有关的单词。然后逐步地选择出最具体的单词和短语，这能提高网站访问量的针对性。

2. 竞价排名对SEO的影响

关于竞价排名营销和自然关键字营销的选择存在很大的争议。

一种观点认为，竞价排名会破坏关键字排名。持这种观点的人认为，付费购买排名的行为肯定会降低自然关键字的排名，所以对竞价持反对态度。

另一种观点认为，竞价排名对SEO没有影响。这似乎有点难以理解，因为付费购买搜索结果中的排名自然就会降低没有付费的网站的排名，这是显而易见的（这是支持第一种观点的）。但持第二种观点的人认为，即使不使用竞价排名，光是依靠自然关键字也能在搜索结果中获得一样的排名，只是需要更长的时间。

不过，在大多数人看来，同时使用竞价排名和自然关键字才是最佳答案，这样做的好处是显而易见的。大量的研究表明，在使用竞价排名的同时也对自然关键字进行优化对宣传的效率大有裨益。例如，出价购买的关键字排名在搜索结果的第二或第三，而且自然关键字的排名也不低，这样的效果比单独使用两者中的任何一种都要好。

有一点要注意，几乎所有的搜索引擎对竞价排名和自然关键字都是区别对待的。竞价排名对自然排名不会有任何影响。只有网站标签正确、关键字使用合理、内容丰富实用才能有助于自然排名。竞价排名只是一种搜索营销策略。

13.4.2 关键字密度

关键字密度实际上就是网页中关键字的数量和网页中单词总数的比值。所以，如果网页中有 1000 个单词，其中关键字（假设都是单个的关键字，而不是关键短语）出现了 10 次，那么关键字密度就是 1%。

合适的关键字密度是多少？部分专家认为关键字密度应该在 2%～8%之间。

如果在网页上毫无意义地滥用关键字，就会被搜索引擎视为堆砌关键字（keyword stuffing），这将会给网页的排名带来负面影响。

关键字密度太低对网站排名不利，关键字密度太高也对网站排名不利，但至少能通过竞争对手网页的源代码来查看对方的关键字密度。

提 示

通过竞争对手网站的源代码也能知道对方所使用的关键字。在最开头的几行源代码中就能找到网页的关键字。

在Internet Explorer中查看网页源代码的步骤如下：

01 打开 Internet Explorer，访问想要查看源代码的网页。

02 执行菜单"查看"|"源文件"命令，如图 13-3 所示。

03 选择源文件，系统会打开一个新窗口显示正在浏览的网页的源代码，如图 13-4 所示。

图 13-3　查看网页中的源文件

图 13-4　网页的源代码在一个新的"记事本"窗口中打开

这种方法不仅仅是查看竞争对手所使用的关键字的最好方法,还能知道对方是如何使用关键字的,以及关键字在网页中的密度。

13.4.3　避免关键字堆砌

本章前面已经提到过关键字堆砌,也就是在网页里加载大量的关键字,试图人为地提升网站在搜索引擎中的排名。根据网页类型的不同,关键字堆砌的衡量标准也不同,通常都是指在一个网页中数十次甚至上百次地重复使用某个关键字或关键短语,结果自然会使网站的排名下降或是彻底被搜索引擎屏蔽。

关键字堆砌是又一种应该避免的黑帽SEO技术。为了避免在不经意的情况下触及关键字堆砌的红线,在选择关键字时需要格外小心。在网站或是网站的元标签中放置关键字时也要小心。只有在必要的时候才使用关键字。如果没有必要,就不要为了提升网站排名而使用关键字,那样最终后果必然是事与愿违。

13.5　SEO 的问题和解决方法

SEO实施肯定都会遇到名式各样的问题。有些问题并不会带来大麻烦,比如关键字和元标签过期,但有些问题则会对SEO造成严重的影响。

13.5.1　网站被屏蔽

网站被搜索引擎(尤其是Google)屏蔽应该是最让人头疼的问题了。如果网站的客户和销售都依赖于网站在搜索引擎中的排名,那么网站被搜索引擎屏蔽无疑是一场灭顶之灾。就算只是被搜索引擎屏蔽一天,所带来的损失都是不可估量的,更何况同时损失的还有客户的忠诚度。

尽管关于网站被搜索引擎屏蔽的情况屡见不鲜,但实际上这种情况很少发生。只有很严重的作弊行为(例如动态网页、关键字堆砌或其他的黑帽SEO技术)才会导致网站被屏蔽。

如果突然有一天在搜索引擎的搜索结果中找不到自己的网站,怎么办?首先要确认网站是不是真的被搜索引擎屏蔽。可以在Google上搜索这个字符串:www.你的网站域名.com,如果网站还在Google的索引数据库中,那就能在搜索结果中看到网站中的几个网页,说明网站没有被屏蔽；如果在搜索结果中没有看到自己网站中的任何页面，那就很有可能是被屏蔽了。最好的解决方法就是马上发一封电子邮件给搜索引擎。

13.5.2　内容被剽窃

在SEO过程中很有可能会遇到的另一个问题就是网站内容被剽窃。网站内容剽窃通常都是利用剽窃机器人（scraper bot）实现的。剽窃机器人也会查看网站的XML网站地图，如果找到了网站地图，其收集网站内容就更容易了。这就跟前面说过的SEO策略产生了矛盾。

即使没有XML网站地图，机器人也能从网站上窃取内容，但难度将会增加。因此，如果担心网站内容被剽窃，就不要使用XML网站地图。在部分情况下这确实有效，但对于部分网站，XML网站地图是确保网站中各个页面被正确检索所必需的。

如果XML网站地图是网站被搜索引擎索引所必不可少的，那也可以在网站被检索之后就将其删除。查看服务器的日志文件就能知道网站是否已经被检索。在日志中应该能看到对robots.txt文件的请求。在这个请求中就应该能看到请求网站地图的爬虫的名称。如果找到了目标搜索引擎的爬虫，就可以将XML网站地图删除。但要记住，这只是增加了内容剽窃的难度，但并不能完全阻止这种行为。

13.5.3　点击欺诈

点击欺诈问题已经基本上得到了解决，但还是有必要简要地介绍一下。点击欺诈是SEO中最棘手的问题，最大的难点就在于这种行为很难控制。如果怀疑自己的竞价排名广告已经成为点击欺诈的对象，就应该立即联系你的竞价排名服务提供商。

不仅仅是点击欺诈，还有很多问题都会提高SEO的成本。无论是不小心的SEO作弊行为，还是本章中列出的各种问题，这些麻烦随时都有可能发生。但仅仅只是有可能，发生的概率还是很小的，至少比你想象得小。

保护自己的最好方法就是完全根据搜索引擎或分类目录所制定的规则来实施SEO。不要使用黑帽SEO手段，尽可能地熟悉各项SEO工作。

掌握开发APP的能力

HTML5＋CSS3
＋jQuery Mobile

轻松构造APP与移动网站

陈婉凌 编著

 解说详细 循序渐进地讲解HTML5+ CSS3+jQuery Mobile技术

 范例应用 提供可使用的范例代码和两个可借鉴的完整案例，教你如何将编好的网页封装成 Android APP

 多元学习 通过丰富且实用的的范例、Tips让你马上实际练习、达到举一反三的目的

 素材和代码下载

清华大学出版社

从入门到精通，全面掌握

网页设计
与网站建设
全攻略

何立 卞华杰 编著

Dreamweaver CC+Flash CC
+Photoshop CC网页设计

新一代Web标准HTML5
和CSS3网站制作

实例剖析网站策划、设计、
制作与推广全过程

 本书提供案例素材文件下载

清华大学出版社